建筑设计与理论 · 体系与方法

CHINA ARCHITECTURAL EDUCATION

中国建筑出版传媒有限公司（中国建筑工业出版社）
教育部高等学校建筑学专业教学指导分委员会
全国高等学校建筑学专业教育评估委员会
中国建筑学会
组织编写

中国建筑工业出版社

图书在版编目（CIP）数据

2021中国建筑教育. 建筑设计与理论·体系与方法 / 中国建筑出版传媒有限公司（中国建筑工业出版社）等组织编写. —北京：中国建筑工业出版社，2022.7
ISBN 978-7-112-27524-3

Ⅰ.①2… Ⅱ.①中… Ⅲ.①建筑学—教育研究—中国 Ⅳ.①TU-4

中国版本图书馆CIP数据核字（2022）第102840号

请关注微信公众号：《中国建筑教育》
投稿邮箱：2822667140@qq.com

责任编辑：李 东 徐昌强 陈夕涛
责任校对：王 烨

2021 中国建筑教育
建筑设计与理论·体系与方法
CHINA ARCHITECTURAL EDUCATION
中国建筑出版传媒有限公司（中国建筑工业出版社）
教育部高等学校建筑学专业教学指导分委员会
全国高等学校建筑学专业教育评估委员会
中国建筑学会
组织编写
*
中国建筑工业出版社出版、发行（北京海淀三里河路9号）
各地新华书店、建筑书店经销
北京雅盈中佳图文设计公司制版
北京建筑工业印刷厂印刷
*
开本：965毫米×1270毫米 1/16 印张：$9^3/_4$ 字数：294千字
2022年8月第一版 2022年8月第一次印刷
定价：48.00元
ISBN 978-7-112-27524-3
（39517）

目录

1 建筑设计与理论 7

基于知识图谱分析的健康建筑发展研究综述与展望 / 王杰汇　郭娟利 7
单位大院空间与社会的演变——以武钢工业社区为例 / 陈恩强　徐苏斌 18
基于空间句法的城市历史文化社区空间分析探究——以重庆嘉陵西村为例 / 黄海静　介鹏宇 26
从大学教学形式到学习空间的建设——基于学科交叉的视角 / 薛春霖 34
基于 DFMA 的可拆卸建筑设计研究 / 宗德新　高珩哲 40

2 教学体系与课程设置 49

新工科背景下研究性专业课程体系构建初探——以重庆大学建筑学专业课程建设为例 / 卢峰 49
建筑大类招生背景下城市设计类课程设置初探 / 胡珊　徐伟 55

3 设计基础教学 62

空间认知与表现——设计基础课程教改与探索 / 王小红　曹量　吴晓敏　吴若虎　范尔蒴 62
设计基础的类型化教学实践——以“竖向空间小建筑设计”为例 / 刘茜　张明皓　冯姗姗 72
无意识的几何学——现代建筑造型研究课程教学思考 / 韩林飞　肖春瑶 78
“任务书设计”环节在建筑入门教学阶段的应用 / 杨希　张力智 86

4 建筑设计教学研究 93

跨学科视野下的《历史遗产保护》研究生课程教学改革 / 童乔慧　段睿君 93
基于“设计周”模式的开放性建筑设计课程案例简析——以浙江大学建筑系“设计周”课程为例 / 陈翔　余之洋　王雷 99
层进式建筑设计教学方法的探索——以高层建筑设计课程为例 / 周茂　赵阳　夏大为　万丰登 105

5 方法与思考 112

《建筑学概论》课程线上线下混合式教学模式探索 / 许蓁　王苗　许涛 112
建筑遗产测绘实习课程信息化拓展设计与实践——以天津大学建筑遗产测绘课程为例 / 孟晓月　吴葱 116
中国园林史的情境代入式教学方法研究 / 孙瑶　邵亦文 124
乡建视角下地方院校建筑教育转型及创新实践——以温州大学为例 / 谢肇宇　刘集成　陈彦　孟勤林 129
浙江大学建筑学合作学习教学模式构建与进化——以“亦城亦乡：杨家牌楼的有机更新”教案为例 / 张焕　陈翔 136

6 札记 144

对理论导向型建筑学的一次实践型解读——如何向国内低年级本科生介绍理论型建筑学 / 范文兵　赵冬梅　张子琪　孙昊德 144

7 笔记 151

八十年代天津大学的建筑学专业的研究生教育 / 梁雪 151

CONTENTS

1 Architectural Design and Theory 7

Review and Prospect of Healthy Building Development Based on CiteSpace Knowledge Graph Analysis 7

The Evolution of Unit Compound Space and Society—Take WISCO Industrial Community as an Example 18

Research on the Spatial Structure of Urban Historical and Cultural Communities Based on Spatial Syntax—Take Chongqing Jialingxi Village as an Example 26

On the University Teaching Form and Learning Space: from the Crossing Perspective of Architecture and Pedagogy 34

Research on Design of Detachable Building Based on DFMA 40

2 Teaching system and Curriculum Provision 49

On the Construction of Research Major Courses System under the Background of Emerging Engineering Education—Taking the Course Construction of Architecture Major of Chongqing University as an Example 49

Curriculum of Urban Design under the Background of Architecture Enrollment 55

3 Basic Design Teaching 62

Spatial Cognition and Expression—Teaching and Exploring of Fundamental Design Course 62

Typed Teaching Practice of Design Basis—Taking "Design of Small Building with Vertical Space" as an Example 72

Unconscious Geometry—Thinking on the Teaching of Modern Architectural Modeling 78

Application of "Assignment Design" in the Introduction Teaching Stage of Architecture Design 86

4 Architectural Design Teaching 93

Teaching Reform of the Graduate Course of " Historical Heritage Protection" from the Field of Interdisciplinary 93

A Case Study of Open Architecture Design Courses Based on the "Design Week" Model—Taking the Course "Design Week" of the Architecture Department, Zhejiang University as an Example 99

Exploration on Teaching Method of Progressive Architectural Design—Taking the Course of High-rise Building Design as an Example 105

5 Method and Thinking 112

Exploration on the Online and Offline Blended Teaching Mode of Introduction to Architecture 112

The Informatization Expansion of Comprehensive Practical Courses in Universities—Taking the Architectural Heritage Surveying and Mapping Course of Tianjin University as an Example 116

A Research on Situational Teaching Methods of The History of Chinese Landscape Architecture 124

The Transformation and Innovation Practice of Architectural Education in Local Colleges from the Perspective of Rural Construction—Taking Wenzhou University as an Example 129

The Construction and Evolution of the Cooperative Learning Teaching Model of Architecture in Zhejiang University—Take the Teaching Case of "City and Village: The Organic Renewal of Yangjia Archway" as an Example 136

6 Teaching Notes 144

An Interpretation of Theory-oriented Architecture Based on Practice-oriented Architecture—How to Introduce Theory-oriented Architecture to Domestic Junior Undergraduates 144

7 Note 151

Topic: Graduate education of architecture in Tianjin University in the 1980s 151

基于知识图谱分析的健康建筑发展研究综述与展望

王杰汇 郭娟利

Review and Prospect of Healthy Building Development Based on CiteSpace Knowledge Graph Analysis

■ 摘要：健康建筑作为绿色建筑的高级阶段和建筑性能的有效实现途径，在现代医学发展与社会文明进步的大环境中，将逐步在未来建筑的发展路径中成为必不可少的一部分。特别在健康中国战略和后疫情时代背景下，人居建筑的健康性能尤为深刻地步入大众视野，健康建筑的内涵特征也随之呈现出多元化特点。文章由健康建筑发展脉络及涵义辨析切入，以Cite Space为工具对CNKI及WOS数据库中健康建筑相关文献进行分析研究，客观梳理出国内外学者在健康建筑领域相关研究的科学知识图谱，进而发掘近年来健康建筑领域关键问题的演变规律，提炼总结出现阶段健康建筑研究领域的几个重要问题，发现当前健康建筑研究主要集中在标准对比解读、室内环境对生理健康影响，以及如何降低环境对健康的负面影响等方面；而在未来研究中，健康建筑精细化及个性化研究将成为重点，如研究不同建筑类型的特殊健康要求、不同年龄段人群对于健康的特殊需求、由降低环境负面影响到促进健康正面影响等。

■ 关键词：健康建筑；科学知识图谱；综述；展望；精细化

Abstract: As an advanced stage of green building and an effective way to achieve building performance, healthy building will gradually become an essential part of the future building development path in the environment of modern medical development and social civilization progress. Especially under the background of "healthy China" strategy and post-epidemic era, the health performance of residential buildings has deeply entered the public's field of vision, and the connotation characteristics of healthy buildings have also shown diversified characteristics. Based on the development of healthy building and the discrimination of its meaning, this paper analyzes the related literatures of healthy buildings in CNKI and WOS database by CiteSpace. This paper objectively sorts out the scientific mapping knowledge domain of domestic and foreign scholars in the field of healthy building, then explores the evolution law of key problems in the field of healthy building in recent years, finally refines

基金资助：天津市自然科学基金（项目编号：18JCQNJC08200）

and summarizes several important problems in the research field of healthy building at this stage. It is found that the current research on healthy buildings mainly focuses on the comparison and interpretation of standards，the impact of indoor environment on physiological health，and how to reduce the negative impact of environment on health. In the future research，the refinement and individuation of healthy buildings will become the focus，such as studying the special health requirements of different building types and the special health needs of people of different ages，and from reducing the negative impact of the environment to promoting the positive impact of health，etc.
Keywords：Healthy Building，Scientific Knowledge Graph Analysis，Review，Prospect，Refinement

一、引言

随着工业化进程、人口老龄化加速、城市化发展、人类生活方式改变以及生态环境恶化和疫情的传播，生活品质及室内环境质量逐渐成为社会关注的热点，建筑健康也开始引起人们的重视。中共中央、国务院在 2016 年印发的《"健康中国 2030"规划纲要》中明确提出要推进健康中国建设，十九大报告中更进一步提出"实施健康中国战略"号召，明确提出了"健康中国"的五大指标：健康产业、健康水平、健康生活、健康环境、健康服务与保障。健康建筑在关注人、建筑和环境协调发展的基础上，更加关注人的健康和以人为本的设计理念，从建筑的角度，不仅需要关注温湿度、照度、声环境、风环境等室内物理环境对人体生理健康的影响，还应关注平面及空间布局、材料材质选择、室内色彩明度、私密和公共、视野和景观等客观因素对人心理健康的影响，也即同时考虑人的生理及心理两方面健康优化。

二、健康建筑的发展脉络及定义辨析

1. 发展脉络

健康建筑依托绿色建筑，可以说其是绿色建筑的深层次延伸。绿色建筑内涵目标是为居住者建立一个健康适用并且高效的使用空间，侧重于建筑与环境的物理相关，而在建筑与人体健康层面的论述不做重心；而健康建筑在上述层面提供了补充，充分主张建筑"以人为本"的核心理念，强调人、建筑与环境三者之间的综合关系。

若干年来，建筑节能技术的突破发展显著提高了建筑外围护结构密闭性与隔热性，能够形成明显区别于室外极端冷热环境的空间微气候，但也因其封闭性与局限性减弱了室内污染物稀释扩散能力，致使建筑环境空气质量恶化，进而引发 Sick Building Syndrome，即病态建筑综合征。欧洲有关研究表明，SBS 全球报告率在 12.0%~30.8%，而中国的这项数据超过 35.7%[1]，但中国并非向来对建筑设计中的健康因素不屑一顾。中国古建筑布局中的坐北朝南、背山面水等理论就包含着现代健康建筑的理论雏形，西北窑洞、北方四合院以及南方干阑式都包含了丰富的健康建筑实践，虽未有健康建筑的提法，但许多布局及建造方法都与现在的健康建筑不谋而合。事实上，健康建筑的概念虽兴起不长，但人类对健康理念的认知进步贯穿古、近、现、当代人类文明发展始终。1981 年通过的《华沙宣言》明确表示需要将"建筑－人－环境"统一考虑，应该把其当作一个有机整体，这也是最早从建筑领域提出的环境健康理念。自 20 世纪 80 年代起，住宅中的健康因素已经得到了很多的重视，如世界卫生组织提出的"健康住宅 15 条标准"，美国的"健康之家"计划，日本颁布《健康住宅宣言》，加拿大颁发"Super E"认证证书等。最终，健康建筑的概念在 2000 年荷兰的健康建筑国际年会上被正式定义为一种体现住宅室内和住区的居住环境，内容涵盖物理测量值、心理影响、人际关系、工作满意度等。健康建筑相关理论发展脉络如表 1 所示。

健康建筑相关理论发展　　表 1

时间	事件	成果	意义
1933 年 8 月	CIAM 第四次会议	《雅典宪章》	提出以人为本思想
1972 年 6 月	联合国人类环境会议	《联合国人类环境会议宣言》	强调人类与环境相互依存的关系
1981 年	国际建筑师联合会第十四届世界会议	《华沙宣言》	确立"建筑 - 人 - 环境"作为一个整体的概念
20 世纪 80 年代中期	盖娅运动	《盖娅：地球生命的新视野》	盖娅式建筑 - 舒适、健康场所
1992 年 6 月	联合国环境与发展会议	《21 世纪议程》《里约热内卢宣言》	掀起"居住与健康"的研究热潮
2000 年	《SB2000》可持续发展大会和健康建筑研讨会	提出全球共同开创未来地球可持续发展和健康舒适居住的条件的倡议	"健康舒适居住条件"理念深入人心
2019 年	第一届健康建筑大会		第一届以健康建筑为主题的国际性会议

2. 涵义辨析

2000 年提出的健康建筑的定义逐渐得到了世界范围内的普遍认可，但各国对其涵义的理解与界定尚有分差，这一点在各组织对健康建筑相关标准规范的制定上体现得尤为明显。国内外在健康建筑研究实践基础上制定了一系列标准及规范，以此来推动健康建筑的发展和实施。而最初对建筑健康性能的评价主要包含在绿色建筑评价标准中，后来发展出单独的健康建筑评价标准。早期包含健康建筑评价要素的标准主要包括：BREEAM、DGNB、LEED、CASBEE 等，这类绿色建筑类评价体系涉及的健康性能指标，普遍包含热湿、视觉、声觉舒适性，用户控制、室内空气品质以及室外空间质量等，明显可以看出均是关于物理环境的指标，涉及居住者行为健康和心理健康等方面较少。后期独立健康建筑评价标准包括：美国 WELL V1、美国 WELL V2、中国《健康建筑评价标准》，如表 2 所示。其中：

（1）英国 BREEAM 对建筑进行评价时更关注建筑带给人们的健康舒适程度，评价内容涉及热舒适度、采光质量、声环境、室内空气质量和水质量、照明质量等。

（2）德国 DGNB 是涵盖了生态、社会、经济等三大因素的建筑评估体系。主要从生态、经济、技术、过程、基地、社会文化及功能质量几个领域对建筑进行定义。

（3）美国 WELL 标准由国际 WELL 建筑研究所 IWBI 推出，综合了建筑、保健、医疗以及心理等领域研究成果，是国际上第一部较为完整的健康建筑评价标准，是一部考虑建筑与其使用者健康之间关系的标准，WELL V1 版本包括了空气、水、营养、光、健身、舒适、精神 7 类评价指标，采用 105 项性能标准进行度量。其主要关注的是人的健康，强调用户的生理和心理健康、设计对人健康有利的建筑及通过设计引导人们的健康生活[2][3]。在 WELL V2 版本中进一步将评价指标细化为空气、水、营养、光、运动、热舒适、声环境、材料、精神、社区 10 项，其中包含了 23 项前提条件以及 107 项可用优化，使得评价标准更趋合理。

（4）中国《健康建筑评价标准》包含六大指标：空气、水、舒适、健身、人文、服务，更加强调建筑装修一体化设计。

三、健康建筑的研究现状

1. 数据来源与研究方法

CNKI 中国知网（网址 www.cnki.net）及 WOS（网址：www.webofknowledge.com）核心合集中的 Science Citation Index Expanded（SCI–EXPANDED）是科学文献研究的权威数据库，同时 CNKI 及 WOS 数据库在科学知识图谱分析中被普遍认可，因此，本文分别以 CNKI 数据库及 SCIE 数据库进行中文及外文文献检索。

在 WOS 核心合集中的 Science Citation Index Expanded（SCI–EXPANDED）数据库中，以 "healthy

绿色建筑与健康建筑相关规范及评价标准 表 2

时间	标准名称	国家	制定者	性质	意义
1990	BREEAM	英国	英国建筑研究院（BRE）	绿色建筑评价体系	世界第一个绿色建筑评价标准
1992	HQE	法国	HQE 协会和建筑科技中心（CSTB）	高环境质量评价体系	在舒适健康基础上尽可能减小对环境的影响
1998	LEED	美国	美国绿色建筑委员会（USGBC）	绿色建筑评价体系	性能性标准，硬性指标很少
1998	GBTOOL	加拿大	加美英法等 14 国参与制定	绿色建筑评价体系	关注生命周期全过程评价
2001	CASBEE	日本	日本建筑物综合环境评价研究委员会	建筑环境效率综合评估系统	限定环境性能，评价措施降低环境负荷效果
2002	GBCC	韩国	韩国国土海洋部与环境部	绿色建筑评价体系	韩国绿色建筑评价体系
2003	NABERS	澳大利亚	澳大利亚 Sustainable Energy Development Anthority（SEDA）	绿色建筑评估体系	针对运营周期内环境星级评价
2005	Green Mark	新加坡	新加坡建设局	绿色建筑评估系统	评估建筑对环境影响以及环境保护性能
2006	绿色建筑评价标准	中国	中华人民共和国住房和城乡建设部	绿色建筑评价标准	强调建成及运行效果，强化绿色建筑技术指标落地
2008	DGNB	德国	德国可持续建筑委员会（DGNB）	可持续建筑评价体系	建筑全生命周期评价，建筑可持续性总体指标
2014	WELL V1	美国	国际 WELL 建筑研究所（IWBI）	健康建筑认证标准	全球第一个专项健康建筑标准
2016	健康建筑评价标准	中国	中国建筑科学研究院等	健康建筑评价标准	中国第一部健康建筑评价标准
2020	WELL V2	美国	国际 WELL 建筑研究所（IWBI）	健康建筑认证标准	健康建筑评价体系由 7 大分类改为 10 大指标体系，分类更详尽

building*"为主题词进行文献检索，共收集整理历年来相关文献共计3263篇（最后检索时间2021年9月22日），利用CiteSpace软件去重后，共获得相关文献3214篇。

在CNKI中国知网数据库中，以学位论文、学术期刊及会议论文作为检索核心数据库，以"健康建筑"作为主题词进行文献检索，通过CiteSpace软件去重后，收集整理历年来与健康建筑相关的中文文献共1307篇（最后检索时间2021年9月22日）。

利用SPSS数据分析软件分别对两组文献数据进行发表年份统计（图1、图2），可以看出，中外文献发文数量都呈逐年上升趋势，外文文献从2008年开始加速上升，到2020年达到顶峰；而中文文献从2001年开始加速上升，在2017年剧增，同样在2020年达到顶峰。文献发文量的增加说明健康建筑相关研究越来越得到人们的关注，人们更加清楚地认识到建筑与人类健康的关系。

2. 国外研究情况分析

利用CiteSpace软件对3214篇WOS数据库文献进行关键词及发表国家分析，得到健康建筑外文研究国家时区演化图、健康建筑外文研究热点图以及健康建筑外文研究关键词聚类时间线视图，如图3~图5所示。

通过对图3分析解读，可以看出美国对健康建筑研究的相关文献贡献最多，已经超过了1000篇，而且对其研究的时间也最早，在1998年已经有了相关文献，同时时间跨度也最长；而紧随其后的是中国和英国，

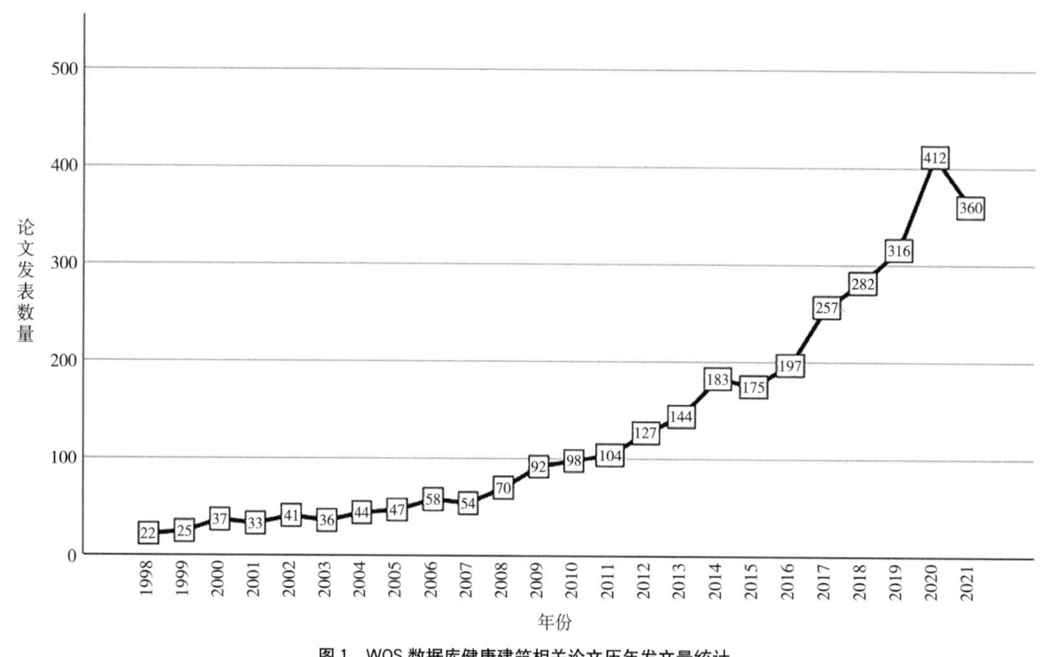

图1　WOS数据库健康建筑相关论文历年发文量统计

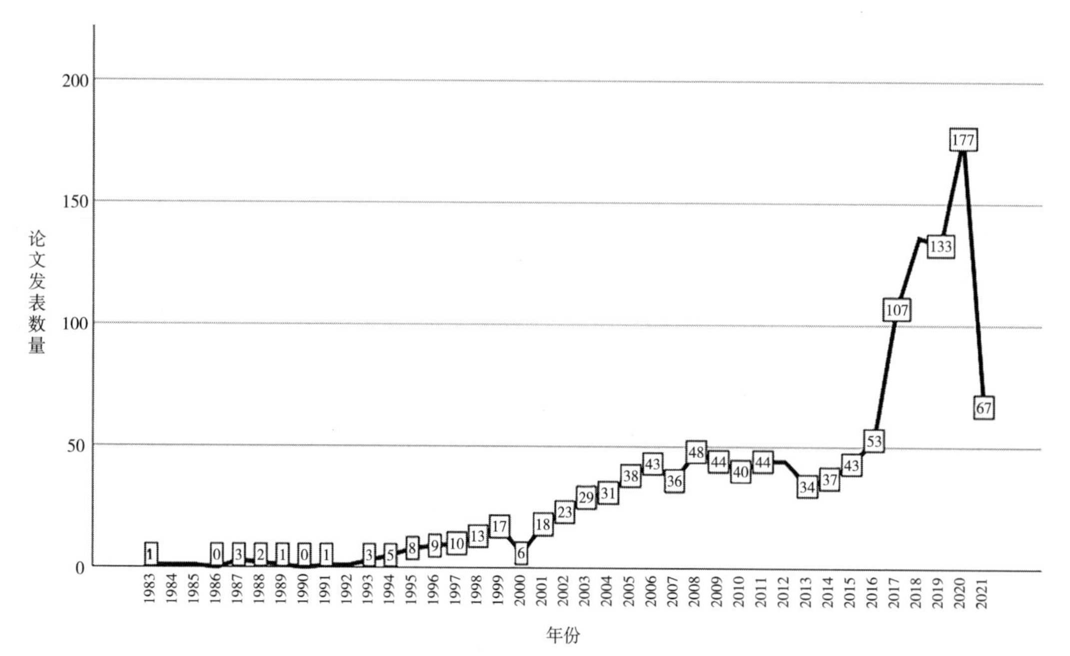

图2　CNKI数据库健康建筑相关中文论文历年发文量统计

数量都超过了 300 篇，并且都是从 2008 年开始出现相关研究文献；除此之外，文献发表超过 100 篇的还有澳大利亚、加拿大、德国、意大利、新西兰、法国、西班牙，这些国家无一例外都属于发达国家，且第一篇文献都出现于 2008、2009 这两年，与整体文献数量加速上升年份相吻合。这也说明了发达国家对于健康建筑的重视相较于发展中国家要更高，对健康的需求也更为迫切。

通过图 4 可以分析得到国外学者在健康建筑领域的研究主要集中在：室内空气质量（IEQ）、室内热舒适度、室内自然通风等建筑物理环境，人类行为、活动对健康建筑的要求，老人、儿童、成人等对健康建筑的要求，以及人类健康与福祉对建筑的要求等方面。

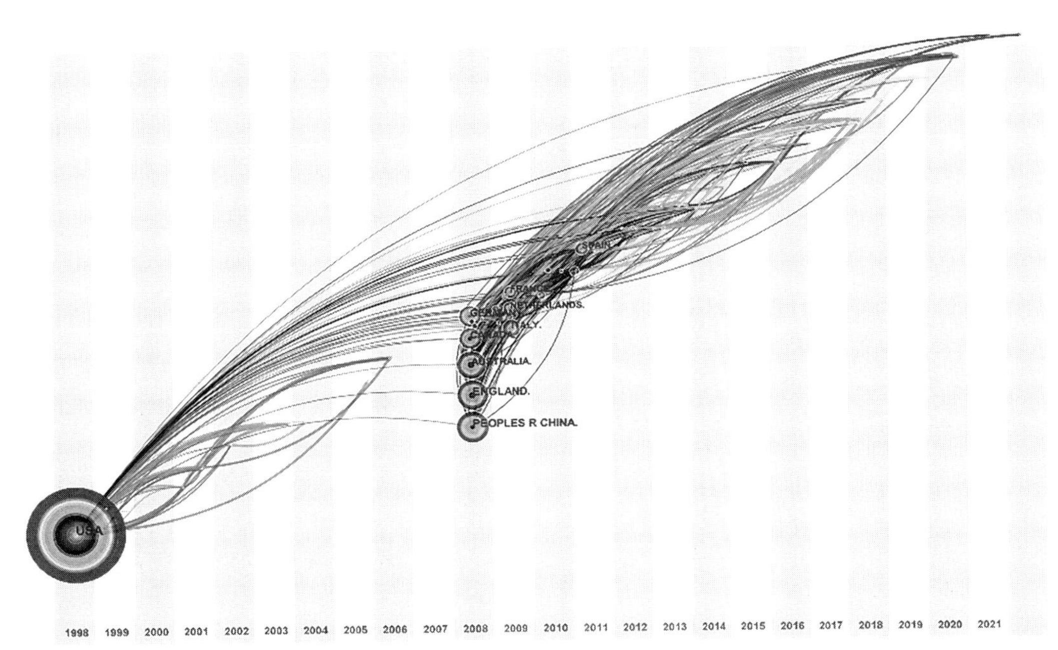

图 3　健康建筑外文研究国家时区演化图

图 4　健康建筑外文研究热点图

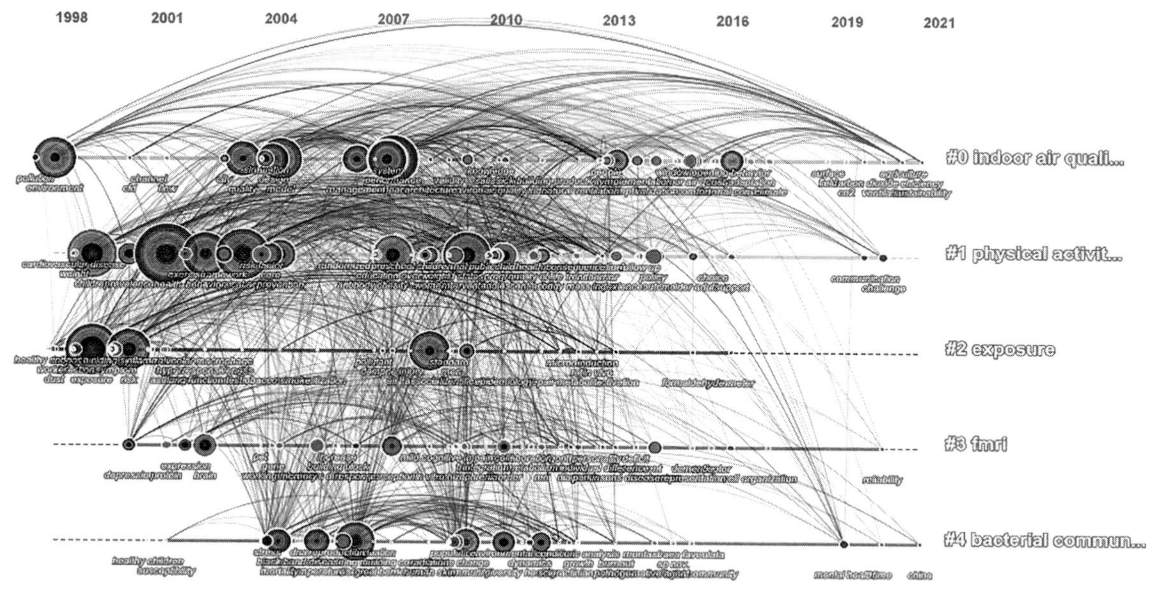

图 5　健康建筑外文研究关键词聚类时间线视图

通过图 5 聚类分析可以分析得出，国外健康建筑相关研究聚类较为集中，主要的研究都可以囊括在 5 个聚类中，分别是室内空气质量（IEQ）、物理活动、暴露、FMRI 以及细菌传染，其中室内空气质量及物理活动相关研究最早且延续时间最久，最新研究成果也有很多是与其相关的。在未来，与其相关的研究仍然会是该领域的重点。

（1）建筑物理环境与健康建筑相关性研究

建筑室内物理环境主要包括：室内空间布局、声环境、光环境、热湿环境与室内空气质量，这些物理环境中所涉及的因素都会影响人在建筑中的健康状况。良好的声环境设计对于建筑的健康性能来说极为重要。噪声对健康的影响包括心血管疾病、睡眠障碍、耳鸣、烦恼、儿童认知障碍，以及与压力有关的心理健康风险[4]。适宜的光环境设计对保证身体机能的正常运转具有积极作用，光不仅起到照明作用，更能向人体神经传递信息，调节人的情绪。Khademagha P. 等研究表明，除照度、照明光谱外，光源方向、曝光时间、曝光时长等因素均会对光的非视觉效应起到影响作用，并对人的睡眠情况、工作效率、警觉性、血压、心率等生理、心理指标因素产生影响[5]。不舒适的热环境也会对室内人员的工作、休息、运动以及情绪方面造成影响，进一步损害人体健康。而在 20 世纪 90 年代初期，SBS 大量爆发，促使人们格外关注室内的空气品质和流通，相关学者研究提出未来的通风设计将不再以室内空气的热力参数作为准则，而是以居住者主导的“智能”响应式通风建筑动态系统，CFD 被整合到空气质量和风险评估模型中，作为通风系统设计的实用工具。

（2）人类行为与活动对健康建筑的要求

人类行为在多个层面对场所提出要求，包括建筑、社区以及地区。伴随经济社会的发展、物质财富的膨胀，人类健康问题也逐渐成为焦点，各种慢性疾病发病率屡创新高，人类行为模式的改变是影响人类健康的主要危险因素，居住、工作及娱乐的建筑环境对人类行为活动的影响已经不容忽视。研究发现，居住在有公园、游径和绿地的社区的人群比居住在其他社区的人群健康程度高两倍，能够进行有规律体育锻炼的人，死亡率更低，患心脏病、中风以及糖尿病等疾病的风险更低，精神状态更佳。相关学者依据马斯洛需求理论，对健康为导向的场所进行研究，发现睡眠以及食物等生理因素是居民的最基础需求，社区应据此来提升相应服务设施，保障基本健康饮食；社区应尽量利用步行与骑行来保障出行安全；同时健康社区应提供方便交往的场所给居民，以此促进居民身心健康[6]。

（3）不同年龄段人群对于健康建筑的要求

不同年龄段人群对于健康建筑要求各有不同，对于儿童主要集中在邻里关系、社区环境、建筑空间对于儿童心理健康的研究，重点分析建筑环境特定属性与心理健康的相关性[7]，Xinlei Deng 等人通过发放问卷来收集学生的健康信息以及居住环境，对调研结果使用随机森林模型来识别哮喘和过敏相关症状的风险因素，并使用决策树来可视化多个风险因素与健康结果之间的相互关系[8]。国际肥胖研究协会第一次会议声明表示，儿童需要增加体力活动时间，将更多偶然和休闲的体力活动纳入日常生活中以改善体力活动水平[9]。

全球老龄化趋势不断攀升，国际社会对于老年人生活质量的关注持续升温。目前主要针对老年人的健康环境、肥胖、心脑血管问题等对健康建筑的要求及影响进行研究[10][11]。世界卫生组织提出了“积极老龄化”以及“健康老龄化”的概念和对策，并指出："健康的老龄化并不仅是指没有疾病，对大多数老年人来说，维持功能发挥是最为重要的。"[12] 日本学者 Mohammad Javad Koohsari 等提出人们对建筑环境如何影响"超级老龄化社会"的生活方式知之甚少，在未来的研究中应着重于在超老龄化社会背景下如何建设、改造和维持活动友好型建筑环境[13]。

（4）人类健康与福祉对于建筑设计的要求

随着对建筑设计理解的逐渐加深，建筑设计逐渐从"以建筑为本"转向"以人为本"，开始更多考虑建筑是否有生活气息以及是否有益于人体健康。Louis Rice 认为现阶段建筑环境的设计人员并不掌握充分的人类健康与福祉方面的知识，建筑专业培训或教育体系中缺乏"人类健康与幸福"方面的知识整合，所设计环境不能充分保护和促进居民的健康和福祉，对社会来说是一种风险[14]。Yong X. Tao 等认为关注建筑物居住者的福祉将导致可持续建筑设计和运营决策过程的重大变化，并提出了一个可供建筑设计师和运营商利用以人类福祉为中心的生命周期评估进行决策的框架，以定义可以衡量或获取的数据类型，并在人类福祉和社会经济方面促进建筑的设计和运维，以提高能源效率[15]。总的来看，建筑环境的设计对建筑空间内的居住者健康情况具有决定性因素，因此，建筑领域和卫生领域之间的交叉融合与协调值得倡导，以实现建筑的健康设计。

综上可以看出，国外对于健康建筑的关注重点在于室内物理环境健康、建筑对人行为的影响、不同年龄段人群对建筑健康需求以及人类健康福祉对健康建筑的需求，其以基础理论为基础，以此研究健康建筑设计的需求与方法。

3. 国内研究情况

利用 CiteSpace 软件对 1307 篇 CNKI 数据库中文文献进行关键词分析，得到健康建筑中文研究国家时区演化图、健康建筑中文研究热点图以及健康建筑中文研究关键词聚类时间线视图，如图 6、图 7 所示。

通过对图 6 进行分析研究可以发现国内健康建筑的研究主要集中在：室内物理环境健康、心理环境健康、健康建筑评价、建材的环境性能等方面。而通过图 7 则可以看出中文文献相较于外文文献聚类更多，研究内容更宽泛，仅主要聚类就有 12 组之多，聚类内相关研究内容最多、研究年限最久、时至今日依然不断有大量新的相关内容的研究聚类是健康建筑聚类，而像健康诊断聚类近几年研究较少，属于研究驱动的一个聚类。

（1）物理环境与人类生理健康关系

国内学者对特定地区健康住宅物理环境的设计方法与技术应用策略进行研究，并有学者通过研究病态建筑综合症发生率、工作效率以及室内

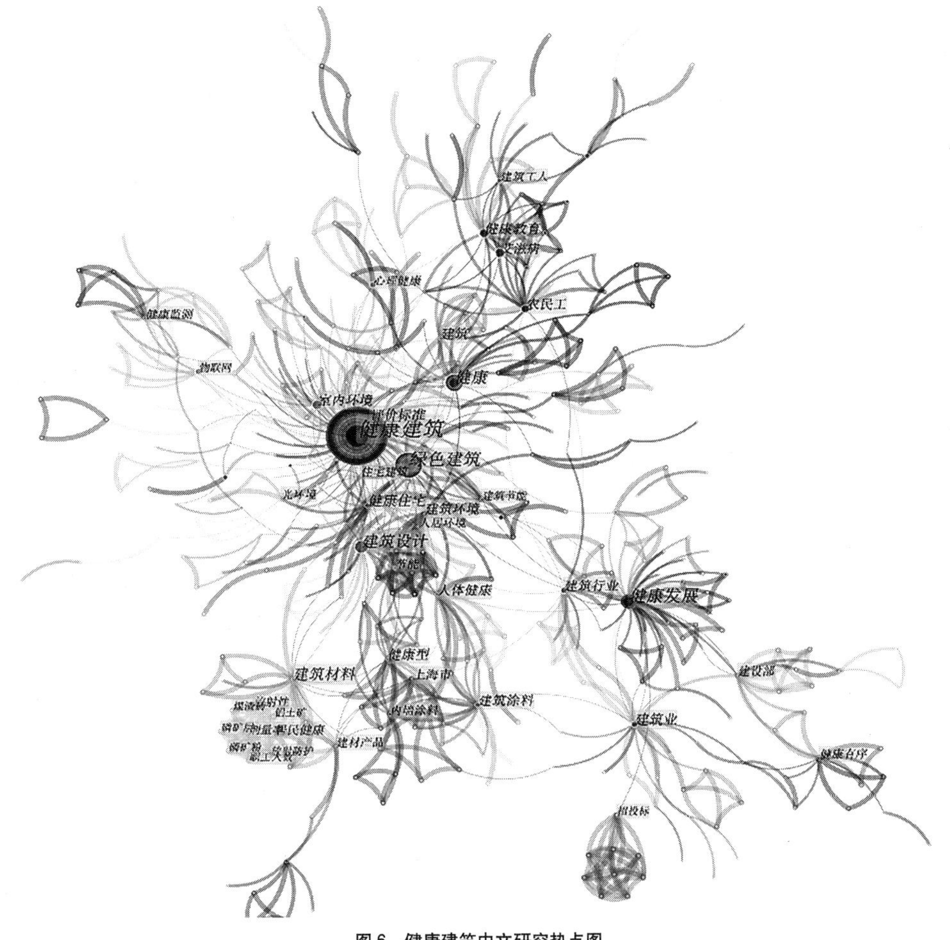

图 6　健康建筑中文研究热点图

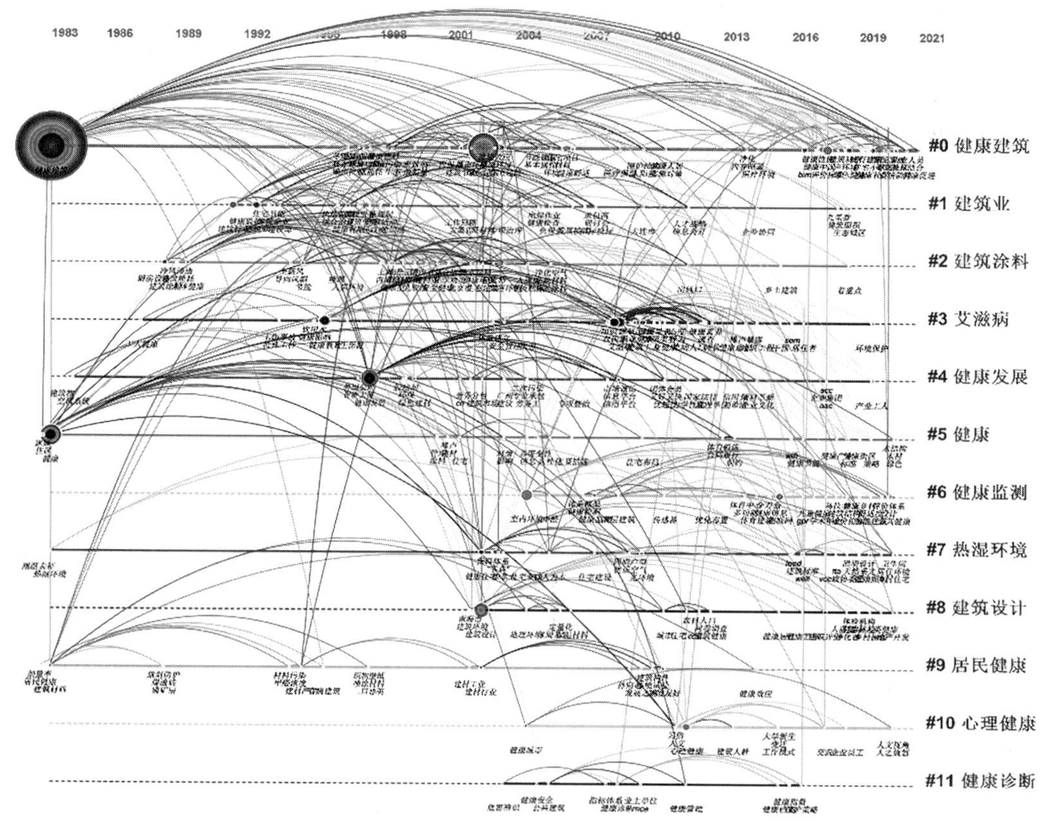

图 7　健康建筑中文研究关键词聚类时间线视图

环境参数间影响关系，发现了光环境、声环境、热环境以及空气质量等多种室内环境因素的提升对降低开放式办公室 SBS 发生率具有积极作用[16]。在声环境方面，相关学者研究表明，高分贝噪声、长期低频噪声以及相互竞争的声音都会对人的生理产生影响，而虚拟声音模拟环境这一新技术则可以在设计阶段衡量预测声音对人的影响[17][18]。在光环境方面，肖辉等基于营造健康光环境为根本点，将控制理论与矩阵分析相结合，提出人工照明与天然采光联合控制模型，并通过仿真模拟证明了该模型的有效性[19]。王世博等基于光导引控制下，从人与自然节律协同角度研究建筑光环境健康性能，利用室外照度以及褪黑素抑制率评价指标来对处于不同光照条件下不同作息时间人群的节律协同性以及其潜在健康风险进行分析，结果表明节律不规律人群所处光环境有可能存在潜在健康风险[20]。而在室内热环境方面，焦瑜等以健康老龄化为导向，通过调研上海养老机构，提出了作用于老年人生理参数和健康状况的个性化热环境参数清单和参数设计建议值[21]。由此可见，建筑物室内外环境是建筑物使用者的生理健康的决定性因子，良好的室内外物理环境是居住者生理健康的强力保证。

（2）物理环境与人类心理健康的关系

通过对处于建筑不同物理环境下的人类行为反应观察以及分析，研究学者深入分析了建筑设计对人的心理影响，并且研究了人类心理及行为对建筑物理环境的反馈作用，研究表明建筑物理环境会对人的心理产生影响，同时人的心理因素又可以成为建筑设计的重要依据。在建筑设计方面，路云霞等以辽宁科技大学博雅广场设计为例，从私密性、公共性、舒适感、归属感、方向感 5 个方面分析了建筑空间给使用者带来的心理感受，经研究发现建筑使用者的心理感知主要受空间尺度、空间形态、空间色彩等几个因素的影响[22]。在光环境设计方面，孙玉卿等提出了综合主观评价、视觉任务绩效和生理参数指标的健康照明评价方法，通过对 24 名受试者进行动态照明实验，结果表明符合自然光周期的动态照明能减少愤怒和抑郁情绪，而晚上不符合自然光周期的动态照明会使人更加活跃[23]。王静等基于心理学理论、健康建筑理念以及 WELL 标准中“精神”概念相关内容，提出了室内心理环境健康设计策略[24]。郝石盟等则认为我国目前对于精神需求和心理健康的关照尚显不足，开展针对我国人群生理特征和国情特点的健康建筑基础性研究有利于完善行业标准，落实国家健康战略[25]。

（3）健康建筑评价方面

2017 年 1 月，我国首部《健康建筑评价标准》发布。《标准》指标体系包含空气、水、舒适、健身、人文、服务六大健康要素，共计 23 个控制项、73 个评分项以及 6 个加分项，不仅涵盖建筑、水、暖、建筑物理、电等传统学科，同时融入了心理学、人体工程学、卫生学等十几个非传统性建筑工程学科，系统科学地指导和规范健康建筑规划设计以及运营管理[26]。《标准》运行5年期间，各种新产品、新技术不断涌现，特别是新冠疫情的暴发，促使《标准》需要与时俱进，在2021年11月推行新版《健康建筑评价标准》(T/ASC 02—2021)，其更加深化"以人为本"核心理念，提升建筑"平疫结合"属性，使得健康建筑理念与心理、行为、营养、智慧多元素充分有机融合，融入新技术理念，增设了"主动健康""健康建筑产品"等新内容，同时提升了《标准》的普适性。吴相科等基于中美两国健康建筑标准的对比，提出了我国在健康建筑标准与评价方面尚存在的问题，并有针对性地提出了有助其未来发展的建议[27]。汪铮对比《健康建筑评价标准》以及WELL标准中空气相关章节条文，发现两个标准在室内空气通风、净化、质量监控技术等方面指标以及具体措施存在差异，并依此进一步提出改善室内空气质量优化措施[28]。王焯瑶等通过对WELL、Green Mark以及《健康建筑评价标准》等标准中评价体系关系、评价对象和阶段、评价内容以及评价方法等四方面进行比较分析，对《健康建筑评价标准》进一步完善给出了建议[29]。由此可见，国内学者对健康建筑相关研究，目前集中在各国不同健康建筑评价标准比较、认证流程以及市场反应的角度来分析其对建筑设计、开发及运营带来的影响，主要侧重于标准解析和不同标准的比较，缺乏标准在不同阶段全流程的指导应用。

(4) 建材环境性能方面

建材环境性能是室内空气品质决定性影响因素，室内空气污染主要源自建筑围护结构以及装修装饰材料。同时建筑围护结构中的混凝土层与砌墙材料等存在氡等放射性元素超标可能。目前大部分已建成居住建筑都是所谓"毛坯房"，后期需要进行大量室内装修才能入住。在此过程中，难以保证室内空气质量。同时各类装潢材料、家居装饰中都存在不同数量有害物质，如甲醛、放射性氡、苯以及挥发性有机物(VOCs)等，并会持续性挥发。因此，应从源头控制污染源，推广使用环境友好、绿色无害的建筑材料，以保证健康的室内空气环境，促进人体健康。

目前，国内相关学者研究方向多是基于新材料研究与使用。崔玉民等提出了健康环保建筑功能涂料面临的主要难题及今后努力研究的方向[30]。高润发概述了国内外建筑内墙涂料发展现况，认为其应向环保型、安全型、健康型等方向发展[31]。王静等针对控制和改善室内化学污染、微生物污染、电磁污染，增加室内舒适度等方面的实际需求，提出了新型空气净化、抗菌材料、吸波石膏板、吸波矿棉板、相变调温建材等健康建材新技术产品[32]。宓国彦从人体工程学、健康餐饮、适老活动、节水以及空气等多角度分析了健康建筑所需配置[33]。

(5) 绿色建筑综合性能提升要求

2019年版《绿色建筑评价标准》关于建筑"健康舒适"的研究主要集中于室内排气污染、室内空气污染物浓度、给水排水、禁烟、建筑照明、建筑隔声、围护节能以及建筑热环境等方面。从国外健康建筑标准发展进程来看，后续的室内环境健康指标应基于生命医学，室内相关健康因素作用点最终应能体现在健康、精神、乐趣、便捷等方面。

四、健康建筑研究领域的几个重要问题

为了解决建筑发展过程中的建筑材料、饮用水质、空气品质、环境舒适等人体健康影响因素问题，《健康建筑评价标准》应运而生。通过对国内外相关研究成果的综合分析可以发现健康建筑领域主要研究的问题包括以下方面：

1. 健康建筑的物理环境与心理环境要求

构建符合人类福祉的物理环境与心理环境是健康建筑的重要基础，然而世界各国和各个组织对于健康建筑的物理环境与心理环境的要求各不相同，从根本上说，这是由各个国家和组织对健康建筑的理解和认知上的差异造成的。世界卫生组织对健康住宅的定义为：健康住宅是指能够使居住者在身体、精神、社会上完全处于良好状态的住宅。虽然各国对健康建筑的定义有所不同，但对健康建筑中物理环境、心理环境与人体相适性的高度关注是一致的。

2. 健康建筑的环境性能研究

健康建筑的环境性能影响因素很多，因此越来越多的学者在环境性能方面开展了研究。Peng M. 等开发了一个框架，该框架整合了健康建筑在整个生命周期中的所有影响因素，从而对影响因素及其分类提供了全面的了解，为改善建筑物的健康状况和丰富健康的建筑理论提供了有益的理论支持和实践指导，并在建筑行业中推广了健康建筑概念[34]。Vivian Loftness等提出了健康建筑环境设计的三个重要观点：可持续发展的重要性、居住者对确保室内空气质量的作用以及与低化学物质排放和良好的抗真菌性的室内装饰相关的可持续发展[35]。Robert Steele等提出利用智能手机使人们能够实时、定点通过手动、半自动、全自动方式采集数据来分析健康建筑的环境性能，创建一个以居住者为中心的数据源构成的复合、实时的健康建筑测量体系[36]。

3. 健康建筑评价指标的获取与权重分析

通过对比分析WELL与《健康建筑评价标准》可以发现两者在评价指标的选取方面有所差异。例如，《健康建筑评价标准》更为偏向通过切断污染物传播途径来保证室内空气质量，而WELL则

侧重于控制传染源。从权重对比来看，两者也各有不同，《健康建筑评价标准》中占比最高的一项是“引导健康行为的建筑空间与设施”，达到27.5%，而美国WELL中占比最高的是“健康建筑运营与服务”，占比为42.5%。造成两种标准之间存在差异的原因可能为社会观念不同，但两者在评价指标的获取与权重确定方面均需进一步优化。

五、健康建筑未来研究方向

到目前为止，所有健康建筑标准都未明确涉及建筑室内空间健康属性，健康建筑仍有很多不明确的问题，以下5方面内容仍需进一步研究完善：

1. 研究主体界定多元，物理指标亟待探索

不同年龄阶段对于健康建筑的要求是不同的，对于儿童应该更加注重室内外物理环境、空气环境质量等要素对于健康的影响，减少儿童成长过程中的环境风险；对于成年人，应该着重研究工作环境、行为模式对于健康建筑的要求，通过健康建筑设计，促进健康工作与生活；对于老年人，应分析老年人对于声、光的不敏感特点，加强研究，获取适合老年人的物理环境参数。

2. 主观心理因素复杂，客观理论仍需完善

近年来，健康角度的建筑室内环境研究，已从单纯关注舒适度和生理健康，逐渐转向对全面身心健康的关照。以促进精神健康为导向的室内环境设计，一方面要在设计中尽量避免导致精神压力的因素，另一方面通过环境设计对已经形成的精神压力进行积极干预。集中在康复景观、神经科学、心理学、健康光环境、亲自然性设计等领域的实证研究和循证设计，证实了通过设计手段和环境干预，建立起室内人员与自然界之间的视觉或其他感知联系，能够显著降低人员的精神压力水平，并有利于快速地从疲劳中恢复。但一些室内环境设计策略，如通过色彩和空间界面促进人的积极情绪等，相关的基础研究较少，对这些设计因素，难以做出更详细的设计指引和效用评估。受传统的实验环境和研究手段所限，对多环境因素的协同作用的研究同样较少。面对新涌现的虚拟现实技术以及媒体界面和交互技术，也需要更多的实证研究作为支撑。

3. 评价标准不够细化，应用实践尚待考察

建筑健康性能评价是一项高度复杂的系统工程，健康建筑评价标准体系建设意义深远。相关部门需要吸纳健康建筑研究最新成果，收集分析运行中各种反馈数据，强化健康性能贯穿建筑全寿命周期的要求，不断完善评价指标，同时优化评价流程，推动健康建筑进一步可持续建设。

4. 建筑产业路线迭新，技术融合新生机遇

我国建筑产业已经进入工业化时代，未来装配式建筑将不断涌现，面对装配式建筑这种新形式，对健康建筑将提出新要求，但国内针对装配式建筑以及BIM与健康建筑相结合等方面研究较少。在未来，健康建筑可以与装配式内装及BIM技术相结合，通过新型材料使用、污染排放统计、智能监测等新技术新手段，对室内人员健康状况进行监控，确保居住者生理健康。同时，健康建筑还可以与外围护墙体设计相结合，通过优化室内外物质与能量交换，进而保证居住者的生理和心理健康。

5. 被动优化研究转向，主动促进正面影响

传统研究主要集中在降低建筑对于环境的负面影响，而如何使建筑正向促进人类健康将是未来研究的重要方向，如研究通过建筑促进使用者行为活动，形成使用者健康行为，保持使用者身体健康。

六、结语

健康建筑的发展脉络及涵义辨析切入，以CiteSpace为工具客观梳理出国内外学者在健康建筑领域相关研究的科学知识图谱，进而发掘近年来健康建筑领域关键问题的演变规律，提炼总结出现阶段健康建筑研究领域的几个重要问题，并对未来关于健康建筑领域的研究方向及重点提出了展望。

通过对健康建筑发展脉络及涵义的梳理辨析，以及世界各国对绿色建筑及健康建筑的评价体系可以发现：近几年，健康建筑领域的相关研究明显增加，今后也会是建筑科学领域的重要研究方向。当前对健康建筑的研究主要集中在标准的对比解读、室内物理环境对人类生理健康的影响，以及如何降低环境对人体健康的负面影响等方面。在未来研究中，应将健康建筑的研究更精细化，不仅需要研究共性问题，还需要研究个性问题，如研究住宅建筑、医疗建筑、教育建筑、办公建筑以及商业建筑等建筑类型的特殊健康要求；研究儿童、青少年、成人、老人等不同年龄段人群对于健康的特殊需求；研究由降低环境负面影响到促进健康正面影响；研究健康建筑与新材料、新技术、新手段的相结合等。

参考文献

[1] Jafar M.J., Khajevandi A.A., Mousavi Najarkola S.A., et al. Association of Sick Building Syndrome with Indoor Air Parameters[J]. Tanaffos, 2015, 14 (1): 55-62.

[2] 刘萌，周伟．论健康建筑及其物理环境[J]. 江西科学，2012，030（005）：672-675，689.

[3] 邱晓晖，陈洁群.WELL建筑标准的解读与剖析[J]. 建筑与文化，2018（04）：200-202.

[4] Clark Charlotte, Paunovic Katarina. WHO Environmental Noise Guidelines for the European Region: A Systematic Review on Environmental Noise and Quality of Life, Wellbeing and Mental Health.[J].

International journal of environmental research and public health, 2018, 15 (11): 2400.

[5] P. Khademagha, M.B.C. Aries, A.L.P. Rosemann, et al. Implementing non-image-forming effects of light in the built environment: A review on what we need[J]. Building and Environment, 2016, 108: 263-272.

[6] 孟丹诚, 徐磊青. 社区为伴 健康为邻的场所营造 [J]. 人类居住, 2020 (02): 48-51.

[7] Shen Yuying. Race/ethnicity, built environment in neighborhood, and children's mental health in the US.[J]. International journal of environmental health research, 2020: 1-15.

[8] Deng Xinlei, Thurston George, Zhang Wangjian, et al. Application of data science methods to identify school and home risk factors for asthma and allergy-related symptoms among children in New York.[J]. The Science of the total environment, 2021, 770: 144746.

[9] W. H. M. Saris, S. N. Blair, M. A. Van Baak, et al. How much physical activity is enough to prevent unhealthy weight gain? Outcome of the IASO 1st Stock Conference and consensus statement[J]. Obesity Reviews, 2003, 4 (2): 101-114.

[10] Mi Namgung, B. Elizabeth Mercado Gonzalez, Seungwoo Park. The Role of Built Environment on Health of Older Adults in Korea: Obesity and Gender Differences[J]. International Journal of Environmental Research and Public Health, 2019, 16 (18): 3486.

[11] Nuan-Ching Huang, Cordia Chu, Shiann-Far Kung, et al. Association of the built environments and health-related quality of life in community-dwelling older adults: a cross-sectional study[J]. Springer International Publishing, 2019, 28 (9): 2393-2407.

[12] Tine Buffel, Chris Phillipson. Can global cities be "age-friendly cities"? Urban development and aging populations[J]. Cities, 2016, 55: 94-100.

[13] Mohammad Javad Koohsari, Tomoki Nakaya, Koichiro Oka. Activity-Friendly Built Environments in a Super-Aged Society, Japan: Current Challenges and toward a Research Agenda[J]. International Journal of Environmental Research and Public Health, 2018, 15 (9): 2054.

[14] Louis Rice, Mark Drane. Indicators of Healthy Architecture—a Systematic Literature Review[J]. Journal of Urban Health, 2020 (prepublish): 1-13.

[15] Yong X. Tao, Yimin Zhu, Ulrike Passe. Modeling and data infrastructure for human-centric design and operation of sustainable, healthy buildings through a case study[J]. Building and Environment, 2020, 170: 106518.

[16] 楼华鼎, 欧达毅. 室内物理环境质量对病态建筑综合症的影响研究——以高校开放式办公室为例 [J]. 建筑科学, 2019, 35 (06): 9-17.

[17] 罗希远. 神经科学视角下的建筑声光环境对人类健康影响 [J]. 城市建筑, 2020, 17 (33): 76-78.

[18] 康健, 马蕙, 谢辉等. 健康建筑声环境研究进展 [J]. 科学通报, 2020, 65 (04): 288-299.

[19] 肖辉, 陈小双, 彭玲等. 基于天然采光的办公建筑健康光环境研究 [J]. 照明工程学报, 2015, 26 (01): 6-10.

[20] 王世博, 陈滨, 李莉莉等. 基于节律协同办公建筑室内光环境健康性能分析 [J]. 建筑科学, 2018, 34 (02): 118-123.

[21] 焦瑜, 于一凡, 胡玉婷等. 室内热环境对老年人生理参数和健康影响的循证研究——以上海地区养老机构为例 [J]. 建筑技艺, 2020, 26 (10): 45-49.

[22] 路云霞. 浅析建筑环境心理学在建筑设计中的应用 [J]. 居舍, 2019 (06): 84-85.

[23] 孙玉卿, 高美凤, 杨彪. 符合自然光周期的动态照明对心理健康和认知表现的影响研究 [J]. 照明工程学报, 2020, 31 (06): 48-55.

[24] 王静, 戴珊珊. 基于美国 WELL 标准的健康室内心理环境设计探讨 [J]. 生态城市与绿色建筑, 2018 (04): 20-25.

[25] 郝石盟, 刘洁, 徐跃家. 建筑室内环境对人精神压力影响研究综述 [J]. 建筑创作, 2020 (04): 176-182.

[26] 盖轶静, 孟冲, 韩沐辰等. 我国健康建筑的评价实践与思考 [J]. 科学通报, 2020, 65 (04): 239-245.

[27] 吴相科, 张洋, 韩建军. 我国健康建筑评价标准体系现状分析 [J]. 质量与认证, 2021 (03): 59-61.

[28] 汪铮. 提升室内空气品质的健康措施思考——结合中美健康建筑评价标准差异分析 [J]. 城市建筑, 2020, 17 (11): 45-47.

[29] 王焯瑶, 钱振澜, 王竹等. 健康建筑评价标准比较分析与认知框架 [J]. 西部人居环境学刊, 2020, 35 (06): 32-39.

[30] 崔玉民, 陶栋梁, 殷榕灿等. 健康环保建筑功能涂料的研究进展 [J]. 材料保护, 2019, 52 (03): 104-110+148.

[31] 高润发. 健康环保型建筑内墙涂料的发展趋势简介 [A]. 天津市建材业协会. 天津建材 (2014年第3期 总第177期) [C]. 天津市建材业协会, 2014: 2.

[32] 王静, 冀志江. 建筑室内健康型建材技术 [J]. 中国建材, 2016 (02): 96-98.

[33] 宓国彦. 精装修设计在"中国健康建筑"标准中的应用 [J]. 绿色建筑, 2019, 11 (05): 50-53.

[34] Peng Mao, Jiao Qi, Yongtao Tan, Jie Li. An examination of factors affecting healthy building: An empirical study in east China[J]. Journal of Cleaner Production, 2017, 162: 1266-1274.

[35] Loftness Vivian, Hakkinen Bert, Adan Olaf, Nevalainen Aino. Elements that contribute to healthy building design. [J]. Environmental health perspectives, 2007, 115 (6): 965-970.

[36] Steele, Robert & Clarke, Andrew. (2012). A Real-time, Composite Healthy Building Measurement Architecture Drawing Upon Occupant Smartphone-collected Data. 10th International Conference on Healthy Buildings 2012. 3.

图表来源

本文图片均为作者绘制, 表格也均为作者绘制, 数据来源于 CNKI 数据库及 Web of Science 核心数据库

作者: 王杰汇, 天津大学建筑学院在读博士; 郭娟利, 天津大学建筑学院副教授

单位大院空间与社会的演变
——以武钢工业社区为例[1]

陈恩强　徐苏斌

The Evolution of Unit Compound Space and Society—Take WISCO Industrial Community as an Example

■ **摘要**：单位大院是中国在一段时期内发展形成的特殊的居住形态。单位制与单位大院的产生受到当时社会思潮影响，认为空间具有社会思想革命意义。研究以武汉市青山区武钢工业社区发展为例，讨论了一段时期内社区空间的演变，认为其单位空间及集体主义影响城市的社区形态，并在集体社会关系瓦解后进入新的发展阶段。同时通过对当地居民的访谈，了解不同年代群体的情感与社会关系变化，试图展示空间与社会的互动关系。

■ **关键词**：单位大院；城市发展；空间形态；社会关系；集体主义

Abstract: Dan-wei Da-yuan is a special form of urban space developed and formed in China. The emergence of the Dan-wei and the Dan-wei Da-yuan was influenced by the trend of social thought, and its space has the significance of revolution. Taking the development of Wuhan Iron and Steel Industrial Community in Qingshan District of Wuhan City as an example, this article discusses the evolution of urban space over a period. The first was to expand from neighborhood units to urban neighborhood units, and then gradually open up, and the collective form was dissipated. At the same time, through interviews with locals, we can understand the changes in the relationship between groups and emotions in different ages, and try to explain the interaction between space and society.

Keywords: Dan-wei Da-yuan, Urban Development, Form of space, Relationship, Collectivism

一、引言

单位大院，一种具有社会革命性的空间，成为新中国成立以来中国城市住区建设的主题。

国外学者薄大伟（Bray David）最先从空间入手，详细论述了单位大院的前世今生[2]。而关于中国本土革命性空间思潮的产生，或可追溯到1919年由周作人首次带入中国的日本新村主义运动，他认为可以通过“新村”对中国乡村进行改良。在此之后中国兴起了新村实践，例如“工读互助团”[③]。青年毛泽东接受了新村主义思想，并对理想中的“新村”进行了设计，提出通过“新社会”教化人，突出公正、平等的集体生活[④]。而后，“新村”一词被移用。民国时期，国民党为解决棚户区环境糟糕的问题推行了平民住所计划，并意图通过环境对民众素质进行训练。这很大程度上受到了朱懋澄构想的中国劳工住宅的影响[⑤]。直到新中国成立初期的城市工人新村，仍具有“新村运动”的影子。

单位大院的形成同样受社会主义发展及苏联实践的影响。起源于英国的欧文和谐新村试图通过空间来塑造工人，这影响到苏联社会浓缩器概念的形成，并产生了社会主义现实主义建筑理论，苏联专家将这种设计思想带到了中国[⑥]，最终又与新村主义运动相互影响，逐步形成了新中国成立初期广泛建设的工人新村与单位大院。

现有研究已有对单位大院空间与社会情况的诸多讨论，参与的学科更为广泛，既有对大院空间组织、建筑性质的分析[⑦]，也有通过人类学和社会心理学对单位中的群体进行的研究[⑧]，完善了研究内容。

但是到了改革开放新时代，单位大院逐步瓦解，社会关系也开始转变。如今单位大院快速衰弱，而工业遗产改造、创意园大行其道，城市的士绅化现象愈加显著，对工业社区的空间存续以及价值认定成为迫在眉睫的新议题。不可忽视的是工业社区与工厂本身是共生关系，如今社区与遗产更新的对立却使矛盾不断加剧，亟需寻求新的社会联系。

为讨论与探究上述问题，本研究将以武汉钢铁集团公司（下文简称“武钢”）工人社区为例，从空间分析入手讨论城市空间形态演变与发展，并通过访谈、问卷记录等社会学调查的方式，揭示社区群体与工厂情感联系的动态变化，最终论述单位大院中空间与社会关系的互动，以求为解决遗产更新过程中的实际问题提供帮助。

二、武钢工人社区的空间形态演变

1. 宏观尺度——社区

1953 年，在国务院城建总局顾问、苏联专家巴拉金指导下，以国家“一五”计划为指导，武汉市编制了《武汉市城市规划草图》。在此基础上，为落实国家“156 项工程”中落户武汉的重大工业项目，1954 年年底，武汉市建设委员会对规划草图进行修订，编制完成《武汉市城市总体规划》[⑨]。在该规划图中已经出现了武钢厂区、武钢工人社区的街区规划图（图 1）。规划中，武钢工人社区道路与地块布置与长江平行或垂直，社区与钢厂间以绿地相隔。

在 1959 年的武汉总体规划示意图中（图 2），青山区城市形态出现了转变。部分城市道路沿江平行布局转变为南北布局，两个区块明显呈现出拼贴肌理。这一时期的武汉城市规划主题是建设为“工业基地”。规划图中清晰可见众多工业用地与居住用地相互融合，分散布置，形成共生体系的组团。武钢工业社区与钢厂隔离布置，居住区

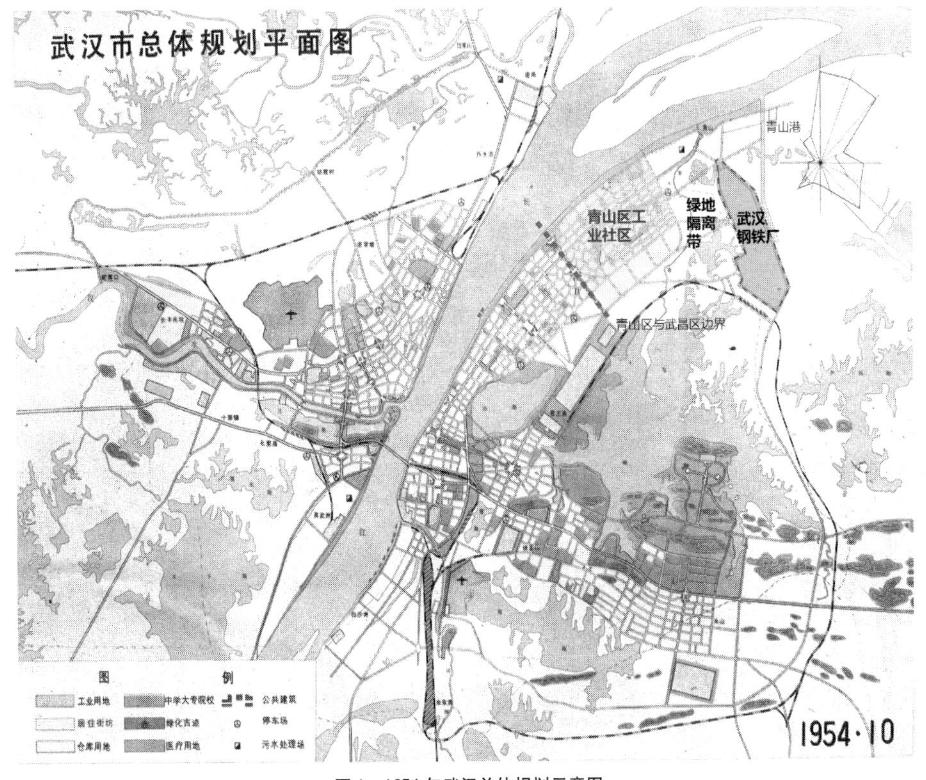

图 1　1954 年武汉总体规划示意图

图 2　1959 年武汉总体规划示意图

内规划了公共花园——和平公园。

这种转变一方面是计划经济时代城市建设产居融合的结果，另一方面是苏联规划的本土调整。在以“工厂－社区”一体化规划建设为主要思想的指导下，单位成为工人居住、生活、工作的所有空间载体，不同厂区之间则逐渐形成空间与社会隔离[⑩]。空间上，武钢工人社区内部开辟了公共花园社区，周边围绕一带绿地，呈现出自身的空间布局。社会上，单位大院内部实现物资供给，自给自主，社会群体交流减少。苏联规划的调整主要在气候问题上，由于原有规划道路平行于江面，地块与建筑布置也很难实现正南正北。这种规划给冬冷夏热、亚热带气候的武汉带来显著不便，不论土地利用率还是居住体验都不及正南正北布局。

及至 1982 年规划示意图中仍能看到单位大院自给的空间特征，且工厂与社区的空间联系也在不断加强（图 3）。此时在青山工人社区周边规划有一片蔬菜用地，“厂－工－农”紧密联系。同时武钢也在不断向外扩张，将厂区东南部原有农村土地转变为白玉山社区，工人社区与钢厂边界不断被消解、模糊。青山社区内部则进一步细化了道路空间与地块划分，实现更小的街区尺度。直到 1996~2020 年的武汉城市总体规划中武钢工

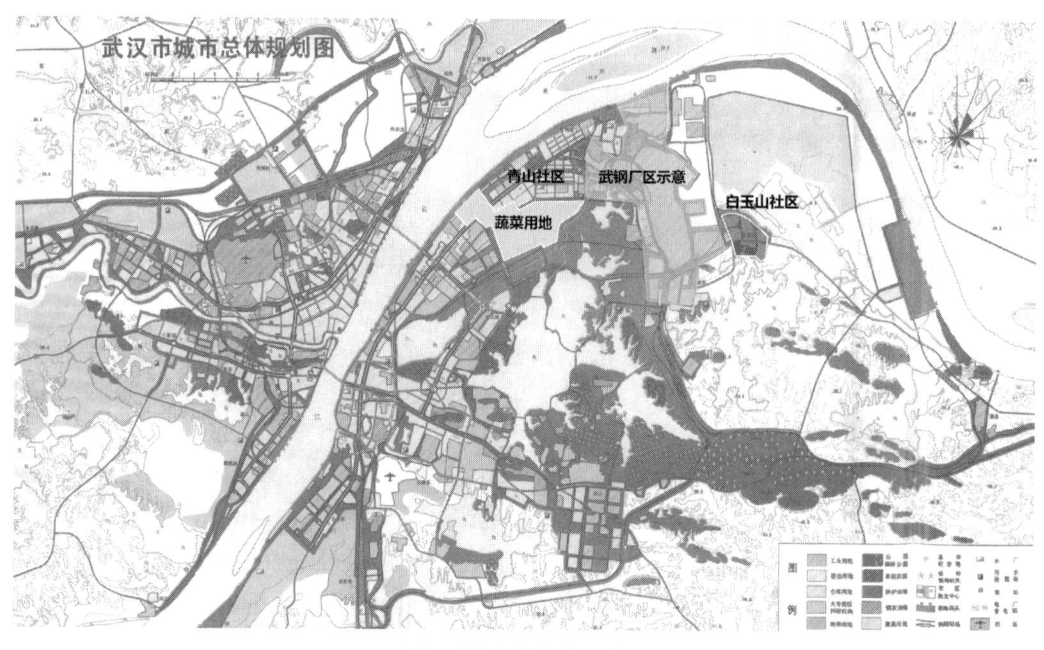

图 3　1982 年武汉规划示意图

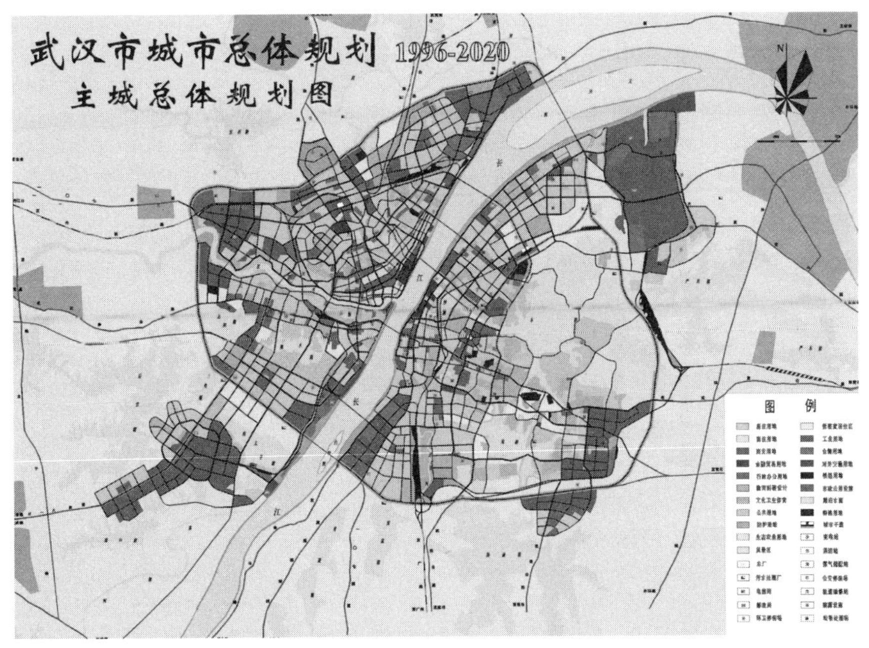

图 4　1996~2020 年武汉城市总体规划

人社区孤立的情况才被打破（图 4）。

综上，在宏观空间演变过程中，可以看到工人社区城市空间从初期单一秩序到不同城市逻辑叠加再到边界不断消解、与厂区更为紧密的过程，也能看到武钢社区持续地孤立在武汉整体空间发展之外，呈现保守与内向发展的态势。

2. 从中观尺度到微观尺度——街坊与建筑

在中尺度的街区上，主要体现在从街坊式布局（图 5）转变为行列式住宅（图 6）。

（1）初期的街坊空间与建筑

苏联的街坊形式的特点是：具有明显的轴线，公共建筑在中心，其余建筑布置在四周，形成围合内部院落的形态，同时强调沿街立面的完整性。街坊内没有其他生活服务设施，没有对穿的通道，

图 5　武钢工人社区街坊式布局

图 6　武钢工人社区行列式布局

保证内部安全与安静[11]。

为了体现集体主义原则，从院落到建筑的处理上“都是会根据公用性适当考虑到能够系统地安排各种活动的场地”[12]（图 7、图 8）。

街坊式布局的主要社会思想是将一个社会可能发生的活动分为多个层级，并都进行组织。对每种空间的细分实质上是将集体性更多地注入每一级的生活中。

图 9 是从街坊到建筑空间的关系拆解。通过

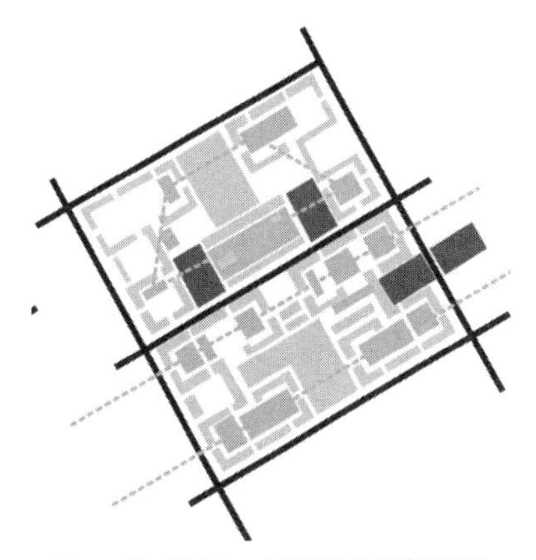

图 7　武钢社区八、九街坊的花园空间结构

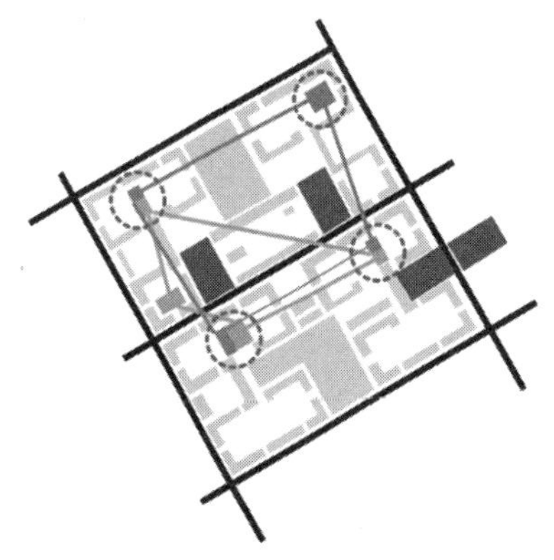

图 8　武钢社区八、九街坊的健身与运动场地布置均匀

公共空间与私人空间的联通组织，将所有的社会活动依据空间等级妥善安排。其中在开放度最大的一级集体空间布置了街坊的中心功能，例如学校、食堂、服务设施等，在功能等级上是最高的。二级集体空间通过住宅建筑围合而成，作为生活组团以小集体活动为主，例如门球场、公共花园等。三级集体空间以居住空间为单元，户与户共享建筑空间，出现了"团结户"的集合住宅。

这种最大限度体现空间集体性以及平均主义的单位大院空间形制显然与当时的政治思想和管理架构相关。1949年通过的临时宪法《中国人民政治协商会议共同纲领》第三十二条规定："在国家经营的企业中，应实行工人参加生产管理的制度，建立厂长领导之下的工厂管理委员会"。而在1956年时又废止一长制，实行党委领导下的厂长负责制，建立职工代表大会制度[13]，以工厂和工人组成的单位集体实现了一定意义上的平等与公正。

计划经济时期，社会地位依靠"劳动"而建立。单位大院的集体性空间则是将居住空间与生产空间所具有的平等身份进行了统一，从"居"到"产"都被纳入一个集体中。而公共生活的统一使工人们的生活情景趋于一致，有利于观念意识的融合，但也缺失了与其他文化碰撞的可能性[14]。可以说单位大院构建了与"新村主义"相近的理想国度以及空间形式，实现了集体意识的教化。

（2）从街坊到街区的发展

20世纪60年代后，新的思潮开始涌动。一方面是建设上要求不再全盘西化，另一方面是为消除"奢侈、浪费"的不良风气，即反浪费运动[15]。

街坊布局因高度集中的公共功能、配置良好的基础设施以及内向封闭的空间布局，使其率先被作为反浪费运动的反例。因此在新的思潮下，街坊空间的基础设施应需要重新分配。同时"居住小区"理论的运用，"成组成团""成街成坊"广泛实施，多个街区之间共同形成更大的邻里单位[16]。

虽然街坊这种封闭的社区规划形态消失了，但单位制度对空间的影响也从院落扩展到了城市尺度。1990年青山区建设情况相比1959年规划出现了几个大尺度的绿地公园。青山公园于1959年开始建设，1962年开放后立刻成为青山区甚至武汉城市重要的活动空间。和平公园于1998年11月7日正式向市民开放。1996年南干渠一期游园开始动工新建，并于1997年建成并正式对外开放。

这些城市公共空间的周围也都设有相应的公共服务设施，并依据公园面积以及中心地位的差异，存在功能的互补与上下级关系（图10~图12）。城市活动最为活跃的青山公园周边集合了武钢总医院大楼、武钢办公大楼和商业中心等功能，成为无论是城市空间还是社会认知上的中心区。而南干渠公园周边则设有社区级菜市场、学校等生活服务设施，被认为是日常生活活动聚集区。这种差异的存在既与空间布置有关，又与社区公共生活密不可分，可见在尺度更为扩大的情况下，由于产居关系的不可割断，城市空间的布置同样是以集体空间为导向呈现多级生活的空间组织。

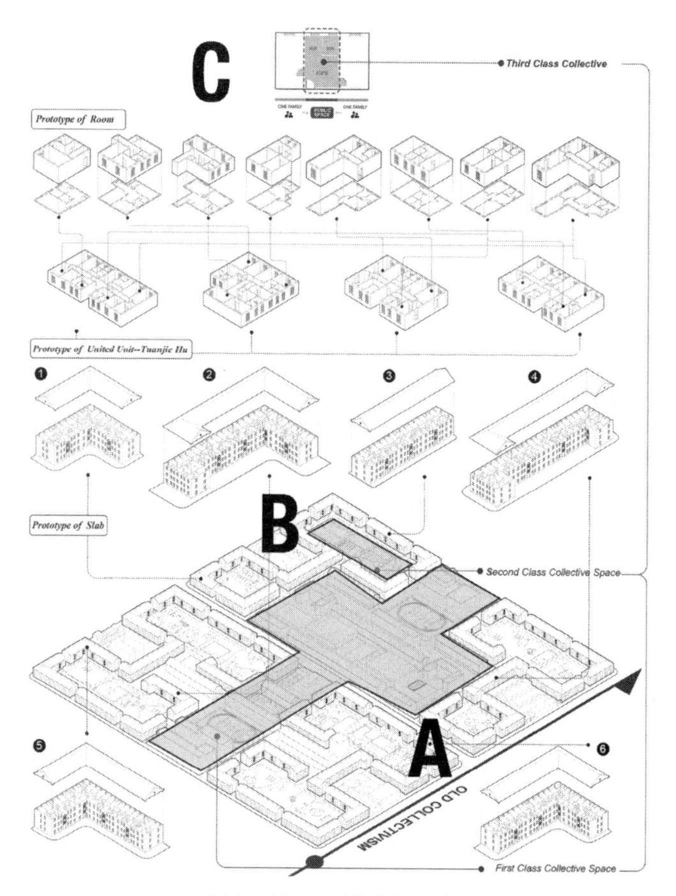

图9　武钢八、九街坊空间分解

图10　1990年青山区公共空间示意图

综上可见，单位大院是复合性的社会空间系统[17]。在城市发展中，集体性的空间从原本街坊式清晰的形态转变成更为深刻的城市文脉，空间

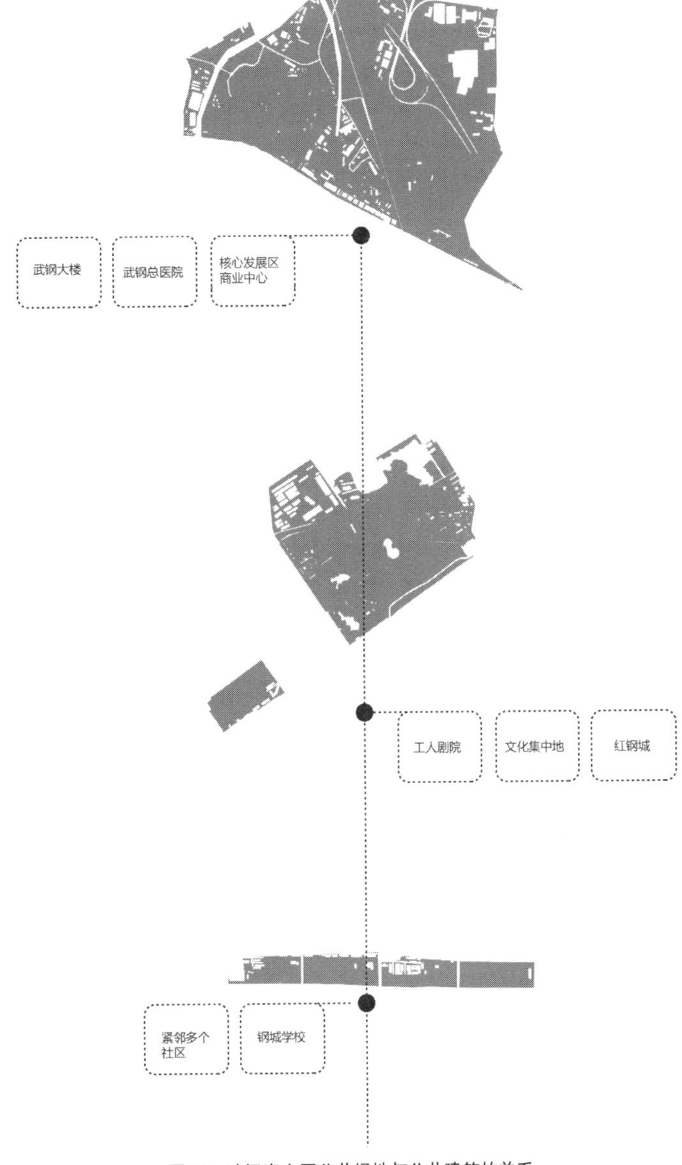

图 11　武汉青山区公共绿地与公共建筑的关系

图 12　青山区公共建筑与公共空间的空间关系

教化也从直白的思想引导变为潜移默化的影响。而武钢在对工人社区的建设控制与维护中具有自主性，相比较其他城市地块的发展，工业社区反而更具有明确的趋势，因此能清晰地看见单位的集中性在不断瓦解和重塑。

三、社会关系的变迁——依据对武钢群体的访谈

空间的演变实际上也反映了社会关系的演变。

工人与工厂的关系紧密复杂，单位大院这一特殊组织在初期成为重新分配资源的主要场所和经济计划的基本单元，获得了对工人日常生活大部分必需品的控制权。这样的紧密关系影响深远，直到如今，一些已经破产的工厂会专门成立托管中心，以处理退休职工人事档案与社区房屋管理事项等。

在早期工业建设中，单位的自主性不断被加强，某种程度上平行于政府而存在。那么在这种语境下，人、居住空间和工作空间被紧密连接在一起，因而工厂与社区不管是空间上还是社会联系上都处于互补和共存的关系。然而，这种依靠工厂生产而形成的社会网络非常脆弱，20 世纪 90 年代开始的"退二进三"政策加快了经济结构调整，使其岌岌可危。尤其在武钢被重组合并的当下，工业社区与工厂的产居关系面临瓦解。

为了探究社会关系与情感变化，研究分别选取了年龄段为 45~65 岁、65~90 岁的武钢职工居民进行访谈，访谈主题为"对武钢的过去与现在的情感变化"。

1. 第一阶段：20 世纪 50 年代到 80 年代

1955 年全国援建武钢，尤其以鞍钢职工为先进代表的东北族群到武汉的荒地上兴建钢厂。同时，还有"两湖"及周边的人从农村到城市谋求发展。

在当时，单位体制内代表着铁饭碗，武钢职工与青山本地人长时间的生活与工作差异产生了社会分层。根据对当地人的采访，青山本地人以"武钢的"代称武钢职工，强调其外来者身份，也反向反映了武钢群体的集体性。

第一代武钢职工是开拓的一代。武钢作为初期钢铁工业重要工程，承载了全国人的希望，其拼搏过程极为刻苦。这对于农村进城的职工来说是一段改变人生的历程。

"我们当时是从农村过来的，都是响应国家的号召结伴出来拼搏。最开始一无所有，都是荒地，所有都得自己建设，条件非常艰苦。有些人就坚持不住，回农村了。"

"我觉得我很幸运，成为最早一批从农村到城市的人，最后还进了全民编制。进单位了可不和现在一样，当时都是生活问题全部由单位包了，一辈子都不用愁了。这是铁饭碗。你想想一个人

进体制了，家人都可以相互顶班。”[18]

东北援建来的职工响应国家号召到武汉，虽存在不情愿的情绪但忧心个人发展而不敢违抗，为此很多人都是以小组织团体的形式过来。他们带来了最新的技术，这使他们获得了更高的地位。

“东北来的工人是有技术的，他们最初来就是比较特殊的一群人，和我们不一样。他们做的是技术活，我是做财务的，做了一辈子。”[19]

“我妈是辽宁过来的，当时要抽调人过来支援，也不敢违抗，为此和家里人分隔开了，到现在想见一面也很难。”[20]

“我当时是和我们老班长一起过来的，大家都不知道以后会怎么样，所以最开始肯定是有小团体的。但是后面都分配到了不同的岗位，大家之间也就都差不多了。”[21]

工厂管理架构和固定的工作对工人的社会关系网产生了巨大影响。第一代武钢工人几乎终生奋斗在同一岗位上，每天接触的都是相同的同事，当时的干部与群众紧密联系，没有特权，都为了革命而奉献，待遇与工作都是一样的；同时每天吃住都是集体行动，有公共食堂、公共澡堂。每年在工人剧院都有联欢会。而最初武钢选址便远离老武昌城和长江大桥，交通不便，相对封闭，形成了一个小社会。

除此之外，优越的体制生活和社会地位也让武钢群体更具有自豪与骄傲感，进一步增强了群体认同感。

“青山在当时是全武汉最有钱的地方。我们去武昌或者汉口说我们是武钢的，都觉得不得了。这也是事实，当时武钢效益好，大家都很有拼劲。”[22]

以上内容反映了最初的武钢工业社区群体紧密联系的社会关系。他们以被分配的集体生活为荣，以集体活动为乐。劳动是他们社会网络的核心，因为这改变了他们的人生，也改变了他们的地位，是同甘共苦的开拓时代，也是革命与解放精神的体现。

2. 第二阶段：20 世纪 80 年代到 21 世纪初

第二代武钢工人从小就在人人羡慕的红钢城里居住，那里是领导的住区，是青山区的商业核心区，也是工人光荣身份的象征。他们就读于子弟中小学和幼儿园，作为知青下放时也是父母单位的同事子女被分到同一个知青点，以顶职等方式进入父母的单位[23]。这时候的集体生活与城市建设都达到了最高峰。为了有更多的建设面积，武钢拆迁了青山区原居民区，在城郊新建了住宅，并补偿集体编制，将当地居民纳入单位集体中。集体主义在城市扩大了影响。

1978 年改革开放后，中国经济建设有了翻天覆地的转变。武汉汉口区依靠商品经济的迅猛发展，城市建设与服务设施显著提高，居民生活水平也超过了武钢职工。武钢工人逐渐产生了失落感，也有人对单位编制产生了怀疑。

“编制是挤破脑袋也想要抢的，但是也有些人自己出去了，不要这个编制。我就是当教师退休的，算是离开武钢了。当时就是觉得不想一直在武钢里待着。我在武昌教的书，现在退休了回来照顾我的老母亲。”[24]

2015 年武钢大裁员并被并入宝钢，被裁掉的基本都是第二代四五十岁的武钢职工。他们一辈子就做一种工作，几乎没有了再学习的能力，突然间原有的铁饭碗被打破，重新进入新时代的社会，一下子变得无所适从。他们觉得生活没有希望，反而开始羡慕体制外的人。

青山区的人们逐渐丧失了对体制内的追求，甚至想要从中脱离，象征着群体的认同感正在消亡，单位大院的集体主义也在瓦解。

“要说（对武钢）没有感情吧肯定有，想想武钢被宝钢合并了，就这么没了肯定难过，当时很多人都在痛哭流涕。”[25]

“现在农村拆迁户成了城市‘新贵’，我觉得这是守恒的。我们这些人，先甜后苦，那边的人先苦后甜。你说这钢城内吧，真的没有发展的未来。在钢城周边发展应该会比钢城内好。听说那儿（钢城外）建了街道办，门都是朝城外的。”[26]

及至当下的第三代青年，已经鲜有留在青山区当工人。

四、总结

武钢工人的社会网络随着武钢产业效益好坏而变化。起初是依靠自身的奋斗所具有的自豪与骄傲，对单位集体具有强烈的认同感，典型的空间形态与社会网络重叠，强调了这种意识。随着武钢的扩张，更多的群体被包括在集体中，城市建设挤占了青山原住民并将之纳入集体，同时也将一个街坊的邻里单位扩大成多个街区组成的邻里单位，形式上削弱了集体性，但空间结构上仍然具有功能的整合。这也与 20 世纪 50–60 年代人们的思想息息相关，能进入体制内的愿望使青山本地人主动迎合空间转变。到经济建设转型时，周围城市区域发展剧烈，个人意识在觉醒，武钢职工对集体体制逐渐怀疑。武钢工人新村内出现了一些围合的小区，在一些空地上也出现了个体加建，扩展个人空间。最后武钢没落，经济关系断裂，武钢职工集体意识崩塌、消亡，城市发展不可避免地脱离老城重新发展。

通过考虑社会网络与城市形态之间的互动关系，能从更人文的角度去思考城市演变，认识到空间反映了社会也重塑了社会，希望借此引起对工业社区、工业遗产的新的认识。

注释

① 本研究受国家自然科学基金"东亚近代英国租界与居留地的规划与建设比较研究"（51878438），天津市自然科学基金"天津文化遗产智能导游信息数据库建设及其应用"（18JCYBJC22400）资助。

②⑫ （澳）薄大伟著．单位的前世今生——中国城市的社会空间与治理[M]．柴彦威，张纯，何宏光，张艳译．南京：东南大学出版社，2014.03.

③ 于洋．论周作人与武者小路实笃"新村主义"的异同[J]．宁夏社会科学，2015（03）：15-19.

④ 贺全胜．青年毛泽东"新村"理想王国思想研究[J]．湖南第一师范学院学报，2019，19（03）：12-19.

⑤ 梁智勇．从平民村到工人新村 上海公营住宅延续的文明教化使命，1927~1951[J]．时代建筑，2017（02）：30-35.

⑥ 时雪莹．中苏友好时期武汉城市形态演变研究（1949-1965）[D]．华中科技大学，2017.

⑦ 谭刚毅．中国集体形制及其建成环境与空间意志探隐[J]．新建筑，2018（05）：12-18.

⑧⑭ 陈仲阳．"大院"与集体认同的建构[D]．南京大学，2019.

⑨ 武汉市自然资源和规划局．建国以来历年武汉城市总体规划成果[DB/OL]．(2021.12.6)[2022.1.18]．http：//zrzyhgh.wuhan.gov.cn/xxfw/ghzs/202112/t20211229_1883833.shtml

⑩ 甘满堂．"去单位化"与"类单位化"的交集——改革开放以来两类工业企业社区建设研究[J]．求索，2019（05）：129-136.

⑪ 丁桂节．工人新村："永远的幸福生活"[D]．同济大学，2008.

⑬ 汪仕凯．工人政治的逻辑及其变革：职工代表大会制度研究[D]．复旦大学，2011.

⑮ 蔡璇，赵彬．浅谈建国初期武汉职工住宅发展（1949~1965）[J]．城市建筑，2017（14）：53-55.

⑯ 边雨．以建筑类期刊为源探究中国当代城市住区规划设计的演变[D]．西安建筑科技大学，2021.

⑰ 张艳，柴彦威，周千钧．中国城市单位大院的空间性及其变化：北京京棉二厂的案例[J]．国际城市规划，2009，24（05）：20-27.

⑱ 2019年3月22日 访谈人：陈恩强，刘洪君；被访谈人：武钢退休职工 女 年龄段65-90.

⑲ 2019年3月22日 访谈人：陈恩强，刘洪君；被访谈人：武钢退休职工 男 年龄段65-90.

⑳ 2019年3月22日 访谈人：陈恩强，刘洪君；被访谈人：武钢退休职工 女 年龄段45-65.

㉑ 2019年3月22日 访谈人：陈恩强，刘洪君；被访谈人：武钢退休职工 男 年龄段65-90.

㉒ 2019年3月22日 访谈人：陈恩强，刘洪君；被访谈人：武钢退休职工 男 年龄段65-90.

㉓ 陆昕映．武汉市青山言语社区"弯管子话"研究[D]．复旦大学，2014.

㉔ 2019年3月22日 访谈人：陈恩强，刘洪君；被访谈人：武钢退休职工 女 年龄段45-65.

㉕ 2019年3月22日 访谈人：陈恩强，刘洪君；被访谈人：武钢退休职工 男 年龄段45-65.

㉖ 2019年3月22日 访谈人：陈恩强，刘洪君；被访谈人：武钢退休职工 女 年龄段40-60.

参考文献

[1] 向慧，任绍斌，陈蕾．从邻里单位到新邻里单位——武汉市青山区钢花新村社区更新的理论探索与规划实践[A]．中国城市规划学会、东莞市人民政府．持续发展 理性规划——2017中国城市规划年会论文集（20住房建设规划）[C]．中国城市规划学会、东莞市人民政府：中国城市规划学会，2017：9.

图片来源

图1：武汉历史地图集编纂委员会《武汉历史地图集》北京：中国地图出版社，1998：137

图2、图4：武汉市自然资源和规划局．建国以来历年武汉城市总体规划成果[DB/OL]．(2021.12.6)[2022.1.18]．http：//zrzyhgh.wuhan.gov.cn/xxfw/ghzs/202112/t20211229_1883833.shtml

图3：武汉市自然资源和规划局．建国以来历年武汉城市总体规划成果[DB/OL]．(2021.12.6)[2022.1.18]．http：//zrzyhgh.wuhan.gov.cn/xxfw/ghzs/202112/t20211229_1883833.shtml

图5、图6：Google Earth

图7、图8、图10~图12：作者自绘

图9：由调研小组共同绘制

作者：陈恩强，天津大学建筑学院中国文化遗产保护国际研究中心硕士研究生；徐苏斌（通讯作者），天津大学建筑学院中国文化遗产保护国际研究中心副主任、教授

基于空间句法的城市历史文化社区空间分析探究
——以重庆嘉陵西村为例

黄海静　介鹏宇

Research on the Spatial Structure of Urban Historical and Cultural Communities Based on Spatial Syntax—Take Chongqing Jialingxi Village as an Example

■ **摘要**：城市历史文化社区是城市底蕴和文化底色的体现，本文旨在对重庆历史文化社区进行梳理，选取具有代表性的社区——嘉陵西村进行研究，通过实地调研分析嘉陵西村居民的主观空间感受及需求，结合空间句法的凸空间、整合度、可理解度和可视域等参数对内外空间进行分析，形成可利用的空间数据。研究表明，该社区空间的舒适性及愉悦性较差，外部空间具有很高的整合度，交通发达，人流密集，不同出入口的选择度存在差异，内部部分小路折转次数多，存在人流穿行可能性低、主干道可视性不足、引导性较弱等问题。在文末提出具有针对性的社区更新策略，为乡村振兴战略下的城市历史文化社区改造提供可借鉴的思路。

■ **关键词**：历史文化社区；空间句法；嘉陵西村；策略与方法

Abstract: Urban historical and cultural communities are the embodiment of the city's heritage and cultural undertones. This paper aims to sort out Chongqing's historical and cultural communities and selects a representative community, Jialingxi Village, for research, analyzies the subjective spatial feelings and needs of residents in Jiaoxi Village through field research, combines the spatial syntax of convex space, integration degree, comprehensibility and the spatial data available were analyzed by combining the parameters of spatial syntax such as convex space, integration, comprehensibility and viewable area for internal and external space. The study shows that the comfort and pleasantness of the community space is poor, its external space has a high degree of integration, the traffic is well developed, the pedestrian flow is dense, there are differences in the selection degrees of different entrances and exits, some of the internal paths have many turns, there is a low possibility of pedestrian flow through, the visibility of the main road is insufficient and the guidance is weak. At the end of the paper, a targeted community renewal strategy is proposed to provide ideas that can be used for the transformation of urban historical and cultural communities under the rural revitalization strategy.

Keywords: Historical and Cultural Communities, Spatial Syntax, Jialingxi Village, Strategies and Method

一、引言

一个城市中建筑的记忆是短暂的，而城市空间则是一个城市所独有的长期记忆。当下中国正处于城镇化率快速提升的阶段，城市的规模与质量稳步提升的同时，也导致了传统社区的建设跟快速发展的城市脱节的问题，也就是从城市空间记忆中慢慢淡化。努力营造良好的文化氛围，提升社区空间舒适性，找回市民对其的空间记忆与情感归属，已经成为政府和社会关注的课题。

本文选取重庆市具有代表性的社区空间（大井巷、湖广会馆、白象街、凉亭子、十八梯、新德村、胜利新村、张家花园、十三号院子、马鞍山村、嘉陵西村、上肖家湾、大坪村），从中选择一个来研究历史社区空间，以其中的“嘉陵西村”为例，探索在当前重庆母城中社会问题突出、无力更新的“类城中村”，面临空间环境衰败、邻里文化淡化、社区历史文化消逝等现实困境下的空间应对策略，力求做到理论与现实的融合。

二、研究对象

1. 基本概况

渝中区嘉陵西村，位于上清寺和牛角沱之间，是上清寺街道上清寺路社区的一部分，周边有嘉陵桥路、轨道交通二号线和上清寺路等，小区的地理位置、交通状况等条件都非常优越。其占地面积约 5.75hm^2，64 栋居民楼院坐落其中，共 2248 户，常住人口约占总人口的 2/3。此外，社区内的两处抗战遗址也值得关注，包括宋子文旧居（怡园）和鲜英旧居（鲜宅），重庆谈判曾在宋子文旧居内进行，美国陆海空三军总长、总统特使马歇尔访华期间也曾住在这里。嘉陵西村既有生活气息也有历史底蕴，因此其研究价值与意义很高（图 1）。

2. 研究意义

后文中的调研和查阅文献发现，小区的老龄化特征十分明显，社区中鲜有年轻人的身影，猜测是因为小区入口处高差过大，行走不便，环境品质缺乏管控，年轻人不愿居住在此。虽然小区内绿化植被丰富，但缺乏有效管理与维护，整个空间活力十分低下，社区内的公共空间缺乏对节点的设计，丰富的历史文化底蕴并未能体现出来。

从空间环境和行为心理的角度出发，用空间句法定性分析当前嘉陵西村社区空间存在的空间症结，在实地调研部分运用行为心理学的相关概念和方法，着重关注人们的实际空间体验与心理感受，试图建立空间与情感的对应关联，并提出基于调研和分析的策略与方法。

希望通过此次研究，提出相对应的空间更新方法，延续社区历史记忆，发掘社区邻里文化与社区精神，为社区空间环境的整治更新贡献一份力量，为这一类型的空间进行针对性的分析，探究空间的关联要素，找到人们的心理表达诉求，有效促进社区的归属感、自豪感，延续社区的凝聚力。

3. 研究方法

本文研究主要涉及两种研究方法：空间句法与环境行为学。空间句法是在 1970 年代由 UCL 的比尔·希列尔（Bill Hillier）首先提出，是一种新的描述建筑与城市空间模式的语言和方法。该方法认为系统中所有空间节点的拓扑关系的总和就是空间的组织结构，某一空间节点的特点是由它与所有其他空

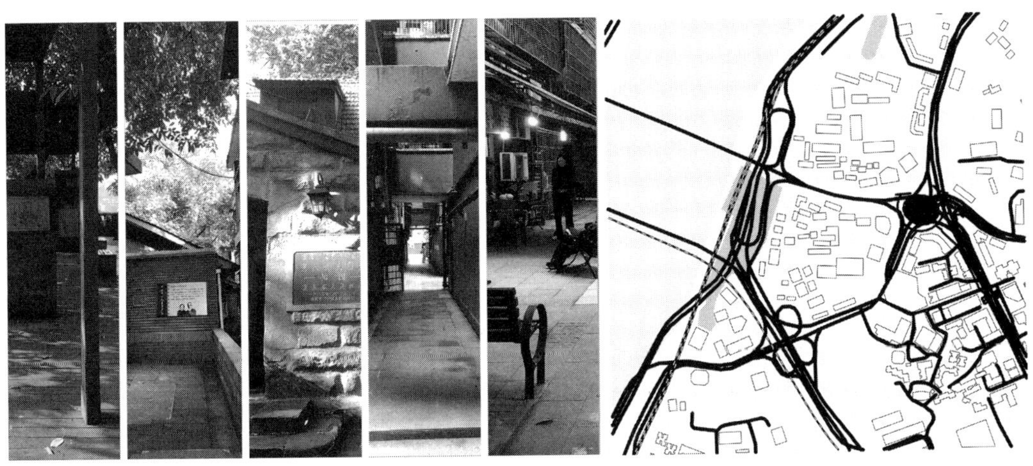

图 1　嘉陵西村现状示意图

间节点的关系决定的，主要使用了“自然出行（Natural movement）”和视域分析法（Visibility graph analysis）等方法来研究空间关系，运用数学模型分析空间节点。这些方法理论和传统的空间概念并不一致，它把空间与社会经济联系起来，认为空间是受到多种因素影响的综合体。

空间句法指标包括连接值、整合度、选择度等五个指标以及一些概念。分析后选择对于结果起到明显意义的分析参数来研究嘉陵西村的空间结构。我们选择实现整合度、整合度、选择度处理后的参数分析城市空间。在本文分析过程中，用到的空间句法相关概念有凸空间、整合度、选择度、视线整合度等。

全为二维平面的凸空间基于实际的空间状态减少了一维，假设一个空间内的任何两个点都是彼此可见的，这称为一个凸空间，即任何两点都能看到对方。本研究利用凸空间分析法对尺度较小的嘉陵西村进行分析，其适用性较强。

整合度（Integration）是指空间系统中某一元素与其他元素之间的集聚或离散程度，它是反映一个空间对于交通的吸引力和便捷程度的参数，是判断空间在系统中中心性的指标，一般情况下整合度越高，该空间的可访问性和中心性越高，聚集人群就越容易。整合度可以分为整体整合度和局部整合度。本文从重庆主城区的全局整合度分析到嘉陵西村的局部整合度，由面到点，更能反映嘉陵西村在城市中的空间层次与信息。

一个空间系统中两个节点间的最短拓扑距离称为该系统的空间选择度，它是作为衡量空间系统最短路径的参数，即人群进入空间的可能性，空间选择度越高，人群穿越该空间的可能性越大。从一个特定的元素出发，到达另一个元素，视线一共需要转折几次，把这个值反馈回来，记在起点的头上。用尽所有其他元素作为终点的所有可能性之后，求和转换次数，并将其值反馈到起点的顶部，该值即为起点的可见深度。有了这个值以后，再一步步求 RA、RRA，最后再求出整合度的值，定义为这个空间元素的实现整合度值。这个值的意义是，值越大，表明空间内该元素要看到其他元素所需转折越少；值越小，表示从这个元素出发，要看到其他元素需要更多的转折。

本研究首先建立嘉陵西村的 CAD 总平面图，其满足空间句法研究的基本条件，然后在 DepthMap 软件中将其转化为凸空间的布局图，随后建立对应关系进行各项参数的运算，得出后文的分析。

环境行为学（Environmental behavior）又称环境心理学，它主要研究人类的行为（包括经验、行动）与其相应的环境（包括物质的、社会的和文化的）二者之间的相互关系，尝试应用心理学的基本理论、方法和概念，了解物质空间活动以及人对空间环境的反应，然后反馈到空间设计中，以此来改善人类的生活环境，将人们的活动习惯和设计师的感觉经验上升到理论的高度进行阐述。笔者将此理论运用于现场调研中，通过对嘉陵西村居民的必要性活动、自发性与社会性活动的实地走访调研，结合需求调查等，反映居民真实可靠的心理需求与空间记忆。

4. 实地调研

笔者先后对嘉陵西村进行了三次实地调研，主要调研整个街区的公共空间使用状况，从活动主体、活动方式、活动属性以及负面行为四方面来研究不同公共空间的使用情况。通过调研局部的空间活动，进而达到了解整个街区活动情况的目的。具体方法为，针对街区内公共活动空间进行统计，用一天时间，在 8：00—18：00 时间段内任取 15 分钟作为统计时段计数一次，每个地段计数两次。在选点上，选择嘉陵西村内具有代表性的节点来进行调研，依据为是否为交叉点、人流量如何、是否具有历史文化要素以及空间特征是否突出（图 2~ 图 4，表 1）。

为了研究嘉陵西村居民的心理需求和情感记忆，笔者在调研途中随机访谈了不同年龄层次、不同性别的 20 人，从可达性、舒适度、愉悦度、归属感、安全感五个维度进行访谈，以了解使用者普遍的心理诉求。

访谈对象的信息包括年龄、性别、居住地点、教育背景等，笔者在访谈过程中选择不同类型的访谈对象，这样能保证访谈对象的全面性，并客观反映访谈的可信度和有效性。通过对访谈结果进行梳理总结，最终以图表形式展现访谈数据（图 5）。

从现场反馈的情况来看，社区的可行性、可达性以及安全性这三方面均能较好地满足使用者的使用要求，社区空间的舒适性和愉悦性是使用者不满意的主要因素。大部分访谈者认为社区的街道空间不够完善，社区道路过于复杂，不够美观；内部的生活性街道缺乏维护，墙面有污渍以及墙面剥落，同时社区道路上还有随便堆放杂物

嘉陵西村居民活动统计 **表 1**

时段	干活	交易	闲坐	散步	站立	玩耍	闲聊	打牌	总数
早上	5	4	4	3	5	10	5	0	36
中午	3	1	2	1	1	2	0	0	7
下午	0	0	5	2	3	5	6	12	33

图 2　活力节点

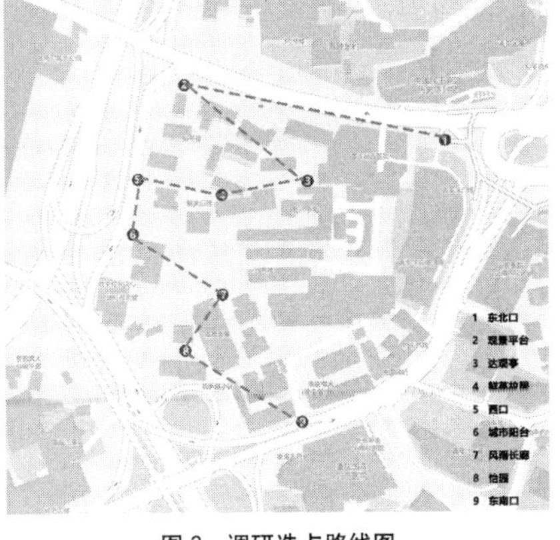

图 3　调研选点路线图

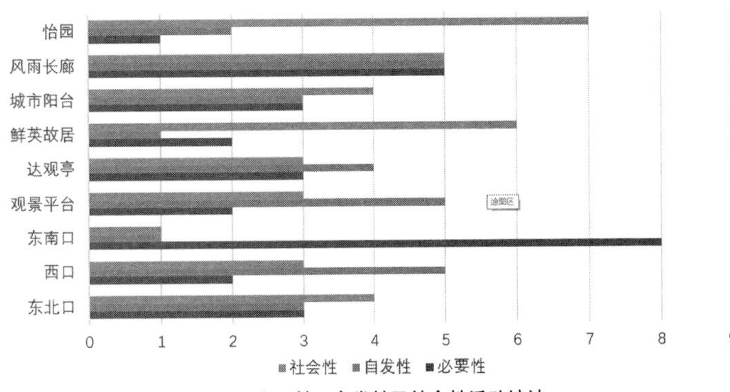

图 4　必要性、自发性及社会性活动统计

图 5　嘉陵西村居民心理感受调查

的情况，总体来讲，社区空间的舒适性及愉悦性较差。因此，社区空间营造主要应考虑如何提升街道空间的舒适性和愉悦性。

从心理角度来看，居民对社区有相当的归属感，相比一般游客更喜欢在熟悉的空间进行活动，经常进行的活动有闲聊和打牌等，并呈现出一定的活动时间规律性。从情感角度来说，居民们喜欢社区的相对私密性，这为他们提供了一定的心理安全感，但在舒适度方面带来一定不便。居民们对于街区的情感记忆大多是相同的，如果进行更新优化的话，都希望保留自己记忆中最熟悉的部分，同时还能提高生活的便利度。

三、基于空间句法的嘉陵西村空间分析

1. 城市尺度的句法分析

首先将视角着眼于宏观尺度，分析重庆主城中心城区的路网空间结构，绘制出重庆全局的整合度及选择度，梳理出重庆主城区的总体空间格局，再进一步探究不同区域的空间便捷度，直观地反映出嘉陵西村在重庆主城空间地理格局中的空间层次与研究价值（图 6）。

从整个重庆城区来分析整合度和选择度，嘉陵江两岸的渝北区和渝中区全局整合度和选择度显示出较高的数值，而嘉陵西村恰好位于嘉陵江滨江路旁，这说明其空间系统在当代城市路网布局下空间便捷度较高，更有助于人群以步行的方式认知街区的整体性及市民的停留与集散。根据分析图可知嘉陵西村外部空间的全局选择度较高，对比实地调研情况分析，是因为该区域位于渝中区核心位置，毗邻交通枢纽，周边活力节点较多，交通发达，人流密集，十分具有研究价值。

图 6　重庆全局整合度、选择度

2. 社区空间尺度的句法分析

经过城市尺度的分析后，得出嘉陵西村空间外部节点情况，随后主要在社区内部层面进行句法量化分析，对嘉陵西村空间范围内的街巷系统、凸空间可识别性、空间中心性和街巷空间形态进行分析，在 200~500m 的不同半径尺度下对比其空间的不同选择度，得出更为精准的空间关系。

图 7~ 图 9 是以不同尺度生成的以嘉陵西村及周边路网为选择对象的整合度与选择度研究。如图所示，路网颜色领域跨度较大，意味着这两个参数在各处空间变化也较大，空间中各点的可达性也不尽相同，同时图中轴线的颜色直观反映出参数的量化指标，红色代表整合度与选择度最高，空间最具活力，随着颜色变冷依次递减，蓝色为最低，空间趋近红色轴线代表其整合程度较高，人群可达性强，反之则表明与其他道路的关联性差，人群可达性弱。

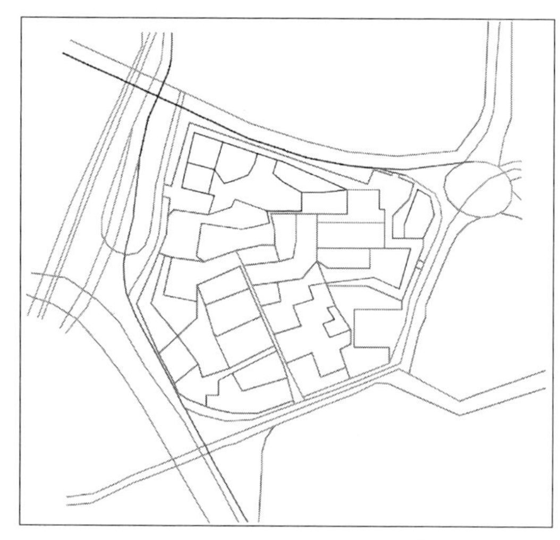
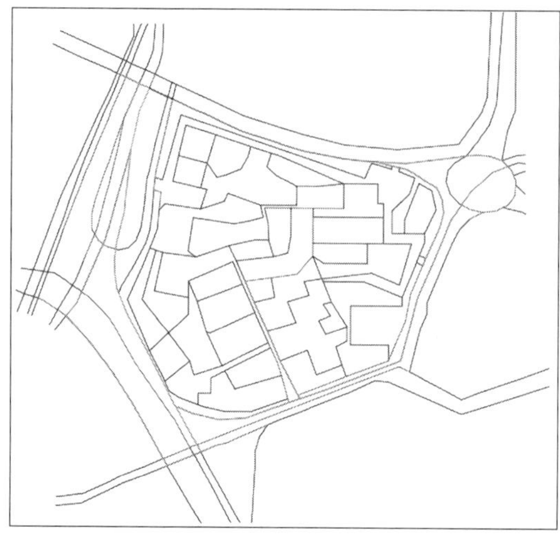

图 7　半径 2000m 选择度、整合度

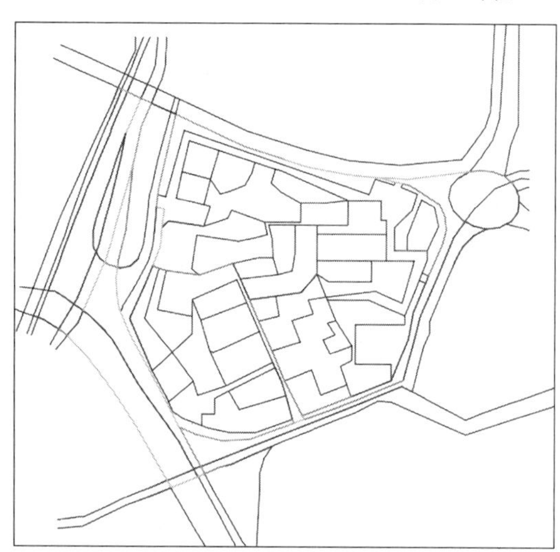

图 8　半径 500m 选择度、整合度

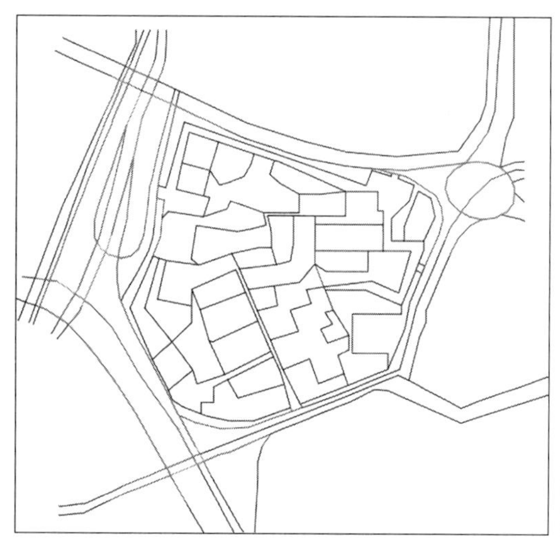
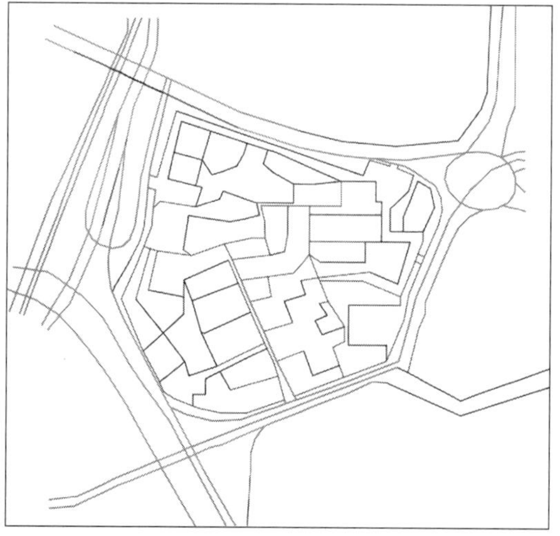

图 9　半径 200m 选择度、整合度

由图示社区内部选择度和整合度，结合实地调研社区的功能布局及外部交通环境可知，其内部功能与选择度和整合度的匹配度较高，这也印证了空间句法的分析准确性和适用性，进一步探讨空间要素及其建构的相互关联，发现问题，寻求解决问题的目标和切入点，阐述对应措施。

嘉陵西村位于嘉陵江大桥南桥头南侧一高地上，社区整体高差较高，周边道路交通较为复杂，有轨道交通牛角沱站、牛角沱立交桥、中山四路立交等。分析整个社区与周边道路的空间形态关系显得尤为重要，这里采用选择度和整合度两种形态变量来分析。

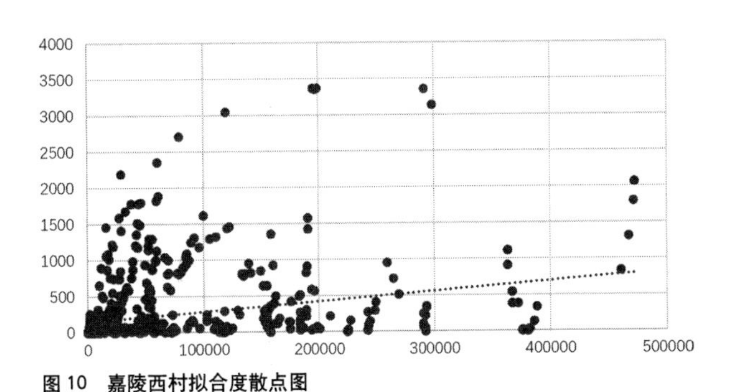

图 10　嘉陵西村拟合度散点图

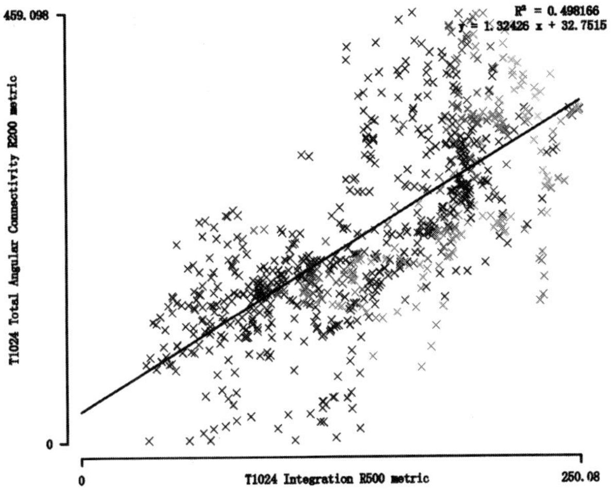

图 11　可理解度拟合曲线

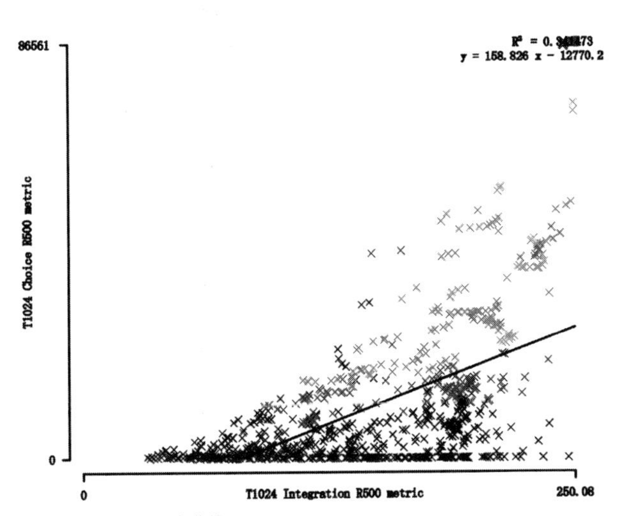

图 12　人流界面拟合曲线

从嘉陵西村及周边路网的外部空间来看，由于背靠两座大桥和多个城市立体交通节点，在嘉陵西村外部空间附近显示出了很高的整合度，此处空间整治更新潜力较大。其中二号轨道交通线曾家岩、嘉陵桥路、牛角沱立交桥整合度较高，核心在两座大桥与嘉陵江滨江路的交汇处。但对比东侧和北侧街道，高热区域差落明显，整合度变化明显，这表明周边道路肌理对于嘉陵西村外部空间布局的协调性具有一定影响。

另外根据选择度分析结果，在实际情况中，社区西南门、东南门、北门三个主要出入口，人流量较大，与空间句法分析结果一致，与选择度的定义高度一致，即选择度高的空间更有可能被人群穿行。

而西门人流量与分析结果存在一定差异。经实地调研发现，其原因在于西门高差变化较大，台阶数量过多，社区内老年人占比较大，选择西门进入的人群较少，所以西门不利于人流通行。

3. 可理解度分析

整合度分析之后，需要进一步验证社区的连接值与整合度之间的相关性，即侧面引证前述分析的准确性，X 轴为嘉陵西村全局整合度，Y 轴代表嘉陵西村的连接值，三种不同颜色的点代表内部道路轴线。（图 10）

由图 11 可知，拟合度值为 0.498166，略小于临界值 0.5，其含义是嘉陵西村的空间可理解度不高，内部人群对于空间的感受性以及对空间特征的感知度不佳，这就造成了其内部人群的活动性不具有规律性，其内部核心街道的可理解度明显弱于外部空间节点，造成外来人员方位感的缺失，在空间可辨识性上亟待加强，这也与调研时所发现的嘉陵西村内部道路较为杂乱、内部高差起伏大、道路指向性差等现实相符。结合前文概念也发现，嘉陵西村中存在较多选择度较低的宅间道路，这些道路折转次数较多，被人流穿行的可能性较低。

4. 人流界面分析

为进一步确保分析的准确性，本文继续将嘉陵西村的内部整合度与选择度进行拟合回归分析，绘制出散点分析图，X 轴代表社区内部整合度，Y 轴代表社区内部选择度，生成离散图如图 10 所示，与人流界面拟合曲线（图 12）结合分析。

生成的社区内部人流界面大小的拟合度值为 0.341473，这一数字距 0.5 的界限还有较大差距，说明社区内部整合度与选择度相关性不大，其空间含义是，社区空间将居民限制在其内部进行活动交流，与外部人群联系不紧密，虽然保证了嘉陵西村内部文化的相对独立性与居民的归属感，但同时削弱了其文化流动的空间保障，对社区的长远发展、发掘文旅资源、塑造历史文化品牌不利，限制了嘉陵西村空间活力的发展。

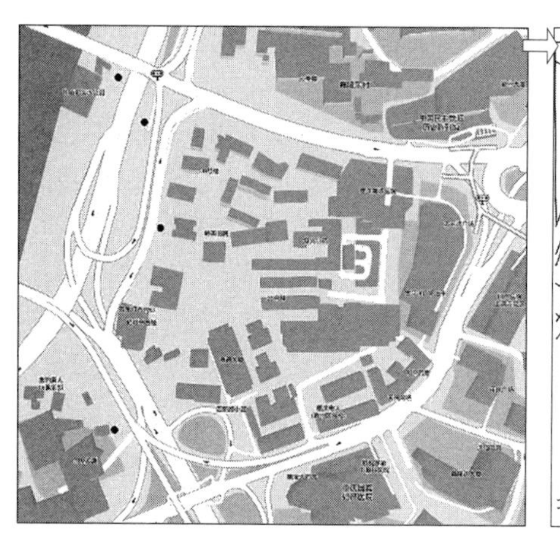
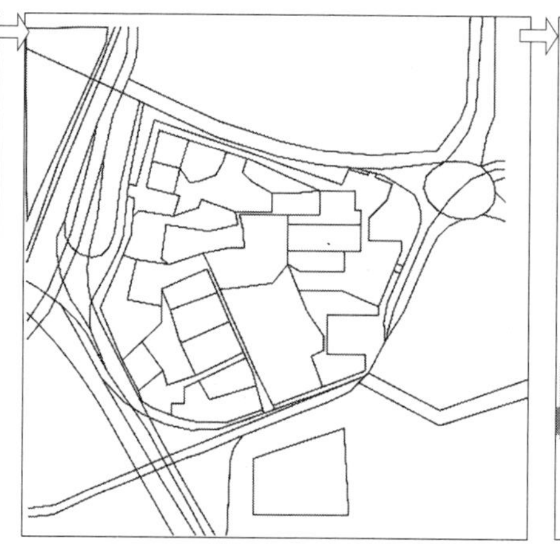
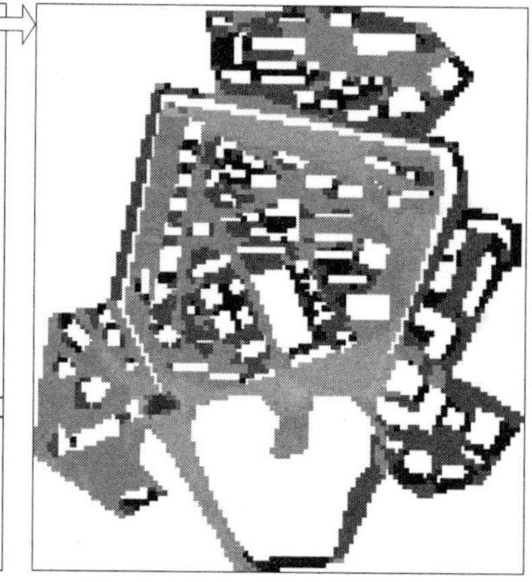

图 13　可视域生成过程图示

接下来我们进行可视域分析。将嘉陵西村的地图在 CAD 中转译为道路地图，导入 Depthmap 中，生成可视域分析图，即颜色越高的地方，代表这个地方在空间中可以更好地被人们看到。由图可得出嘉陵西村内部可视域在出口处有一个较好的数值，但具体在内部道路中，可视数据并不理想，就代表其内部道路在设计上具有一定缺陷，印证了在设计上对人流的引导性不够强，空间可提升性潜力比较大，也与调研时笔者的感受大致相同。值得注意的是在转角处的城市阳台处，显现出较强的可视性，代表在这一景观平台的设计中，空间塑造较为成功。（图 13）

四、策略与方法

1. 挖掘城市阳台潜力，打造新型休闲空间

根据前文的调研与分析发现，社区内的几处转角瞭望台北临嘉陵江，是社区内观景条件与活动空间最为优越的场所，是社区室外公共活动中心，承担着居民室外集中活动以及对外文旅形象展示的作用。在空间设计上，应着重考虑社区的历史文化展示功能以及服务居民生活的设施，结合调研与分析，建议将其定义为“城市阳台”进行考虑，加强社区老年活动中心的功能，增加休闲座椅以及遮荫廊架，考虑增设历史文化展廊，将嘉陵西村深厚的历史文化底蕴展现出来，也满足了居民日常的精神文明活动需求，充分发挥“城市阳台”设立之初的作用与空间潜力。

2. 内外节点联动，提高空间舒适度

社区内现存很多住宅围合院落，表现出不同的特征，例如文化娱乐、体育健身、生活休闲等。对住宅的改善要针对老年人的多样化需求，以增加无障碍设施、对基础设施做适老化改造升级和尝试专人负责制等作为措施，在老龄化较为严重的社区背景下才能有效提高老年人的生活水平，为社区生活氛围的营造奠定坚实的物质基础。扩大院落的交往空间也就意味着空间的开阔性增加，提高了整合度可达性等指标，并在空间视域上也将有所改善。

嘉陵西村东北部沿嘉陵桥路邮政公司的主入口，是交通最为活跃的入口，因为它毗邻城市的主干道，距离汽车站步行较近，多被社区居民选择出行。同时该入口直接面向已建成的“中国民主党派历史陈列馆”（特园康庄的重建），其被塑造为社区内的文旅节点之一，通过较陡的台阶进入社区的起点。因此，建议直接对主入口附近道路进行整治，提高主入口的空间整洁度，改进较陡的台阶，优化进出道路，对沿街商铺占道行为进行整治，将大大改善空间各项数据。

3. 以居民情感寄托为内核，重塑一代人的城市记忆

结合调研中发掘出的情感要素，围绕居民需求、社区内历史文化资源、建成环境等因素入手，通过阐述空间与情感的关系，提出具体的整治与优化策略，重视与既有建筑的融合，以文化路线引发居民精神空间的共鸣。

针对社区内历史文化遗址的展示与挖掘问题，建议结合社区入口处的高差台阶，将重庆谈判等历史事件和人物展示布置在关键空间节点，形成鲜明的空间文化特色，有利于增强居民的自豪感与荣誉感，增进社区的辨识度。在游览线路的打造上，围绕社区内几处历史文化元素，综合优化周边的道路、绿植、入口设计，使之匹配爱国主义精神的内核，更好地服务居民和吸引游客。

重视居民对于以往记忆与快速发展城市的割裂与融合，守护居民的心灵空间，将嘉陵西村的空间文化符号进行重组提炼，通过文字、摄影、短视频、雕塑小景、露天展览馆等多种形式来讲好嘉西故事，提升

居民的文化认同感与归属感，也为融入当下城市文化进程做出贡献，既尊重老一辈原住民记忆中的嘉陵西村最初的样子，又通过一系列的优化赋予它当下时代的新价值。

历史文化社区在城市中的定位举足轻重，应由居民和政府多方共同推进它的更新优化，重塑老一辈居民的城市记忆，从空间入手正是最为直接的方式。

五、结语

"乡村振兴"在2021年由中央1号文件发布后，已经成为接下来一段时间城乡建设工作的主旋律。我国近些年经过大规模、快速化的城镇化之后，遗留了一系列问题，已经进入了注重品质提升的整体转型阶段。新时代下城市历史社区的改造更是承担着改善人居环境、优化城市功能等使命，如何进一步做好历史社区的更新工作也受到更多关注。本文正是从一个方向的空间更新视角着手，如何从空间的角度进行分析与优化，分析居民的空间记忆与情感需求，从而建立起两者之间的对应关系，是本文所想要尝试探讨的问题。但由于空间划分与建模并非完全准确，干扰元素并不能完全排除等影响，最终研究结果在空间的把握上仍具有不确定性，希望今后能进一步加深对此方向的研究。

参考文献

[1] 李和平，肖洪未．重庆传统文化社区保护与利用研究 [R]. 重庆市规划局课题．重庆：重庆大学，2013：12-13.

[2] 黄瓴，夏辉，肖洪未等．文化复兴策略：渝中区老旧居住社区整治研究与方案设计 [R]. 重庆：重庆大学，2010：57-58.

[3] 李和平，肖洪未，黄瓴．山地传统社区空间环境的整治更新策略——以重庆嘉陵西村为例 [J]. 建筑学报，2015（02）：84-89.

[4] 向莎莎．基于环境行为学的历史文化街区公共空间营造 [D]. 苏州科技大学，2017. [8] 中国图书馆学会．图书馆学通讯 [J].1957（1）-1990（4）．北京：北京图书馆，1957-1990.

[5] 张鹏跃．基于环境行为学的城市公共空间使用后评价——以昆明老街为例 [J]. 城市建筑，2020，17（21）：62-63.

[6] 凯文·林奇主编．城市意象 [M]. 项秉仁译．北京：中国建筑工业出版社，1990.

[7] 李道增．环境行为学 [M]. 北京：清华大学出版社，1999.

[8] 林玉莲，胡正凡．环境心理学 [M]. 北京：中国建筑工业出版社，2006.

[9] 茹斯·康罗伊·戴尔顿，窦强．空间句法与空间认知 [J]. 世界建筑，2005（11）：33-37.

[10] 戴晓玲，于文波．空间句法自然出行原则在中国语境下的探索——作为决策模型的空间句法街道网络建模方法 [J]. 现代城市研究，2015（4）：118-125.

[11] 张健，王一洋，吕元．基于空间句法的历史街区地铁站点周边公共空间更新策略——以前门地区珠市口地铁站为例 [J]. 城市住宅，2019，26（03）：49-54.

[12] 何卓书，许欢，黄俊浩．基于空间句法的历史街区商业空间分布研究——以广州长寿路站周边街区为例 [J]. 南方建筑，2016（05）：84-89.

[13] 赵潇欣，王舒啸．浅谈城市记忆对城市更新建设的引导与控制 [J]. 南方建筑，2013（06）：108-112.

[14] 冯骥才．城市为什么需要记忆 [J]．房地产导刊，2010（10）：96.

[15] John Wiley，Sons.International Urban grouth Policies—New Town Contributions.New York：A Wiley-Interscience publication，1978.

[16] Hillier B，Hanson J. *The social logic of space* [M]. Cambridge university press，1989.

图片来源

图5~图8：重庆大学建筑城规学院2020级硕士研究生李冠达绘制

其余图表均为作者自绘或自摄

作者：黄海静，重庆大学建筑城规学院，博士，教授，博士生导师；介鹏宇（通讯作者），重庆大学建筑城规学院硕士研究生

从大学教学形式到学习空间的建设
——基于学科交叉的视角

薛春霖

On the University Teaching Form and Learning Space: from the Crossing Perspective of Architecture and Pedagogy

■ **摘要**：本文尝试从建筑学和教育学的交叉视角探讨大学学习空间的建设问题，包含四个方面：首先是建筑学对学习空间研究现状的简要分析；其次基于分析的理据，对当下基本教学形式及其学习空间形式的评价；再次，基于前面的分析与评价，从教学形式发展的需求角度出发，探究教学空间发展与变革的可能性与方向；最后，结合当前学习空间建设的现状，进一步强调所面临的问题。
■ **关键词**：教学形式；教学组织形式；教学空间；学习空间；变革
Abstract：This paper attempts to explore the construction of learning space of universities from the cross-perspective of pedagogy and architecture，which contains four following aspects. At first，to investigate the current state of research on this issue in architecture. Secondly，to evaluate the current teaching form and its teaching space form. Thirdly，to analyze the requirements for learning space due to the development of teaching forms. At last，to review briefly the current problem of constructing learning space of universities.
Keywords：Teaching Form，Teaching Organizational Form，Teaching Space，Learning Space，Transformation

对于教育类建筑，教学空间的塑造是一个核心问题。大学建筑中，教学空间一般可以分为两类，其一是满足特殊专业需求的特色教学空间和实验室，其二是满足一般教学安排的普通教学空间。后者为本文的研究对象。

教学空间的研究是学科交叉的研究。空间为事件服务，那么对大学教学空间的探讨就离不开教学这件事，而这件事又主要外显为教学的形式（或者学习形式），属于教育学的范畴。当下，教学环境与教学效率之间的关联性已经被深刻认知，教学空间与教学改革、创新之间的关联性正日益受到重视，教学空间变革逐渐成为一个重要的研究议题。

一、缘起："真空地带"的教学空间研究现状

虽然建筑学和教育学都对"教学空间"进行研究，但二者呈现出一种平行而缺乏交集的状态。两个学科各自局限于自己的目的、方式和范围，鲜有对话和交流的机会。因此，国内一位从事教育技术研究的专家认为："学习空间是建筑学和教育学之间的一个真空地带。"

一般来说，建筑学对于教学空间的研究普遍有一条明确的界线，即"正式"与"非正式"。这条界线的存在极大地压缩了建筑师的工作范围，削弱了建筑师教学空间设计中创新的可能性。如果设计一座博物馆或者美术馆，建筑师根据展品的特点能够设计出各种相应的呈展方式，进而在建筑空间的组合、分隔、形态等方面创造出精彩绝伦的方案。而对于设计一座教学楼而言，由于"教室（正式教学空间）"受相关规范和技术标准的限定，自由度明显降低，"建筑师的创新设计能够发挥的余地仅限于传统的交往空间和现在的非正式教学空间"。一墙之隔，建筑师可以在教室的围墙之外挥洒创意，围墙之内则缺乏变革和创新的话语。

建筑师们并非缺乏对教学空间系统性创新的期望与热情，他们深谙"……教学理念、教学模式变革影响下的正式教学空间变革才是教学空间最核心的创新"，进而，"如果教学没有变革的需求，所谓教学空间的创新基本上就是建筑师的自说自话，缺乏教育学的支撑"。只有教学改革首先提出需求，那么教学空间的创新才能有据可循。

当建筑空间的功能定位于"教学"和"学习"时，建筑学和教育学的关联性、交叉性研究就具有了必要性。而当"真空地带"的论断被提出时，又彰显了这种研究的迫切性。另外，教育和教学改革的探索本身也是一个持续的过程，落实到教学空间也是一个持续与实验的过程。因此，对于教学空间的研究，建筑师不应该是从动者和等待者，而是需要突破本学科的传统界定和习惯，主动和积极地向教育学延伸研究，比如教学形式、学习规律等；也就是说，相关建筑师需要有教育学的研究责任和义务。"我们作为建筑师，应该去了解、研究各种教学形式、教学思路以及它们对空间的需求，应该去尊重使用方。另外，我们既然做教育建筑设计，就应该了解教育本身的情况。我们进行教育空间的创新，更多的是要去适应使用者的需求和对未来的展望。我们建筑师应该不断地去探索，研究新的建筑形式来适应性的教学模式。"

从大学教学形式着手是对相应教学空间研究的直接起点。教学形式也可称为教学组织形式，是"教学活动诸要素在教学过程中的组合方式和工作形态，涉及教学活动的规模、师生的活动形式、教学活动的时间和教学活动的场所等方面。"教学形式需要特定的教学空间与其匹配，进而获得最佳的教学效率。

二、现状：传统班级授课制及其教学空间形式

班级授课制是当代教育实用性最成熟的教学形式，被广泛运用于各个学段。班级授课制是"将年龄大致相同的一批学生编制成一个固定的班级，由教师按固定的课表和统一的进度，并主要以课堂讲授的方式分科对学生进行教育的一种教育（学）组织形式。"这种教学形式发端于16世纪的西方，伴随着工业革命的进程逐步完善和成熟，最终成为集体教学的最高代表。经历了几百年，它依然保持着旺盛的生命力。我国最早使用班级授课制的学校是1862年清政府在北京设立的京师同文馆，这种授课模式现在已成为我国大学的基本教学形式。

在班级授课制中，主体的行为方式是老师将知识讲授给尽可能多的学生，同时最方便地实现管理与控制，因此其具有单向性、强制性和封闭性。单向性指信息传递主要限制于师生之间，清楚而简单；强制性指为了满足一个老师管理很多学生的需要，学生的课堂行为方式被严格限制，同时老师的行为方式也被限定；封闭性指减少学生之间交流的必要性，更好地保证师生单向的交流。在某种程度上，班级授课制的人才培养方式与工厂产品生产具有相似性，体现出追求经济和效率的特征。其产生和发展较好地缓解了大规模工业化生产对教育的需求和有限的教育资源之间的矛盾，促进了教育的普及与发展。

班级授课制对教学空间提出了非常明确的需求。首先，教师必须处于空间的中心，由此保证教师发出的信息能被所有学生清楚地听到和看到，同时也方便管理学生；其次，必须能与黑板、投影仪等主要教具结合，教师便于操控，学生便于观看；再次，必须最大限度地容纳学生，同时减少学生之间的相互干扰。于是，讲台与黑板、投影仪等教具有效结合处于一端，中间采用秧田式

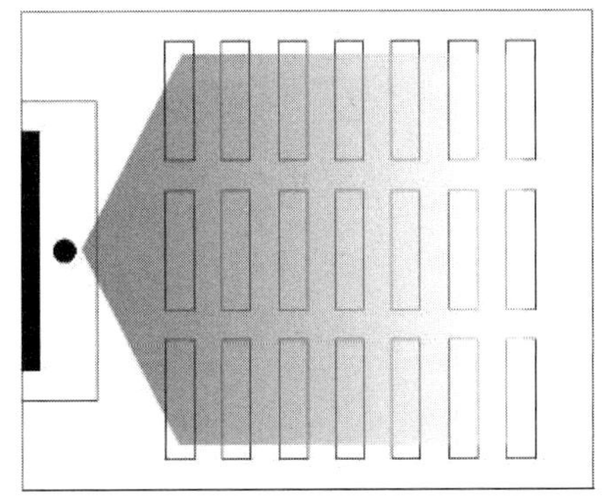

图1　班级授课制的教室空间平面

的座椅布局以容纳最大数量的学生，再出于建造等其他因素考虑，一个常用的矩形平面（图1）和六面体空间单元便产生了。

为了进一步挖掘经济性和效率，这个教学空间单元被仔细研究，人数、形态、尺度、采光、音效等各种物理空间的因素被科学地衡量和计算，最终被标准化了。根据有关研究，这个标准化的过程大概开始于18世纪工业革命时期的小学教育。在大学教育中，这种标准化不像中小学那么严格，但也渗透着深刻的影响。出于不同教学需要，大学的教学空间单元分为了若干规模等级，小的可容纳几十人，大的则能容纳上百人。一般来说，一栋大学教学楼的教学空间系统基本上由这些大小不同、各自封闭的标准化教室组合而成。其中，规模适中的教室（100人左右）占主体，小型教室和大型教室作为补充。纵使建筑外形设计千差万别，风格各异，但内在的空间形式是同一的。

这种传统教学形式和教学空间有巨大的优势，首先，有助于规模化和标准化人才的培养，满足了凝聚社会发展合力推动国家快速发展的要求；其次，有助于教学空间进行规范化、规模化和快速化的生产，由此高效地满足了高等教育扩张和发展的需要；再次，有利于经济地进行建设和管理成本的控制，由此实现教育投资效益的最大化。这些优势决定了传统教学形式和教学空间在未来大学教育中的主要地位，但是伴随着国家和社会对高层次人才的更加精细和至臻的需求，传统空间在教育层面也体现出它的不足：

第一，教学创新受制于空间参与。有教育学的研究者这样评价："这样的教室空间给人的感觉是厚重、幽深，给学生的心理感受是厌倦和沉闷，其积极性主动性难以发挥；相应地，思维趋于慵懒，创新人才的'奇思与妙想'被抑制。"传统的教学空间对于教与学的积极性已经提出了挑战，教学主体在行为和心理上都受到严格的制约，因此也限制了教学改革和创新。

第二，教学方式、教学形式和学习行为等缺乏空间关照。传统教学空间一般只能够满足理论课的授课需求，而与理论课相匹配的实践教学则难以实现。比如有的课程需要分组研讨、辩论、演讲等，而有的课程则需要现场试验、动手操作和情景模拟等，这些多样化的教学活动在传统教学空间中是难以开展的。另一方面，除了正常的教学外，教学空间还承担着比重非常大的自发性学习，但传统教室基本只能承担"安静"的自习功能，"非安静"的自习和交流则不行，而后者对于学习同样重要。于是，消防楼梯的转弯平台、走廊的尽头或者某个私密的位置往往成为很多学生争抢的阵地。

第三，教学主体受困于空间固化。标准化后的教学空间固化了班级授课制的单向性与强制性。"现代社会的教室空间不仅控制着学生，同样也控制着教室中的教师。"一方面，教师处于中心的位置可以随时监控学生的行为活动；另一方面，教师也成为学生监控的对象，活动范围基本限于讲台。信息传递基本局限于教师讲和学生听。空间的强制性对所有空间行为的参与者都建立和强化了控制和隔离，包括老师与学生，以及学生与学生之间。

第四，认知发展局限于空间设计。研究表明大学生认知水平的发展与教学空间有着重要的关系。似乎有这样一种现状，学段越低，那么认知发展与教学空间的关联性就越会被关注，比如幼儿园或小学，在走廊的不同区段或者教室的不同角落，都会被定义出不同的主题和功能。但在大学教学建筑中，无论空间系统还是空间单元，在组成、功能、形态、质感等方面都趋于单调，再加上门窗、照明、讲台、教具等设施的模式化和程式化，就会导致阻碍学生的认知发展。

三、变革的内力与方向：学习形式的发展及其对学习空间的需求

从1998年联合国教科文组织"世界高等教育大会"开始，"以学生发展为中心"成为国际共识。同年，我国教育部颁布的相关文件也明确提出"在教与学的关系上，树立学生是教学活动的主体"。"以学生发展为中心"强调因材施教，于是新的教学形式得到了持续探索。

教育学的相关研究认为，未来教学形式的发展将以个别化破除班级授课制的同质性；以开放式突破时空的限定与封闭；以多元化打破相近年龄编班。新教学形式的发展就在于打破班级授课制的禁锢，消除教学的生产性特征，尊重学习的主动性。在知识的传递过程中，"学"得到更多的关注，学生的主体性得以彰显。"……大学治理的重点，在于突破传统班级授课制中固定时间、地点，固定学生、教师的固化模式，围绕具体学科、专业内容和人才培养目标合理地选择多样化的教学形态……"打破班级授课制并非彻底抛弃，它意味着弥补不足和优化结构，创造更加满足人才培养需要的教学形式体系。另一方面，伴随着教育技术的日益发展，课堂教学将会呈现小规模化和短学程化，更多时间和空间将被释放给学生进行目标性、志趣性的学习和探索。"教学形式"不再局限于师生处于同一时空，其内涵向更加丰富的"学习形式"拓展。最终，无论集体教学还是个别教学，无论热烈讨论还是安静自习，无论理论授课还是实践操作……大学教学形式的发展应该是体系化构建和优化组合。

教学形式的这些变化最终将反映在教学空间的变化上，这首先体现在术语的转变上。1960 年代以前，学者们习惯用术语“Teaching Space”，60 年代后开始逐渐运用“Learning Space”，这种趋势在 1990 年代成为主流。这种改变充分体现了学者们对教学形式中行为主体、知识构建途径以及学习活动拓展程度等认识的变化。

那么，建筑空间应该呈现怎样的变革去适应教学形式的发展呢？从一个简单的案例分析可以看出一些端倪。这是马拉达伦大学(Mälardalen University)的一座教学科研楼，位于瑞典，建成于 2020 年。建筑为 6 层，建筑面积大约 20000 平方米。虽然北欧的大学教育在很多方面有其自身的特点和局限，但这并不影响该建筑在学习空间设计上的卓越，其建筑师曾说：“学习区域的设计基于有关学习的前沿性研究。”

在这座建筑中，学习空间的功能单元非常丰富（图 2）。“从报告厅到教室，各种各样的教育空间被创造。还有一些空间被赋予独特的功能，比如工作室、工坊和具有医疗设备的教室。……学习区的设计被给予了高度的关注，比如为学生提供小组学习的房间、开放讨论和学习的场所、图书馆和餐厅等。”正式学习空间包括报告厅和各种尺度不同的传统教室，它们为不同规模的讲授式教学服务；此外，正式学习空间还包括诸多大小不一的分组学习教室，从数量上与传统教室相当。除了这些正式的学习空间外，非正式学习空间也是设计中的重点（图 3）。建筑师说道：“公共空间和非正式学习空间对于学生的幸福感和学习成效是至关重要的。”最重要的非正式学习空间就是以大台阶形式设计的“游泳大厅”，它不仅仅像观众席一样提供了一种向前和向下看的功能，而且能够为多种开放式的学习和交往提供可能性，很具有吸引力。二层围绕着游泳大厅是一圈为个人学习提供服务的空间，虽是个人的，但同样是开放的。此外，走廊和过厅等交通空间也承担起了非正式学习空间的职能。

这座建筑的学习空间构成体现了为复合化的教学形式服务的目的，多种形式的空间单元共同复合成了一套适用、方便的学习空间系统（图 4）。正式学习空间之间、正式与非正式之间能够实现开放和便捷的联系，

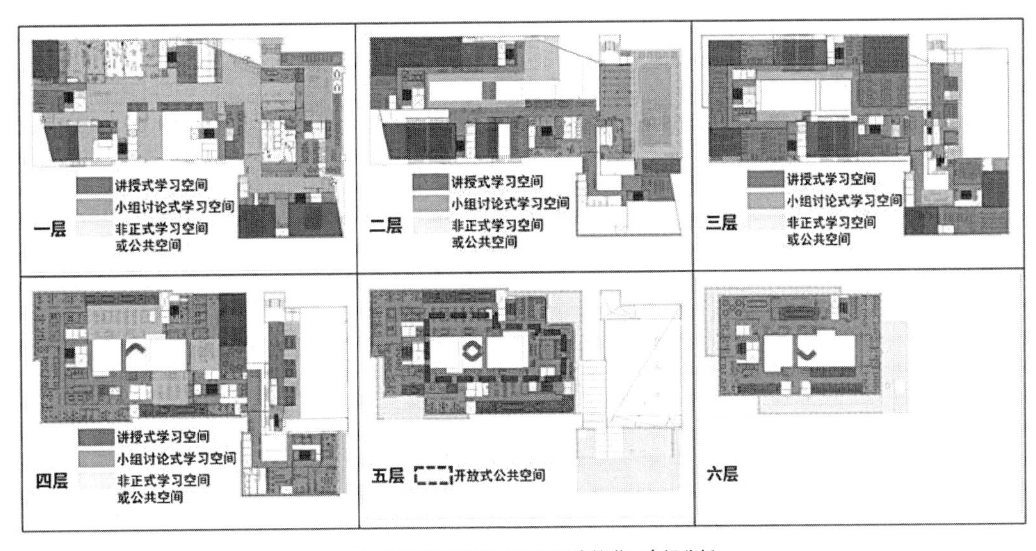

图 2　瑞典马拉达伦大学校园建筑学习空间分析

图 3　非正式学习空间

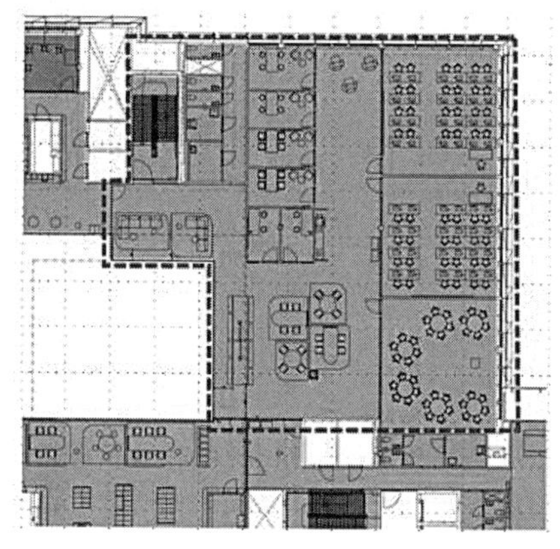

图 4　一个比较完整的学习空间系统

图 5　设计精巧的螺旋楼梯

系统功能完善。

此外，这座建筑的空间设计也是比较优秀的。比如"游泳大厅"从一层逐步抬高延伸向二层，在满足激发多种空间行为需要的同时丰富了空间层次，相似的设计已经被广泛应用在了很多高校的公共学习区中。又如复合型的中庭空间的设计，空间层次也富有变化，最引人注目的是其上部造型别致的螺旋楼梯（图 5）。再如，空间界面的色彩搭配也很考究，"新的区域从最深的铁锈红到最轻的浅粉色，概念源自工业城市所特有的工业特征的立面。水和蓝色基调是被转化的游泳大厅的主题。"高完成度的空间设计一方面彰显了人情化特征，另一方面也激发了学生对空间认知的兴趣与动力。

基于教学形式发展的可能性和案例，可以得到如下关于学习空间变革的启发：

第一，教学形式的开放化需要学习空间开放化。所谓开放意味着减少教学中的时空限定，学生能够更方便地选择学习方式，这就需要学习空间减少封闭性和能够被便捷使用。

第二，教学形式的多样化需要学习空间功能单元的多样化。比如能够满足不同规模的班级教学和小组教学的正式学习空间，以及能够支持个人学习和多人学习的非正式学习空间。这些学习空间能够支持多样化的学习行为，例如有的主要支持师生之间的单向信息传递，有的支持多元化的信息交流，有的需要减少相互影响等。

第三，教学形式的拓展需要非正式学习空间的拓展。没有了正式教学空间的强制性，非正式学习空间更利于提升学生在学习中的归属感和幸福感，体现更为人性化的空间关照，从而激发学生学习的活力。需要注意的是这种非正式学习空间与纯粹的交往空间有一定差异，因为前者作为正式学习空间的补充和延伸，具有明确的学习职能和属性。

第四，教学形式的系统化需要学习空间构成的系统化。学习空间单元不再像传统教室一样只是相互隔离、各自独立存在的个体，而是构成学习空间系统的开放和相互联系的基本单位，单元之间相互关联，共同构筑了服务于复合化教学形式的空间系统。这种学习空间系统与 20 世纪 70 年代出现的"教室群"有一定的相似性，由多种活动空间共同构成，它们可能是性质相近的，也可能是功能上互补，往往以一个空间作为核心来实现联系。核心空间可能是一个教室、一个资料中心、一个非正式学习空间或者一个休息空间等。

第五，认知水平的发展需要学习空间设计的提升。与传统教学空间的单调和乏味相对，学习空间需要在空间组合、形态创造、质感选择、设施配备等方面提高设计的完成度，赋予建筑空间更多的趣味性和丰富性，提升空间在认知能力发展过程中的价值与作用。

四、结语：在路上的大学学习空间建设

2017 年，教育学界著名的《地平线报告》（Horizon Report）指出高等教育领域的 6 大关键趋势，其中之一就是"重新设计学习空间"，其目的在于随着高等教育逐渐从传统的讲授式教学转向更注重实操的学习，通过重新调整学习环境来适应更多的主动性学习活动。2018 年，《地平线报告》再次提及这个概念。不同的是，它已经从 2017 年的"中期内趋势"成为"短期内趋势"，这个变化预示着改造学习空间的迫切程度明显提升了。

近十多年来，国内很多高校大力推进学习空间的建设，如北京大学改造地学楼、清华大学改造三教楼、华中师范大学建设智慧教室等，其中华南师范大学的"砺儒·新师范创新学习空间"的建设十分具有代表性（图 6）。这个项目从 2018 年开始在两个校区分两期完成，总计 3300 多平方米，"目标是将传统呆板的课室环境改造成为融合创新性、灵活性、开放性、文化性和实用性等特征为一体的新型现代智慧课室"。这个项目最大亮点在于高级教育技术的采用，充分彰显了互联网和信息技术驱动下给教学变革带来的巨大潜力。当下，很多高校把追求智慧化作为学习空间变革的主要路径与目标，崭新的教室、家具、高级的

图6 华南师范大学“砺儒·新师范创新学习空间”部分智能化教室

技术设备打破了传统教学空间的刻板与枯燥，焕发着光鲜，也给教学带来了巨大的便利。但是，由于成本等方面的原因，它受到了相对严格的管理，有着特定的使用申请手续，主要服务于课堂教学。

教室的智慧化仅仅是学习空间建设的一个维度，未来教育需要高端技术的支撑。笔者想强调的是，学习空间变革是突破传统教室组合的单一空间模式，向更加复合化的空间系统转变，由此适应教学形式多元化的需要。这是一个复杂的设计问题，不仅仅是高级教学设备的累加，也不仅仅是室内装修的提升。有教育学者说道：“学习空间的设计是一个复杂巨系统工程，学习空间的建设离不开其背后的设计思维、美学、人体工学、建筑学、认知科学、心理学、教育学等相关知识和智慧的融通，尤其是在这些学习空间背后的全新的教育理念和教育哲学。”诚然，学习空间建设需要多方面的参与，而很多工作已经在路上了。对于建筑师而言，学习空间的设计不仅仅是组合各种标准的教室，更需要积极主动地对学习科学进行研究，提升自己在这类项目中的工作广度和深度。只有建筑师的深度介入才能创造出理想的学习空间。

理想大学学习空间是怎样的？这并不取决于建筑设计的作品性，而是主要取决于空间与事件共同铸就的那种微妙的场所关系。理想的学习空间尊重学习的规律，满足知识的多元化流通，提升学习的效率。

参考文献

[1] 陶春．教学空间重构下的理念变革——访华南师范大学教育信息技术学院教授焦建利 [J]. 中国教育网络，2018（7）：14.
[2] 刘宇波等．“创新的设计，创新的空间”主题沙龙 [J]. 城市建筑，2018（3）：9.
[3] 周川．简明高等教育学 [M]. 河海大学出版社，南京师范大学出版社，2012：140-143.
[4] 胡弼成，孙燕．打破传统班级授课制：大学教学治理的重点和突破口 [J]. 高等教育研究，2015（7）：82.
[5] 程波．教室空间的教育学考察——基于知识转型的视角 [D]. 广西师范大学，2013：43-55.
[6] 陈飞．高校教学空间教育力探析——以大学大型通用教室为例 [J]. 教育发展研究，2019（17）：80-81.
[7] 胡弼成，孙燕．打破传统班级授课制：大学教学治理的重点和突破口 [J]. 高等教育研究，2015（7）：86.
[8] 蔡文彬，等．高等教育的环境与心理初探 [J]. 高教论坛，2009（8）：122-124.
[9]《教育部关于深化教学改革、培养适应 21 世纪需要的高质量人才的意见》.
[10] 瞿一丹．学习空间的嬗变及其哲学路径 [J]. 当代教育科学，2017（12）：3.
[11] https：//www.archdaily.com/954415/malardalen-university-campus-eskilstuna-aix-arkitekter?ad_source=search&ad_medium=search_result_projects.
[12] https：//nc.scnu.edu.cn/a/20190709/354.html.

图片来源

图1：作者自绘
图2~图5：原图来自网络，分析部分为作者自绘，https：// www.archdaily.com/954415/malardalen-university-campus-eskilstuna-aix-arkitekter?ad_source=search&ad_medium=search_result_projects
图6：https：//mobile.scnu.edu.cn/nc/17/354

作者：薛春霖，东南大学博士毕业，南京工业大学建筑学院副教授，建筑系副主任

基于 DFMA 的可拆卸建筑设计研究

宗德新　高珩哲

Research on Design of Detachable Building Based on DFMA

■ **摘要**：可拆卸建筑是一种能够便捷拆卸重组的建筑类型，具有快速建造、可移动、可重复拆装、构件可重复利用等优势，在现实生活中具有良好的应用前景和发展潜力。目前我国可拆卸建筑还存在外观不美、拆装不便、性能不佳和耐久性差等方面的问题亟待完善与解决。文章定义了可拆卸建筑概念，简述了可拆卸建筑发展的基本情况，并以制造业 DFMA 理论与技术指导可拆卸建筑的设计过程，在结构选型与材料选择、构件加工、模块集成、拆装工序、连接方式、建筑产品系列化等方面提出相应的设计策略，以期对该类建筑未来理论研究和项目实践提供一些借鉴与参考。

■ **关键词**：可拆卸建筑；DFMA；设计策略

Abstract: Detachable building is a kind of building type that can be easily disassembled and reorganized. It has the advantages of rapid construction, mobility, repeated disassembly and reuse of components. It has good application prospects and development potential in real life. At present, China′s detachable buildings still have some problems, such as poor appearance, inconvenient disassembly, poor performance and poor durability, which need to be improved and solved. This paper defines the concept of detachable building, briefly describes the basic situation of the development of detachable building, guides the design process of removable building with the theory and technology of manufacturing DFMA, and puts forward the corresponding design strategies in the aspects of structure selection and material selection, component processing, module integration, disassembly process, connection mode, serialization of building products and so on. In order to provide some reference for the future theoretical research and project practice of this kind of architecture.

Keywords: Removable Building, DFMA, Design Strategy

一、引言

可拆卸建筑的出现由来已久，蒙古包就是一种为了适应游牧生活而设计的易于拆卸和搭建的建筑，中国传统的木构建筑也具备将其构件拆解后再拼装的能力。现今，随着建筑工业化的不断推进，可拆卸建筑也被赋予了新的时代内涵，借助装配式技术手段取得快速发展，具备众多优势。但目前市场上的可拆卸建筑依然存在着拆卸复杂困难、材料构件再利用率低、拆卸成本大、建筑保温防水效能低下、使用舒适度差等问题亟待解决（图 1）。

建筑工业化的时代背景下，建筑业与制造业的生产方式开始逐步趋同，但依然与先进制造业存在较大差距。文章以制造业中发展较为成熟的 DFMA（面向制造与装配的设计）设计方法对可拆卸建筑的设计进行指导。可拆卸建筑向制造业学习，有利于解决其现存的阻碍与问题，推进其快速且顺利的发展。

二、可拆卸建筑概述

（一）可拆卸建筑定义与相关概念辨析

1. 可拆卸建筑定义

国内外众多专家学者对可拆卸建筑的概念都做出过定义。Robert Bogue 指出可拆卸设计的目标是产品在其寿命结束时可以容易地拆卸，从而优化材料、完成部件的再使用、再制造或循环利用。Tom Depypere 认为可拆卸建筑就是可以再次拆卸的建筑物和结构，使其建筑构件可以得到重复使用。宋飞等人认为可拆卸建筑是指在建筑拆除后，建筑构件和材料可回收或重复应用于新建筑的建造形式的建筑。颜宏亮等人指出可拆卸移动的建筑是指可根据不同的使用功能和场地变换，进行建筑移动和构件调整，快速地完成装配的建筑类型。席俊洁等人认为可拆卸建筑是可以在功能结构和装置不被损坏的情况下被拆分成小的组成部分，以便进行多次组装的建筑类型。

本文参考过往学者的定义并结合自身研究，将可拆卸建筑定义为利用装配式建筑设计施工手段，可以方便地拆分为若干组成部分且拆分后的部分可以回收再利用，从而进行多次重复组装的建筑类型。

2. 相关概念辨析

装配式建筑、可移动建筑、临时建筑的概念与可拆卸建筑的概念存在部分类似与重合，为避免不同种类建筑概念的相互混淆，文章对其进行阐释与辨析。

装配式建筑是指由预制部品部件在工地装配而成的建筑，具有标准化设计、工厂化生产、装配化施工、一体化装修、信息化管理、智能化应用的特点。这些技术特征使装配式建筑天然具备可拆卸属性，然而目前主流的装配式建筑主要以更高的构件预制化率作为其建设目标，很多节点的安装仍然采用湿作业形式，缺乏可拆卸性，造成建筑拆除后大量建筑垃圾的产生。

可移动建筑是指通过移动、变形的方式，改变建筑物的位置与形状，以适应不同环境，满足使用需求的建筑类型。它具有空间移动性、质量轻型性、系统集成性、生产工业性、施工装配性、结构变形性、环境低影响性等特点。可移动建筑更强调建筑移动与变形的结果，对于其移动与变形是否需要以拆卸的方式完成并没有特别要求，也不强调建筑构件的回收再利用。

临时建筑是指临时建造使用，并需要在一定限期内（一般不超出二年）拆除、结构简易的建筑类型，一般不超过两层，不采用现浇钢筋混凝土等耐久性结构形式。它具有短时效性、经济性、可移动性、可持续性等特点。比起可拆卸建筑，临时性建筑更加强调建筑的使用时限，对使用时限结束后建筑的回收再利用并无特殊要求。

（二）可拆卸建筑案例

目前，可拆卸建筑的实践在临时售楼处、办公楼、临时展馆、临时商业、临时工地用房、救灾用房、部队营房、景区住宿用房、农业管护用房、城市环卫用房、城市卫生间等建筑类型中得到了较为广泛的应用（图 2）。

图 1　可拆卸建筑 SWOT 分析

图片来源：https://www.gooood.cn/

项目名称：再生－苏州自在春晓售楼处

项目概述：以立体单元作为基本模块，整个建筑空间由单元拼接组合而来。每个单元模块又可以被分为三部分，分别是结构构件、维护构件、底板和屋顶。在构件的交接方面，设计师均选择了铆接的方式，避免破坏构件，方便后期的拆卸与安装。

图片来源：https://www.gooood.cn/

项目名称：D(emountable)办公大楼

项目概述：一座可持续且可完全拆除并重新安装的建筑。除了首层空间由混凝土浇筑而成，其余部分均为模块通过干式连接组成。内部墙体可拆卸的属性使得空间布局极为灵活，对不同的办公活动有着很强的适应性。

图片来源：http://www.ela.cn/

项目名称：香奈儿艺术展馆

项目概述：由扎哈·哈迪德设计的一座可拆卸移动的展馆。在2007年的威尼斯双年展中首次亮相，之后通过拆卸-运输-重组的方式在香港、东京、纽约等地展出，最终落户巴黎。展馆主要结构为钢结构，表面为纤维增强塑料，便于拆卸移动并在一周之内完成重新组装。

图片来源：https://b2b.baidu.com/

项目名称：工地打包箱活动房

项目概述：潍坊市华辉集成房屋有限公司设计的打包箱活动房以"室内无胶、装配无钉"的理念，保证了后期维护及拆装的便易性。

图片来源：https://www.archdaily.cn/cn

项目名称：日本神户纸筒屋

项目概述：1995年日本神户地震中坂茂指导灾区进行纸筒屋的建设，用填沙袋的啤酒箱作为地板、用纸筒作为墙壁材料、用防雨布作为屋顶，救灾结束后这些房屋易于拆除，其材质也便于处理和回收利用。

图片来源：https://www.sohu.com/

项目名称：武汉火神山医院

项目概述：2020年初为抗击新冠肺炎疫情而火速建造的一座医院，使用集装箱板房体系和钢结构技术，于十天内完成建设工作，该医院在武汉疫情结束后可继续使用或进行拆除，回收的构件可再次投入建造。

图片来源：https://new.qq.com/

项目名称：部队"拆装式"营房

项目概述：采用"箱式钢结构集成"技术搭建，建筑由集装箱居住模块与走道模块组成，组合方便、装配快速，一个集装箱模块的安装工作只需要四个操作人员在30分钟内就可以完成。

图片来源：http://www.wlfw.net/

项目名称："镜美"度假酒店

项目概述：用于景区的高端旅居建筑产品，实现了方案设计、外观设计、工业设计、深化设计、水电系统设计的全工业化操作。采用现场拼装的方式，安装或拆卸只需要一天时间。

图片来源：https://www.163.com/

项目名称：无锡仙蠡墩公园装配式公厕

项目概述：建设材质全部由厂房定制生产，所有部件在生产完毕后运输至现场组装，一个月的时间即可建造完成，并且日后需要改建时，可以将构件拆解后进行回收利用。

图2　已建成可拆卸建筑案例

（三）可拆卸建筑研究与发展现状

1. 可拆卸建筑研究现状

目前国内外对于可拆卸建筑的研究主要分为四个方面。

（1）可拆卸建筑的概念及类型、发展的动机以及现存问题的研究。这类研究数量较多表明可拆卸建筑目前的发展还不够成熟。Incelli F. 等人指出可拆卸建筑存在建筑空间功能转换、建筑结构改造、建筑构件和材料重复使用三种资源转换方式。Thormark C. 认为推动可拆卸建筑发展的主要有经济动机、社会动机与环境动机。同济大学谭峥等人指出由于建筑建造活动产生的废物垃圾占全球的40%，可拆卸设计对改善资源消耗和环境破坏的问题尤为重要。Camille Vandervaeren 等人发现建筑生命周期中材料的流动轨迹难以追踪，造成能耗数据计算不准确，未能体现"可拆卸设计"的潜在优势。

（2）可拆卸建筑设计方法和建造方式的研究。例如对连接节点、建筑系统层级、结构体系等内容的研究。Schwede D. 等人以材料信息库、节点特征和材料节点兼容性等内容为基础，设计出一种连接节点用来优化建筑结构、回收建筑材料。Pasquale J.D. 等人开发了一种针对混合模块化建筑的技术，以适应主体结构与活动模块之间的快速连接与脱离。罗家伟等人以可拆卸钢—混凝土组合结构为对象，对可拆卸抗剪连接件的受力机理、可拆卸梁整体受弯性能以及可拆卸组合节点的受力性能展开研究。Sanchez B. 等人开发了一种面向建筑适应性再利用的选择性拆卸序列规划方法，通过规划建筑物拆卸的流程，探寻最佳拆卸顺序，降低拆装成本。

（3）建筑可拆卸性评估方法的研究。例如对材料的可回收指数、可拆卸能力、LCA 生命周期评价、拆卸成本预估工具的研究。Akinade 等人开发了一种基于 BIM 软件的拆卸评估评分工具（BIM-DAS），用于从设计阶段就确定建筑可以拆卸的程度。Mayer M. 等人建立了一个评估建筑材料回收潜力的综合框架和指标体系，提出材料回收潜力指数（MRPI）的概念。Tatiya A. 等人基于人工智能技术开发了一种建筑拆卸成本预测模型，预测精度在 95% 以上。席俊洁等人提出了 FFTA 概念模型，用以对可拆卸建筑的使用功能进行综合评分。Tom Depypere 的研究表明在生命周期内拆卸次数越多，建筑采用可拆卸方式建造的收益就越大。

（4）可拆卸建筑相关政策标准的制定研究。加拿大标准协会（CSA）成立的可持续建筑技术委员会制定了一项关于建筑拆卸和适应性设计的新标准，促进用可持续的方法进行建筑的设计、建造和运营维护。德国的《住宅和行政建筑的拆除指南》对相关术语作了简要概述，对相关法律进行总结，并解释了建筑物拆除的三个主要程序：常规拆除、部分选择性拆除和选择性拆除。法国设备部、运输和住房部、住房和建设部联合发表了两份报告，用以优化拆卸项目的环境管理并向业主提供对拟拆除建筑材料的定性和定量评估。

2. 可拆卸建筑发展现状

第一个基于建筑工业化背景下以装配式方法建造的可拆卸建筑，是 1851 年英国万国工业博览会的展厅——水晶宫，其在博览会结束后被拆除并移址重建。那之后的 100 多年，可拆卸建筑数量并没有显著提高，直到 20 世纪 90 年代开始蓬勃发展（图 3）。目前，国内外关于可拆卸建筑的设计与应用主要集中在欧洲，其中以荷兰、德国及英国最为发达；材料方面，木材与钢材在可拆卸建筑中得到了大量的运用，其中以木结构为主的可拆卸建筑占据了总量的 52%，钢结构则占 38%；除此以外，混凝土、铝、石材、塑料也有一定程度的使用。结构体系方面，框架结构体系是首选，有 62% 的占有量，模块体系与框架—模块体系则各有 15% 的比重，墙板体系以及网壳也有少量的应用。

三、DFMA 理论的设计要点与应用

（一）DFMA 理论

DFMA（Design For Manufacture and Assembly）是面向制造与装配的设计，在制造业领域应用较多，是指在制造业产品设计阶段，充分考虑来自产品制造和装配的要求，使得设计的产品具有很好的可制造性和可装配性，从根本上避免在产品开发后期出现的制造和装配质量问题。DFMA 由 DFM 和 DFA 两部分组成，其中 DFM（Design For Manufacture）为面向制造的设计，指通过提高零部件的可制造性，使产品具备良好的可制造性，将设计与制造紧密联系，通过设计保证制造的顺利运行，降低生产成本与时间成本的同时提升产品质量。需要在设计之初就考虑材料选择、制造工具、制造方法、制造工艺等问题，保证最大程度上还原产品的设计内容，实现从设计到制造“一次性做对”的目标。DFA（Design For Assembly）为面向装配的设计，就是使产品具有良好的可装配性，简化产品的装配工序、提升产品装配过程的效率和质量、降低产品装配成本、避免不合格情况的出现。

（二）DFMA 设计要点

1.DFM 设计要点

制造业产品由不同材料和种类的零件组成，在制造业实施 DFM 过程中，一般会针对不同零件的材料特征和加工工艺制定相应的设计指南。在这些指南中可以总结出一些共同的设计要点：有效控制零件材料成本、减少零件的数量和种类、使零件形状和结构尽量简单、有效控制模具成本、减少零件机械加工、利于自动化生产等。

2.DFA 设计要点

在制造业产品生产过程中，组成产品的各种零件制造完成后就进入了产品装配阶段。基于 DFA 理论，实现面向装配的设计需要考虑一些要

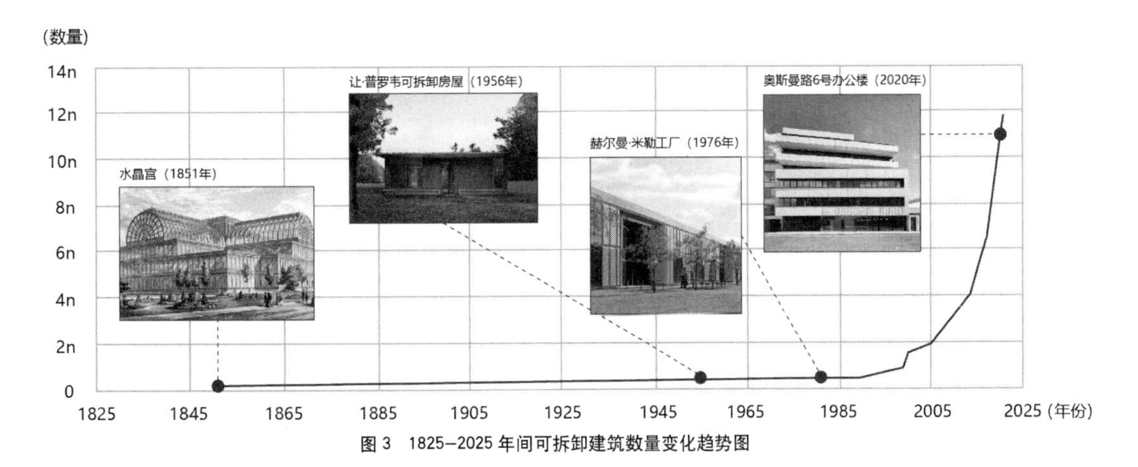

图 3　1825—2025 年间可拆卸建筑数量变化趋势图

点：简化产品设计、减少零件数量、减少紧固件的数量和类型、零件标准化、模块化设计、设计零件容易被抓取、防错设计、与人机工程学相关的内容等。

（三）DFMA 技术在制造业产品中的应用

轮船、飞机、汽车是目前制造业中非常成熟的产品，这些产品与建筑在发展初期都是按照由下至上的顺序从底部开始建造的，被称为"重力法则"。从龙骨、底盘、地基基础一层层向上添加构件直到完工。据统计，一辆汽车大约有 4000 个零部件，一架波音 777 约有 100 万个零部件，而想要组装一艘大型轮船，则需要几百万个零部件。在很长一段时间内，对"重力法则"的妥协使得构成产品的大量的零部件都是被直接运送到最后的总装地点，给产品的制造带来了极大的阻碍与困难。

在 DFMA 技术的指导下，这些产品开始对零件进行标准化与简约化的设计，减少零件与连接节点的数目，并且大部分的零件都会分别提前进行预制和装配形成模块，这些模块作为产品制造过程中的一个高度集成的中间产品，其生产是独立于基础框架进行的，到了最终的总装地点才进行组装，简化了组装流程。以汽车驾驶舱为例，如果用传统方式组装，零件总数有 104 个，安装时间 22 分钟，如果用模块化的方法，104 个零件将提前组成一个驾驶舱，安装时间也缩减为 3 分钟。DFMA 技术使这些产品摆脱了传统的线性、缓慢的建造方式，在初期就对建造的过程进行全盘设计，提升了生产效率与产品质量，减少了材料与人力的消耗，完成了产品从单件生产到流水线生产，再到模块化生产的进化，实现了快速可复制的批量化生产。

四、基于 DFMA 设计方法的可拆卸建筑设计策略

文章利用上述 DFMA 设计要点以及 DFMA 技术在制造业产品中的应用经验对可拆卸建筑的设计进行指导，总结出基于 DFMA 设计方法的可拆卸建筑设计策略，并在下文展开探讨。

利用 DFM（面向制造的设计）的设计要点对可拆卸建筑构件的加工制造进行指导，提出"选择轻质高强且重复使用率高的建筑结构及材料"和"建筑构件的标准化设计和通用化设计"两点设计策略；利用 DFA（面向装配的设计）的设计要点对建筑构件的组合装配过程进行指导，提出"将建筑构件集成为模块""对拆装工序进行优化""使用易于拆分的连接方式""组合模块进行系列化设计"四点设计策略。

（一）选择轻质高强且重复使用率高的建筑结构及材料

为适应灵活拆装的要求，可拆卸建筑的结构选型与材料选择主要有两点要求。首先是轻质高强，避免因为材料过重造成的现场组装和拆卸工作困难以及构件转移过程中的运输压力。其次，不同材料的构件在拆解重装过程中损耗情况有所不同，应考虑结构与材料在建筑拆解重组过程中可重复使用的能力。

轻钢结构强度高、重量轻、构件易加工、尺寸定型准确，可实现装配式施工，后续的回收率可达 90% 以上，是目前使用最多也最成熟的可拆卸建筑结构体系；木结构绿色环保、施工速度快，也很适合拆装工作。其中交错层压木材（CLT）由于可定制性强、结构强度高、施工便捷、对天气要求低，也在可拆卸建筑中有所应用，并且交错层压木材（CLT）自身能够充当内饰面的特性也减少了其他饰面材料的使用，减少了拆装过程中的材料类型，简化了工序并节约了材料；集装箱结构有着标准化的箱体，便于转移和重复利用，有一定的刚度和强度、整体性较好、组合自由，也常用于可拆卸建筑中；铝材结构质轻高强、耐蚀性强、易加工性强，可以在可拆卸建筑得到应用；纸筒纸板经特殊处理后也可用于可拆卸建筑的主体结构。

除了用于主体结构的材料，塑料、织物等材料也具备用作可拆卸建筑外维护系统以及内装系统材料的能力（图 4）。

（二）建筑构件的标准化设计和通用化设计

标准化是指"为了在一定范围内获得最佳秩序，对现实问题或潜在问题制定共同使用和重复使用的条款的活动，"可以提高产品的适用性，避免出现交流壁垒，促进技术合作。标准化设计作为 DFMA 的重要组成部分，可以将产品生产各分散环节进行整合，在统一标准下进行作业。可拆卸建筑需要多次拆装，对构件标准化设计的要求较高。构件应按照建筑参数与统一模数进行制定，并以基本模数、扩大模数、分模数相互组合的方式实现建筑整体的模数协调，既方便生产线的搭建，简化组装过程，又能保证一定的个性化。

DFMA 中的通用化设计是指在使用过程中更多采用通用零件从而减少相似零件使用。由于可拆卸建筑中构件需要拆解，会产生更多的构件数量与类型，造成管理上的混乱。通用化设计可以对构件进行特征的归纳与简化，求出其"最大公约数"，以建筑整体规格尺寸为基础，设计出应用范围较大的通用化的构件，尽可能多地将其应用在建筑中，提高其使用率。减少不同规格尺寸构件的生产，实现同一构件的批量生产，进而提升可拆卸建筑的拆装效率。

（三）将建筑构件集成为模块

产品的模块化设计是指在最后的总装前，众多零部件先集成为数量较少的模块在不同地方生

图 4　可拆卸建筑中常用结构和材料案例参考

产，再汇集到最后的组装地。可拆卸建筑需要拆解再组装，其生命周期内的组装次数至少是不可拆卸建筑的两倍甚至更多，因此模块化设计对可拆卸建筑来说就是一种收益极高的设计方法。可拆卸建筑类似于装配式建筑，同样可将整个建筑分为主体结构系统、外维护系统、设备与管线系统、内装系统等四大系统模块。每个系统由更小的构件拼装而成，例如外围护系统由墙、屋顶、外门窗等部件组成，而外窗还可以分解为窗框、窗扇、玻璃、五金配件等更小的构件。小构件之间相互集成形成子模块，子模块之间相互集成形成母模块并最终集成到建筑的四大系统模块中（图 5）。实现高度产品化后，可以学习制造业，将模块制造的工作下分给不同的供应商，建筑工程师只需要从不同的供应商处择优采购需要的系统模块，完成现场组装的工作即可。

模块化设计可以为可拆卸建筑的拆分组装提供操作层面的合理性与拆装顺序的逻辑性，明确模块层级，简化模块间拆分组装过程，提升施工可操作性。使各系统同时生产，提高生产效率，避免额外的资源消耗，是基于 DFA 技术的可拆卸建筑设计方法的重要内容。

（四）对拆装工序进行优化

可拆卸建筑生命周期内需要进行多次重复性的拆装活动，如果拆装流程过于复杂，消耗的经济和环境成本甚至会高于重建一栋新建筑。在设计初期优化可拆卸建筑的拆解重组流程可以为之后多次拆卸活动提供成熟的操作方法，降低拆装成本，简易拆装步骤。

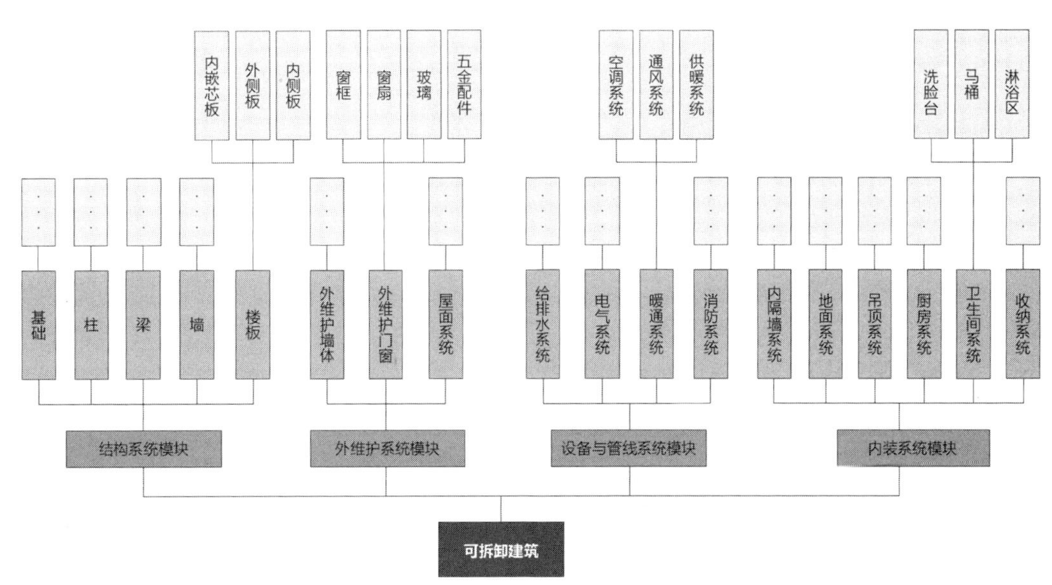

图 5　可拆卸建筑模块组成

将相似位置与功能的构件进行分组，在工厂进行提前组装连接，消化掉大多数现场的工作。通过前期模块化的组装减少最终总装活动节点的数量（图 6），可以极大简化可拆卸建筑在现场装配时的工作，提升工作效率，避免操作错误。

可拆卸建筑的构件分为受力构件与不受力构件。建筑拆卸过程的拆卸方向应与包含最多受力构件的受力方向一致，保证拆卸过程中结构的稳定性。此外，在拆卸过程中，应该尽量避免拆卸与建筑结构稳定性无关的不受力构件，尽量保证拆卸的构件都与建筑主体结构的解体相关，从而减少需要拆卸构件的数量，简化拆卸步骤，降低工程成本。

（五）使用易于拆分的连接方式

可拆卸建筑构件与构件、构件与模块、模块与模块之间除了相互连接，还需要拆解以重新组装，因此连接方式与不可拆卸的建筑不同。不可拆卸建筑的连接最重要的是稳定与牢固，现浇或焊接等永久性连接是常用手法，但这种连接方式是不可逆的，只有用破坏模块和构件的方式才能解除连接，产生大量建筑废物，与可拆卸建筑理念不符。

可拆卸建筑中常使用的连接方式为螺栓连接，是以螺栓为连接件，穿过模块之间或模块与主体结构之间的通孔形成的紧固性连接。螺栓连接是一种可逆的连接，可以通过取出螺栓解除构件之间的连接而达到可拆卸的目的，是最接近制造业的一种连接方式。图 7 为 OPEN 建筑事务所设计的万科集团标准临时售楼处原型以及建筑中的螺栓连接节点。

卡扣连接也是一种可拆卸的连接方式，可以做到免工具拆卸。卡扣是用于一个零件与另一零件的嵌入连接或整体封闭的机构，由定位件、紧固件组成。定位件可以引导卡扣到达安装位置，而紧固件则是在受到一定分离力后，使卡扣脱开，两个连接件分离，从而完成拆卸过程。卡扣连接多用于可拆卸建筑中墙板、地板模块的连接。图 8 为阿那亚戏剧节“候鸟 300”海滩临时美术馆，采用了建筑工地常用的卡扣式脚手架系统作为建筑形式。

使用易于拆分的连接方式需要注意装配过程中由于零件多样造成的识别困难、节点形式重复造成的装反、装错等情况的出现。DFMA 技术中的防错设计，是在产品设计阶段对连接节点进行优化从而避免安装出现错误。

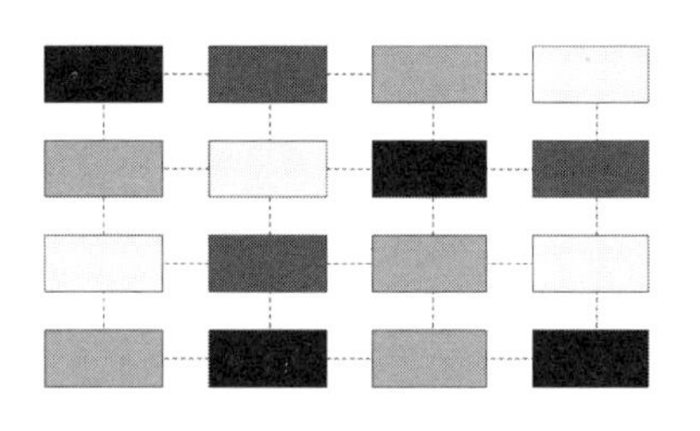

零部件组装时的24个连接

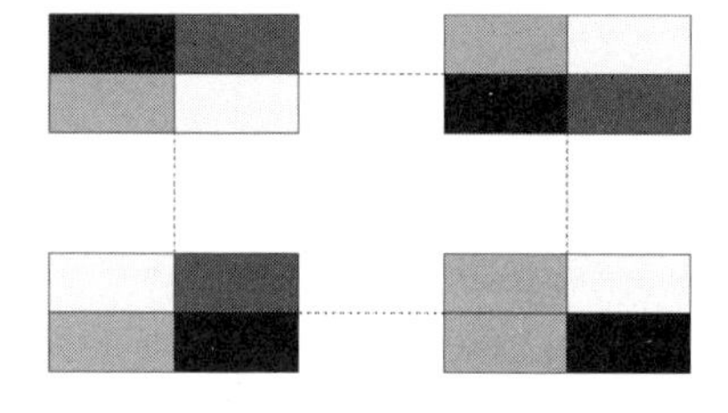

模块化组装时的4个连接

图 6　模块化设计简化了产品组装流程

图 7　万科集团标准临时售楼处原型以及建筑中的螺栓连接节点

图 8　“候鸟 300”海滩临时美术馆以及建筑中的卡扣连接节点

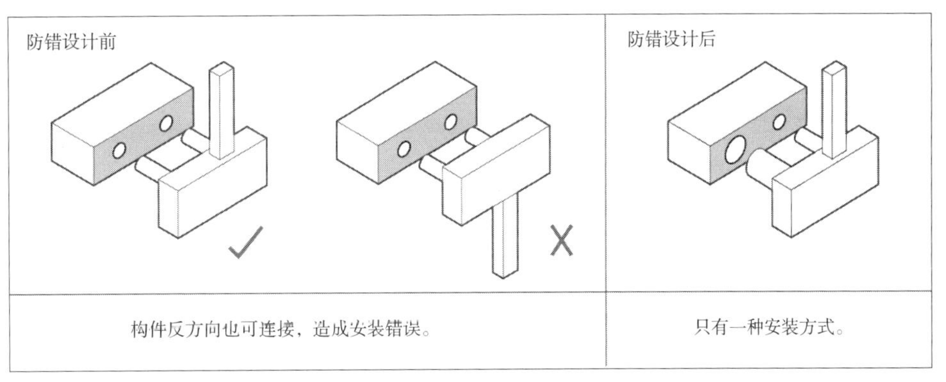

图 9　以构件结构唯一性进行防错设计

首先，在构件实现标准化、通用化生产的基础上，尽可能多地使用通用件，使构件能在建筑中共用是避免装错问题的最有效措施；其次，构件结构在装配过程中具有唯一性，使错误的安装方式无法进行，进而达到避免装错问题的出现（图 9）。此外，对建筑构件进行视觉上的区分，通过构件本身的材料和颜色不同，或是对不同构件进行图案或文字标识，都可以帮助操作者进行识别安装，避免错误出现。

图 10　替换外维护系统模块实现建筑产品系列化

（六）组合模块进行系列化设计

解决模块间的连接问题，是进一步讨论模块间组合方式的前提条件。模块的组合是对建筑各大模块系统进行统一协调布置的工作，主要是根据建筑整体的布局规划，确定四大系统模块之间的位置和连接关系，考虑各建筑构件和模块之间的装配方式和顺序，保证拆分和组装过程按设计计划顺利进行。

系列化设计是指根据同类产品的参数规律，合理规划产品的型式，从而形成系列的活动。在可拆卸建筑中，通过对四大系统模块分别进行优化设计，在下一代产品中进行组合，完成建筑的整体优化迭代；或是在位置与连接关系不变的情况下，将某一个或几个优化后的模块替换掉原有建筑中的模块，提升现有建筑的品质（图 10）。模块化的方法可以加速建筑的优化迭代，实现系列化生产。灵活的模块连接组合也使建筑具备模块选配制造的能力，实现建筑产品系列的多样化，满足甲方的个性化定制需求。

五、结语

可拆卸建筑作为一种较新的建筑类型，其发展得到了越来越多的关注与支持，将其在合适的领域进行推广是必然的要求。文章从面向制造与面向装配两大视角对可拆卸建筑的设计提供指导，从构件和模块的选材、制造、集成、连接组合、优化更替等方面为可拆卸建筑提供设计依据。除此以外，建立可拆卸建筑工程科学的管理体系、完善可拆卸建筑材料回收的市场机制、提高可拆卸建筑的智能化与信息化程度等内容都是日后可拆卸建筑发展的重要方向。希望本文能够对可拆卸建筑未来的研究和实践提供一些新的视角和理论基础。

参考文献

[1] Bogue R. *Design for disassembly: a critical twenty-first century discipline*[J]. *Assembly Automation*, 2013, 27 (4): 285-289.

[2] Depypere T. *Technical and economic feasibility of demountable building concepts*[J]. *Tampereen ammattikorkeakoulu*, 2015.

[3] 宋飞，陈红．可拆卸建筑的可持续利用研究 [J]. 华中建筑，2018，36（02）：17-20.
[4] 颜宏亮，罗迪．可拆卸式建筑探讨 [J]. 住宅科技，2015，35（10）：24-28.
[5] 席俊洁，陆祥熠，周子玉．小型可拆卸式公共建筑的使用功能评估 [J]. 装饰，2016（04）：89-91.
[6] GB/T 51129-2017，装配式建筑评价标准 [S].
[7] 班慧勇，范俊伟，杨璐．可拆卸钢结构的研究现状与应用前景 [C]. 第 27 届全国结构工程学术会议论文集（第 I 册）（2018.10.12-14）．西安，2018.10：I-410-I-417.
[8] 韩晨平，王新宇，黄旭麟．国外可移动建筑发展现状与趋势研究 [J]. 华中建筑，2021，39（09）：12-16.
[9] Incelli F.，Cardellicchio L. *Designing a steel connection with a high degree of disassembly：a practice-based experience*[J]. TECHNE-JOURNAL OF TECHNOLOGY FOR ARCHITECTURE AND ENVIRONMENT，2021，22：104-113.
[10] Thormark C . *Motives for design for disassembly in building construction*[J]. ios press，2007.
[11] 谭峥，许镜心．全生命周期视角下的装配式建筑设计趋势——基于可拆卸设计的研究 [J]. 住宅科技，2020，40（5）：8.
[12] Camille Vandervaerenab，Waldo Galleac，André Stephand，Niels De Temmermana. *More than the sum of its parts：Considering interdependencies in the life cycle material flow and environmental assessment of demountable buildings*[J]. *Resources，Conservation and Recycling*，177.
[13] Schwede D.，Strl E . *System for the analysis and design for disassembly and recycling in the construction industry*[C]// Central Europe towards Sustainable Building Prague 2016（CESB16）. 2016.
[14] Pasquale J.D.，Innella F.，Yu B . *Structural Concept and Solution for Hybrid Modular Buildings with Removable Modules*[J]. *Journal of Architectural Engineering*，2020，26（3）：04020032.
[15] 罗家伟，班慧勇，王元清．全生命周期可拆卸钢结构组合梁和组合节点研究现状 [C]// 中国钢结构协会结构稳定与疲劳分会第 17 届（ISSF-2021）学术交流会暨教学研讨会．0.
[16] Sanchez B.，Haas C . *A novel selective disassembly sequence planning method for adaptive reuse of buildings*[J]. *Journal of Cleaner Production*，2018，183（MAY 10）：998-1010.
[17] Akinade O.O.，Oyedele L.O，Bilal M.，et al.*Waste minimisation through deconstruction：A BIM based Deconstructability Assessment Score（BIM-DAS）*[J].*Resources Conservation and Recycling*，2015，105：167-176.
[18] Mayer M.，Bechthold M . *Development of policy metrics for circularity assessment in building assemblies*[J]. *Economics & Policy of Energy & the Environment*，2017.
[19] Tatiya A.，Zhao D.，Syal M.，et al. *Cost Prediction Model for Building Deconstruction in Urban Areas*[J]. *Journal of Cleaner Production*，2018，195（SEP.10）：1572-1580.
[20] Clapham M.，Foo S.，Quadir J.，et al.*Development of a Canadian National Standard on Design for Disassembly and Adaptability for Buildings*[J].*Journal of ASTM International*，2009，5（2）：101061-101065.
[21] Chini A.R.，Acquaye L.，Rinker M.E . *Deconstruction and materials reuse：Technology，economic，and policy*.2001.
[22] Ostapska Katarzyna，Gradeci Klodian，Ruther Petra.*Design for Disassembly（DfD）in construction industry：a literature mapping and analysis of the existing designs*[J].*Journal of Physics Conference Series*，2021，2042（1）：012176.
[23] 斯蒂芬·基兰，詹姆斯·廷伯莱克．再造建筑：如何用制造业的方法改造建筑业 [M]. 北京：中国建筑工业出版社，2009.
[24] 王臻，杨伟．装配式轻钢结构标准化设计研究 [J]. 中国建筑金属结构，2021（11）：84-85.
[25] 宗德新，冯帆，陈俊．集成建筑探析 [J]. 新建筑，2017（02）：4-8.
[26] GB/T 20000.1-2002，标准化工作指南第 1 部分：标准化和相关活动的通用词汇 [S].
[27] 罗佳宁．建筑工业化视野下的建筑构成秩序的产品化研究 [D]. 东南大学，2018.
[28] 李学明．汽车总装工艺防错技术应用 [J]. 汽车实用技术，2021，46（05）：171-173.

图片来源

图 1：根据文献 [2] 整理绘制
图 2、图 4、图 5、图 9：作者整理绘制或自绘
图 3：根据文献 [22] 整理绘制
图 6：根据文献 [23] 整理绘制
图 7、图 8：来源于 https：//www.gooood.cn/
图 10：重庆元象建筑设计咨询有限公司提供

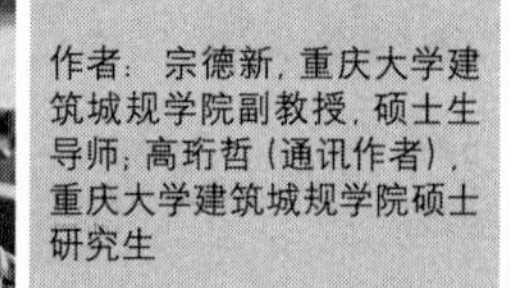

作者：宗德新，重庆大学建筑城规学院副教授，硕士生导师；高珩哲（通讯作者），重庆大学建筑城规学院硕士研究生

新工科背景下研究性专业课程体系构建初探
——以重庆大学建筑学专业课程建设为例

卢峰

On the Construction of Research Major Courses System under the Background of Emerging Engineering Education—Taking the Course Construction of Architecture Major of Chongqing University as an Example

摘要：在总结分析国际工程教育改革前沿成果的基础上，针对当前国内建筑学专业教育过程中面临的知识传授模式单一、课程体系封闭、学生参与度不足等问题，提出按照新工科“培养具有创新创业能力和跨界整合能力的工程科技人才”的建设目标，探索构建“以学生为中心”的建筑学专业研究性课程体系和相应的课程模块，使学生真正成为课程的主体和建设者。

关键词：新工科；建筑学；研究性课程；跨界整合能力

Abstract: On the basis of summarizing and analyzing the frontier achievements of international engineering education, aiming at the problems faced in the current domestic architecture education, such as single knowledge transfer mode, closed curriculum system and insufficient student participation, this paper puts forward the construction goal of "Cultivating Engineering Science and technology talents with innovation and entrepreneurship ability and cross-border integration ability" according to emerging engineering education, Explore the construction of a "student-centered" research major course system and corresponding course modules for architecture major, so that students can truly become the subject and builder of the curriculum.

Keywords: Emerging Engineering Education, Architecture, Research Major Courses, Cross-border Integration Ability

支持项目：重庆市高等教育改革研究重大项目：以学生为中心的研究性专业课程建设探索与实践（201002）；
重庆市研究生教育改革研究重大项目：面向地区重大发展需求和国际化的建筑学专业学位研究生教育模式改革与实践（yjg201001）

当代新经济的发展及其产业变革，已突破了原有的学科界限和产业划分，互联网的超强跨界渗透能力又进一步推进新经济以产业链的整合替代传统学科专业化的分化；因此，新工科建设的主要目标之一，就是克服原有的对学科分类认识的局限性和主观性，对传统学科进行转型、改造和升级[1]。在人才培养目标上，就是探索更加多样化和个性化的人才培养模式，培养具有创新创业能力和跨界整合能力的工程科技人才[2]。近几年，重庆大学建筑学专业本科教学以“通专融合、跨界培养”为主要目标，开展了新工科专业建设的前期探索，并在广义通识教育课程体系构建、跨专业联合毕业设计等方面形成了较突出的人才培养成果[3]。

一、建筑学专业课程改革背景概述

建筑学作为一个与人类文明同步发展的古老学科，具有科学与艺术兼备、实践与理论互补等学科特点；自1796年巴黎美术学院成立以来，虽然历经了包豪斯、现代主义、后现代主义、解构主义等不同时期的建筑思潮影响，但从布扎的图房制度到当代的设计工作室（Studio）机制，注重基本专业技能训练和设计思维培养的教学模式[4]，一直是建筑学专业教育的主流，这是一种“师傅带徒弟”式的经验教学模式。但在知识来源多元化和学习过程扁平化的当代背景下，专业教师在教学过程中的作用也发生了深刻变化，以设计技巧和类型建筑设计训练为核心的传统教学模式和内容已无法满足建筑学专业学生对新的知识与新的就业目标的诉求[5]。因此，将建筑学专业教育由单纯的职业教育向更广泛的研究性教育转变，以设计工作室为平台构建“教学即研究”的设计教学模式，既是未来建筑学教育突破现有瓶颈的必由之路，也是建筑学专业教师在研究型大学现有学术评价体系内获得新的发展的可能路径之一[6]。

新工科建设的核心是教学模式与学习模式的创新，关键是构建以学生自主学习为中心的探究式课程体系[7]；在新工科的目标背景下，建筑学专业教学需要从单纯的知识传授转向引导学生通过专业学习获得发现知识、运用知识的能力，并在此基础上进行知识创新。

自2010年以来，重庆大学建筑学专业教育依托“卓越工程师计划”“建筑城规国家级实验教学示范中心”“国家级一流专业建设点”等国家级教学平台，对既有的建筑学专业教学课程体系的教学内容、授课方式、学生参与方式等进行了探索性的改革，并根据建筑学专业的五年制学习特点，逐步构建了由基础、拓展、综合三个阶段构成的“2+2+1”阶段教学目标及相应的专业能力培养要求，并围绕专业能力培养的阶段目标推进以专业主干课（一轴）为核心、以基础理论课程和技术系列课程（两翼）为支撑的课程群建设[8]，提高了建筑学专业课程的复合性、互补性和多样性。(图1)

这一体系经过10余年的实践检验与调整，已日趋完善，为研究性课程建设提供了重要的参照性框架；而近10年来重庆大学建筑学专业在高水平实习实践基地、双师型师资队伍、国际化教学、联合毕业设计等方面的教学实践和开放性教学平台建设，也为研究性课程探索和推进奠定了坚实的基础。

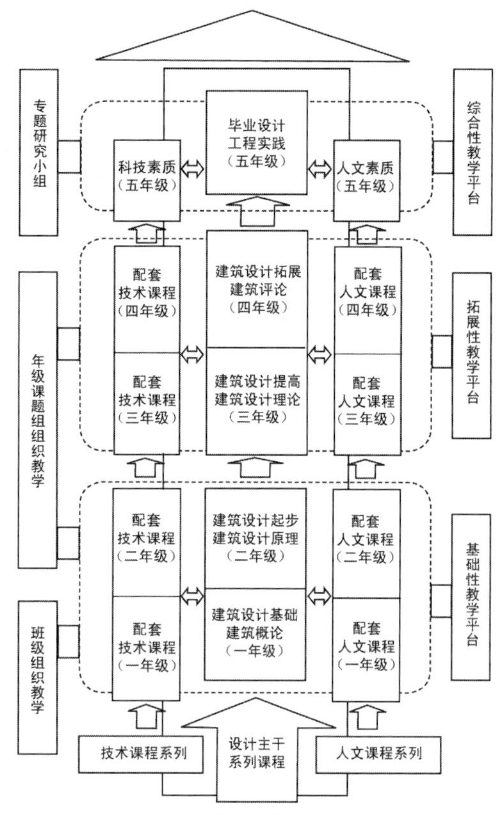

图1 建筑学专业课程群建设

二、当代国际工程教育改革的趋势、特点及其对建筑学教育改革的启示

2017年，美国麻省理工学院（MIT）启动了新工程教育转型计划（The New Engineering Educational Transformation，NEET），其核心目标就是打破以学科为中心的知识传授模式和学习模式，将专业课程与前沿性的实践项目密切联系，从而在教学过程中实现知识传递、发现与运用的整合，以培养能够引领未来产业界和社会发展的领导型工程人才[9]。为此，NEET采用串编（Threads）设计来组织跨学科、跨领域的学习内容，其串编内容代表了未来工程教育面向人类社会发展的五个关键领域，即自主机器、生命机器、数字城市、可再生能源和先进材料，以打造出促进众多颠覆性技术、革命性发现与系统性变革涌现的知识“高地”。

这种以前沿性实践项目为基础的课程组织，需要学生在整个过程中围绕项目核心问题，通过以小组为核心的自我学习和研究，构建课程设计、过程管理、文献研究、理论探讨、经验总结等全部的教学内容，是一种深度“沉浸式”的、以知识发现和运用为中心的“做中学”的实践过程，项目问题既是学生探究的起点，也是其在课程过程中需要解决的任务目标。NEET项目为学生提供了接触真实且高要求项目的现实体验，这些经历将对他们在塑造职业道路方面产生巨大影响[10]。

在此教学模式下，教师不再将传播既有知识作为核心任务，而是知识发现和发展的“参与者”。

除此之外，始建于1997年的美国欧林工学院重新定义了创新和工程等核心概念，以“工程创新人才”培养为目标，将经过改良的传统工程教育、自由艺术教育和创业教育融为一体，形成了“欧林三角”这一独具特色的广义工程教育模式[11]。欧美大学工程学科专业中普遍推行的PBL（Problem/Project Based Learning）教学模式改革，通过开设研讨式课程、顶点课程以及探究式学习实践课程，引导学生从不同的角度、运用不同的方法自主探究并解决问题，在解决问题的过程中自主构建知识框架，锻炼思维能力。德国高校在工科教师队伍建设上，采用强化校内教师继续教育和实践培训、充分发挥企业兼职教师作用、重视“双师型”教师培养和校企合作等途径，使其工程教育水平一直处于世界前列[12]。以上多元化的人才培养创新模式，体现了专业工程教育由学科框架下的知识传授向创新人才培养的持续转型，在课程体系建设、教学模式转变、教学过程设计等方面为我国工程类专业教育提供了有益的启示。

三、新工科视野下建筑学研究性专业课程体系构建设想

长期以来，特色课程建设一直是重庆大学建筑学专业人才培养的重要抓手。近10年来，依托卓越工程师计划、特色专业建设等教学平台，重庆大学建筑学科教学团队在建筑技术、居住建筑设计、城市设计、跨专业联合毕业设计等课程的教学过程中，逐步开展了以开放性教学为核心目标的专业教育模式与方法的改革探索[13]，为后续研究性课程的深入探索与实践提供了前期的经验积累与总结。而当前国内城市发展在建筑技术、绿色节能建筑、生态住区、城市设计等方面正面临日益复杂的挑战，这也为“以问题为导向”的研究性课程提供了不同层面的在地性前沿课题来源。

基于新工科的视野，面对建筑学专业教育未来发展趋势，建筑学研究性专业课程体系建设需要突出3个与原有教学模式不同的特点：

一是关注行业发展及社会实际问题，以问题为导向的专业设计课程选题或议题设置；以当前国内城市与建筑发展的前沿性课题为导向，打破原有的专业设计课程与理论、技术课程平行授课的分离模式，强化不同教学阶段内各专业课程教学的复合型与互补性。

二是以学生探究式学习为核心、以学生综合能力培养为主要目标的专业课程过程设计（教案设计）；在完善、优化以阶段性能力培养目标为核心的“2+2+1”专业课程体系的基础上，为了提升专业教学过程中学生的深度参与和自主学习能力，特别重视从前期教案设计到课程实施效果反馈的整体教学过程。

三是构建多元参与的师资平台，突出研究性教学中的实践环节；围绕教学过程的校企合作与国际化等开放性平台，在高年级（三、四、五年级）专业课程框架内，通过设置专题，推动专业教学由被动的学生接受知识向师生互动、强调过程的“研究性教学”模式转变，提高学生的创新实践综合能力。（图2）

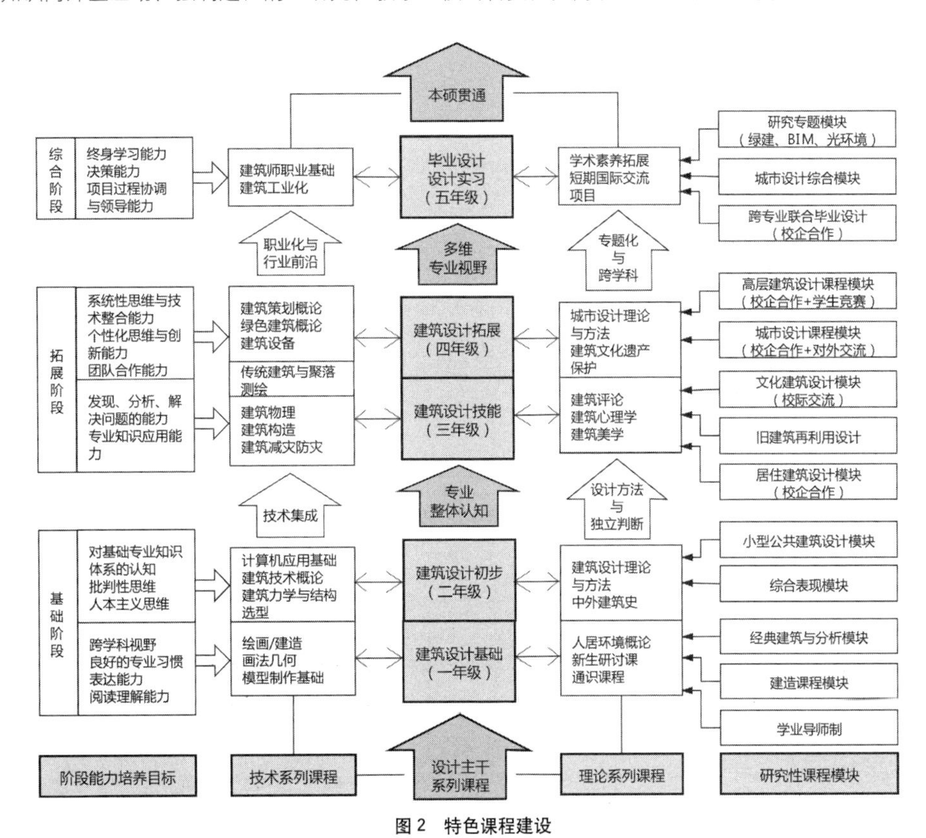

图2　特色课程建设

基于以上背景，结合自身的长期教学目标，重庆大学建筑学专业教学计划重点构建以下 3 个研究性设计课程模块：

1. 建筑技术系列研究性课程模块建设

在当前国内城市快速、高强度发展的背景下，不断增加的商业、商务和公共服务需求，使高层建筑和大跨度建筑成为城市建设中重要的建筑类型之一。由于高层建筑和大跨度建筑设计需要在设计过程中集成和运用城市与建筑内外环境、建筑安全、技术建造等多方面的知识，因此其对学生知识综合学习与运用能力的培养具有突出的支撑作用。该课程模块以建筑构造和建筑物理方向的理论与实验课程为基础，围绕高层建筑设计、大跨度建筑两个设计专题构建前沿性的技术研究要点（即学生在课程设计过程的挑战点，需要学生依托团队合作，通过与教师讨论、科技文献查阅、模拟实验验证等研究方式完成），部分设计技术环节需邀请设计企业工程师与其他相关学院的专业教师参与（表 1）。

建筑技术系列研究性课程教学内容 **表 1**

专业能力培养目标	课程内容		备注
	高层建筑设计	大跨度建筑设计	
结构与安全技术认知	结构选型、风荷载与抗震性能研究、消防疏散研究	屋顶结构选型与内部空间艺术表现、消防疏散设计	土木学院教师和设计院结构工程师参与
绿色节能技术运用	空调技术、自然通风设计软件的学习与应用、垂直绿化研究、太阳能与风能利用、日照实验	自然通风设计研究、夜间照明技术研究、预制构建装配研究	设备专业与建筑物理教师参与
环境模拟技术应用	室内采光实验、室内空间可变设计、三维 AV 室内模拟研究	视线分析与座席起坡设计、声学模拟分析、动态 AV 室内环境模拟	计算机教师参与专业软件教学
构造设计研究	幕墙构造、双层通风幕墙构造	异形屋顶的保温与排水构造设计、预制构建连接构造	设计院建筑师参与

2. 居住建筑设计研究性课程模块建设

居住建筑作为构成城市整体风貌的主要建筑类型，不仅与不同时代的生活方式、人口构成、社会结构密切相关，而且也是延续城市文化、突显城市特色、提升社区凝聚力和归属感的重要载体；因此，居住建筑设计要求学生借助一定的社会调研方法，探索居住物质空间背后的城市文化和社会现象，并将这些特定的城市人文现象通过居住社区和建筑形态直观表达出来。为此，该课程模块以当前国内城市发展过程中的重大居住问题为导向，通过整合不同学科的教学资源，按照从类型研究分析到整体社区建设的思路，构建贯穿一个学期（16 周）的长课题，强调从建筑的社会属性层面分析、研究空间与环境，强化对学生逻辑思维能力的训练，通过各教学环节精细化设置，引导学生形成研究性的学习方法和创新性设计思维能力（表 2）。

居住建筑设计研究性课程教学内容 **表 2**

专业能力培养目标	课程内容		备注
	住宅套型设计	住区规划及居住建筑设计	
基本认知与研究专题	人体尺度、人体工程学、当代居住空间发展史	社区邻里概念、社区空间的公共性研究、居住行为与心理研究	城市社会学教师参与
社会调查方法应用	样板房参观、宜家居住单元展陈区参观和数据实测	特定人群调研与访谈、访问开发企业营销部	开发企业营销部门负责人参与
综合设计与研究能力	室内空间可变设计、三维 AV 室内模拟研究、设计方案室内采光与通风模拟分析	住宅套型设计、复杂地形条件下的总图设计与交通流线设计、公共空间景观设计	设计院建筑师与开发企业设计部门负责人参与
表达能力	专题汇报、1 ：10 大比例模型制作	模型制作、公开评图、年级公共展示与交流	设计院建筑师参与

3. 城市设计研究性课程模块建设

近几年来，随着中国城市发展模式从粗放扩张向内涵更新转变，在中央城市工作会议精神的推动下，城市设计已成为我国城市空间形态管理的主要技术和政策手段，相关专业人才非常紧缺，目前国内已有多所著名院校开设了城市设计本科专业或城市设计专门方向。基于以上发展趋势，我院建筑学专业结合教师学术研究特长，与《城市设计理论与方法》课程相互匹配，以城市更新与改造、生态城市、TOD 等目前国内城市的前沿课题为切入点，突出课程教学的过程性与探索性，通过校企合作和国际教学交流平台，突出学生的研究参与性和自主性，引导学生形成以复杂城市问题为导向的综合性知识运用能力和社会协调能力（表 3）。

城市设计研究性课程模块教学内容 表 3

专业能力培养目标	课程内容		备注
	城市设计理论与方法	城市设计	
基本认知与研究专题	城市设计著名学者研究、城市形态发展史研究	城市设计典型案例剖析、旧城更新项目、工业遗址再生项目	城市规划教师参与
城市调研与分析方法	城市发展定位研究，城市空间要素及其文化、社会、历史背景梳理	现场调研与资料收集（开发强度、交通、景观等）、城市形态量化分析软件	城市经济学与 GIS 分析相关教师参与
综合设计与协调能力	英文原著阅读、城市历史地图收集、国际联合教学	城市三维空间模型、城市重要节点设计、公众参与环节、国际联合教学	城市规划管理部门负责人、城市交通规划设计人员参与
表达能力	专题汇报、研究展板	城市三维空间 AV 模拟、城市设计导则	计算机教师参与软件教学

四、结语：面向未来的建筑学专业教育的三个主要改革方向浅析

当代城市与建筑发展问题的复杂性与相互关联性，早已超出了建筑学科传统的研究与实践认知范畴，基于单一学科背景的专业知识构成体系及其知识传授方式，既无法充分认识这种复杂性，也无法应对当前信息化背景下海量知识涌现以及学生对多元化学习的需求[14]；因此，新工科建设需要突破五大瓶颈，即打破学科壁垒、越过专业藩篱、打通本硕隔断、消除校企隔阂、唤醒师生淡漠[15]，从课程体系、教学模式、师生关系等方面重塑新型的专业教育体系。

1. 构建“以学生为中心”的研究性课程体系

以问题为导向的研究性课程体系建设，首先要明确不同阶段的学生能力培养目标和相应的教学目标；其次要深入分析、界定超越具体设计过程和设计任务的设计议题，如乡村振兴、旧城更新等，然后在此基础上构建从基本认知、社会调查方法到综合设计能力、表达能力培养的研究性课程全过程，课程教案不是按照通常的设计发展进程来设置教学环节，而是以研究问题的逻辑来编排[6]。因此，基于问题的研究性教学，其前期的教案设计和课程结束后的教学反馈，与教学课程的实施过程同样重要：一方面需要构建以研究性学习活动为核心的学生综合评价体系，突出过程评价和能力评价两个环节，为学生自主学习和研究提供全面而清晰的学习引导框架；另一方面，需要打破不同年级、不同课程之间的教学隔阂，加强专业通识教材建设和学生合作机制建设，构建以学生作业展、学生论坛等形式为核心的开放互动交流机制。

2. 构建基于“师生共同体”的探索性教学过程

研究性专业课程的建设目标，就是不断拓展学生在专业课程中的“深度学习”[16]，即围绕有挑战性的学习主题，通过参与式课程设计、探究式学习过程引导、学生研究团队等路径，使师生双方共同参与课程的建设与发展。为此，相应的课程教学组织方式将发生深刻变化，现有的以固定的教学课题组建教学组的教学组织模式，将向以研究课题和研究团队为核心的教学组转变，以彻底改变建筑学教师的专业教学与设计实践、研究工作“两张皮”的现象。研究性课程有效推进的前提，就是相关任课教师在特定议题上具有较好的研究专长和研究积累，因此教师的研究水平将对特定课题的研究性课程产生深刻影响。为了鼓励设计教师将研究成果及时转化为专业教学过程中的重要议题，还需要设置相应的课程学术价值评价体系。

3. 构建高度融合与互补的校企合作平台和实践教学体系

目前国内高校在教师引进、聘用和考评过程中采用的学术成果量化政策，不利于以实践问题为核心的建筑学专业教师队伍的建设与发展，这也是我国工程教育普遍存在的问题。一支离实际需求越来越远、无法解决实际问题、缺少工程经验甚至工程背景、只专注发表所谓高水平论文的专业教师队伍，怎么可能支撑起一个以“创新能力培养”为目标的教学体系？目前国内高校专业教育的知识更新速度，已远远滞后于行业转型发展的前沿需求和技术迭代的速度，导致现有的专业教育只能被动地面向现在乃至过去的产业需求，无法主动适应乃至引领未来的发展需求。为此，需要按照“新工科”的人才培养目标，依托校企合作平台构建多方参与的教学团队，将行业的前沿发展动态和人才需求及时纳入教学环节；同时，进一步拓展国际化教学合作的广度与深度，利用三学期制，构建与国外教学体系相适应的联合教学模式，逐步提高现有联合教学的深度和广度。通过联合教学平台及时了解国际教育发展趋势，提升研究性设计课程的前沿性，同时将新理论、新方法引入专业教学过程中，不断拓展学生的国际视野和综合专业素养。

参考文献

[1] 林健．面向未来的中国新工科建设 [J]. 清华大学教育研究，2017（3）：26-35.

[2] 吴爱华，侯永峰，杨秋波，郝杰．加快发展和建设新工科 主动适应和引领新经济 [J]. 高等工程教育研究，2017（1）：1-9.

[3] 李正良，廖瑞金，董凌燕．新工科专业建设：内涵路径与培养模式 [J]. 高等工程教育研究，2018（2）：20-24+51.

[4] 汪妍泽，周鸣浩．布扎"构图"再认识 [J]. 建筑师，2020（3）：72-76.

[5] 卢峰，黄海静，龙灏．以学生为中心的建筑学创新人才培养模式探索 [J]. 当代建筑，2020（4）：114-117.

[6] 顾大庆．一石二鸟——"教学即研究"及当今研究型大学中设计教师的角色转变 [J]. 建筑学报，2021（4）：2-6.

[7] 林健．新工科专业课程体系改革和课程建设 [J]. 高等工程教育研究，2020（1）：1-13+24.

[8] 卢峰，蔡静．基于"2+2+1"模式的建筑学专业教育改革思考 [J]. 室内设计，2010（3）：46-49.

[9] 肖凤翔，覃丽君．麻省理工学院新工程教育改革的形成、内容及内在逻辑 [J]. 高等工程教育研究，2018（0）：45-51.

[10] 刘进，王璐瑶．麻省理工学院新工程教育转型 [J]. 高等工程教育研究，2019（6）：162-171.

[11] 曾开富，王孙禺．"工程创新人才"培养模式的大胆探索——美国欧林工学院的广义工程教育 [J]. 高等工程教育研究，2011（5）：20-31.

[12] 林健，胡德鑫．国际工程教育改革经验的比较与借鉴——基于美、英、德、法四国的范例 [J]. 高等工程教育研究，2018（2）：96-110.

[13] 卢峰，黄海静，龙灏．开放式教学——建筑学教育模式与方法的转变 [J]. 新建筑，2017（3）：44-49.

[14] 卢峰．当前我国建筑学专业教育的机遇与挑战 [J]. 西部人居环境学刊，2015（6）：28-31.

[15] 陆国栋，李拓宇．新工科建设与发展的路径思考 [J]. 高等工程教育研究，2017（3）：20-26.

[16] 郭华．深度学习及其意义 [J]. 课程·教材·教法，2016（11）：25-32.

图表来源

本文所有图表均为作者自制

作者：卢峰，重庆大学建筑城规学院教授、博士生导师，建筑城规学院国家级实验教学示范中心主任，重庆大学山地城镇与技术教育部重点实验室

建筑大类招生背景下城市设计类课程设置初探

胡珊 徐伟

Curriculum of Urban Design under the Background of Architecture Enrollment

■ **摘要**：在建筑大类招生背景下，建规类学生从大二年级开始专业分流。城乡规划专业在大一、大二年级的专业基础课主要以建筑设计为主，大三年级开始接触城市设计、城市规划等相关课程。本文以具体教学成果为例，对由建筑设计的教学转向城市设计、城市规划教学的城市设计类课程设置进行探讨。

■ **关键词**：建筑设计；城市设计；城市规划；城市街区；城市设计类课程设置

Abstract: Under the background of the enrollment of construction major, the students of architecture and urban planning begin to flow their majors from sophomore year. The basic courses of urban planning in freshmen and sophomores are mainly architectural design, and the third year of courses begin to contact with urban design, urban planning and other related courses. Taking the specific teaching results as an example, this paper discusses the curriculum of urban design from the teaching of architectural design to the teaching of urban design and urban planning.

Keywords: architectural design, urban design, urban planning, urban block, curriculum of urban design

一、引言

建筑设计是指对建筑物外观（形式、体量、风格、色彩）及其内部功能布局的具体设计，建筑师从业主的要求及场地条件出发，在满足建筑物功能需要的基础上，反映业主的价值喜好和建筑师个人的风格取向。城市设计则可通过对城市局部地段的空间环境安排或设计策略与规划导引，对各种矛盾加以协调与控制，使建筑设计更加符合城市整体发展和空间环境优化的需要。城市规划则指城市各项建设发展的综合性规划，包括城市总体规划、城市控制性详细规划、修建性详细规划。

武汉工程大学教学研究项目（X2018018）（X2018022）、教育部产学合作协同育人项目（201902112015）、湖北省高校省级教学改革研究项目（2018334）资助在建筑大类招生背景下，建规类学生从大二年级开始专业分流，分成建筑学、城乡规划等专业。目前，国内大部分高校城乡规划专业在大一、大二年级的专业基础课主要以建筑设计为主，大三年级开始接触城市设计、城市规划等相关课程。例如，清华大学本科四年制城乡规划专业，在大一、大二年级课程以通识教育、建筑美术、建筑设计和建筑史为主，穿插了人居环境科学、城市规划原理和城乡规划认知等课程，进行了建筑学向城乡规划专业的适度衔接，在大三、大四年级进行城乡规划理论的系统学习和城乡规划设计的系统训练；华南理工大学本科五年制城乡规划专业，大一、大二年级以通识教育、建筑设计和美术为主，穿插了城市发展史、城市社会学和城市地理学等科学知识宽泛的课程，大三年级进行了居住区设计的训练，大四年级进行城市经济学、城市生态学和城市规划管理和法规等更加抽象和宏观的知识的学习；同济大学本科五年制城乡规划专业课程系统性强，在大二年级就引入了城乡规划导论、城市阅读和城市建设史等理论课程，随后进行城市规划理论和实践的扩充，理论与实践交叉进行。怎样由建筑设计的教学向城市设计、城市规划教学的过渡，是众多老师和同学共同关注的问题。

二、城市设计类课程的设置

城市设计类课程是从建筑设计向城乡规划的过渡课程。城市设计的尺度范围广泛，从公园内桌椅及小品设施周围环境到街道广场，大到城市区域都是城市设计的范畴。街区属于中观尺度城市设计范畴，在大三上学期的微观城市设计类课程、大三下学期的中观尺度城市设计课程中融入街区设计，可逐步引导学生对城市的微观、中观、宏观的规划设计的思考。

1. 微观空间城市设计类课程

微观空间尺度城市设计是建筑设计和中观尺度城市设计之间的过渡。鉴于同学们在大一、大二学期的建筑设计课程基础，大三上学期可安排微观空间城市设计类课程。

微观空间涉及的范围有建筑本身（建筑立面比例尺度、建筑形式及空间形态、建筑色彩、建筑光影效果）、建筑与自然环境（地形、地貌、自然植物、气候等其他自然要素）、建筑与建筑之间的空间（建筑与建筑的联系、建筑之间的空间形态与空间尺度）、街道设施（街道物件、道路、桥梁、其他构筑物）等。

案例：武汉市彭刘杨路微观空间城市设计

项目基本情况

本项目位于武昌古城黄鹤楼街彭刘杨路社区内，彭刘杨路社区位于繁华的司门口商圈，交通便利，社区紧邻解放路—司门口商圈。同时，社区与黄鹤楼、首义广场、户部巷等城市名片皆相距不远，地理区位十分优越（图 1）。项目地块现状态为居民住房，部分居民楼房存在一定危险，道路狭窄，环境较差。现状周围的交通、周边道路卫生、消防均存在很大问题，下雨道路积水，垃圾清运存在障碍。规划设计要求梳理该地块交通流线、景观系统组织，对此地块进行微型空间改造（图 2）。

学生黄寅、阮新成的作业成果（图 3、图 4）从微观城市空间城市设计的视角对街区的更新进行了思考。设计者首先对武昌衰败的老城区进行区位分析、地块空间肌理分析、街道和建筑比分析等，分析的结果认为该地块处于优越的地理位置，老城的居住街区代表了当时的建筑类型，但现状地块街区的空间组织较为封闭，公共活动空间较少。为了延续城市街区的历史肌理特征、融入现代城市生活活动功能，设计采取“城市针灸”

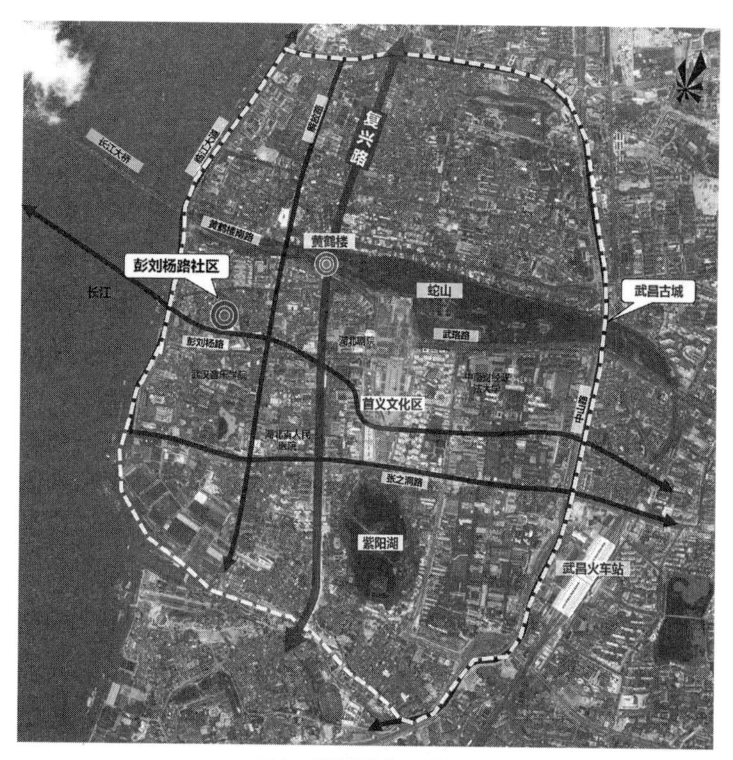

图 1　彭刘杨路社区区位图

图 2　地块选点区位图

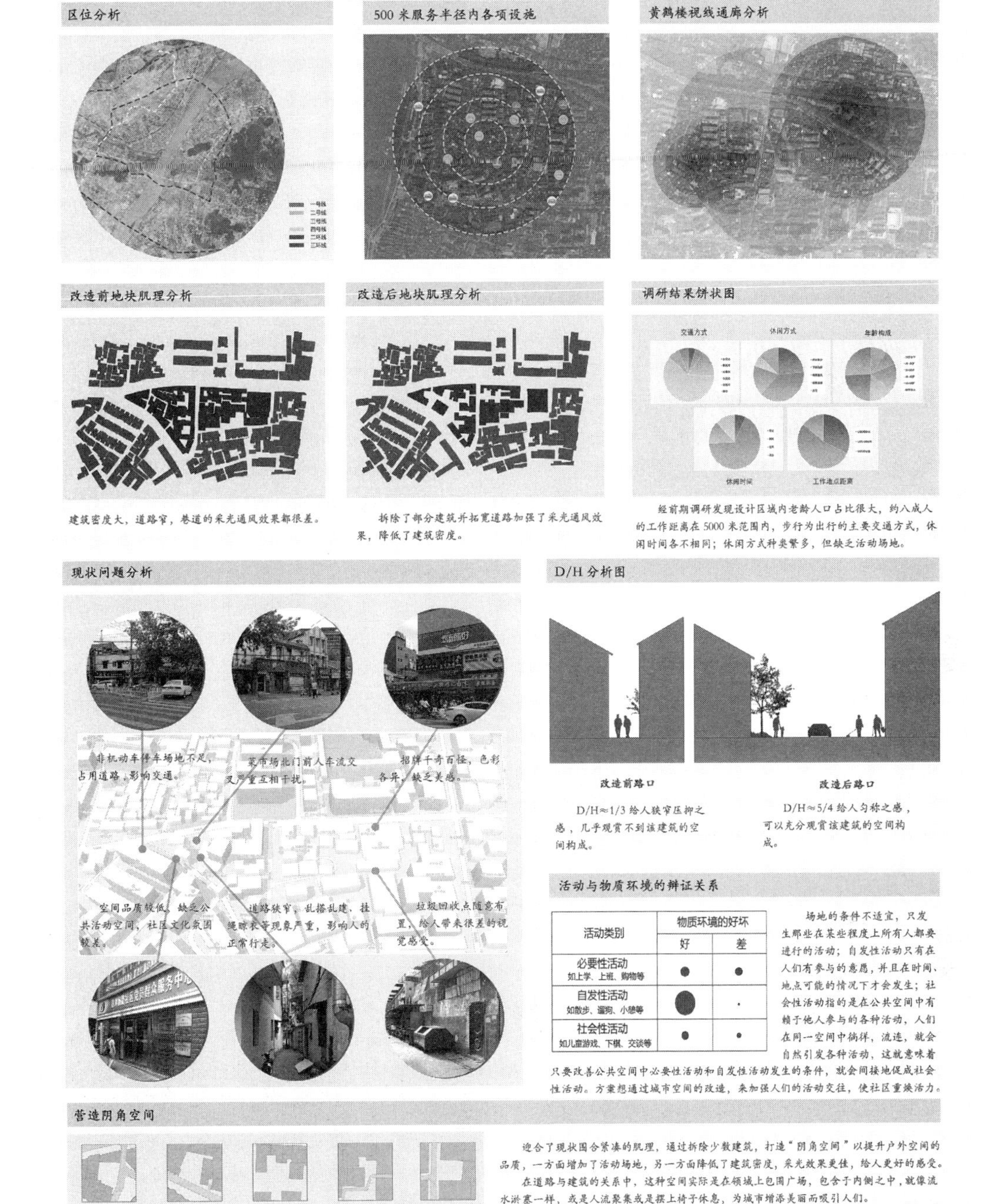

图3 黄寅、阮新成作业成果（1）

的理念，打开老城街区封闭的城市肌理，在地块街区植入新的城市公共空间、提升城市活力，对地块的交通流线进行梳理，重新组织地块的景观体系，并设置重要景观节点，使衰落的老城重新焕发生机，达到城市微空间更新的目的。

2. 中观空间城市设计类课程

城市中观空间的设计是形成独特城市空间形态及风貌设计的重要环节。城市内的街区、街道及广场等是城市中观空间。城市街区包括居住街区、城市商业中心、城市行政中心、城市工业区及城市公园等，街道是联系各街区的线性空间，而广场是联系不同建筑及场所空间的节点或转换空间。中观空间城市设计对应于城市详细规划阶段，它的任务是在城市总体规划和宏观空间城市设计的指导下，建立局部地段的城市意象和城市空间结构，以城市局部地区或地段（如城市中心区、历史区、重要地段）乃至特殊地块（地标

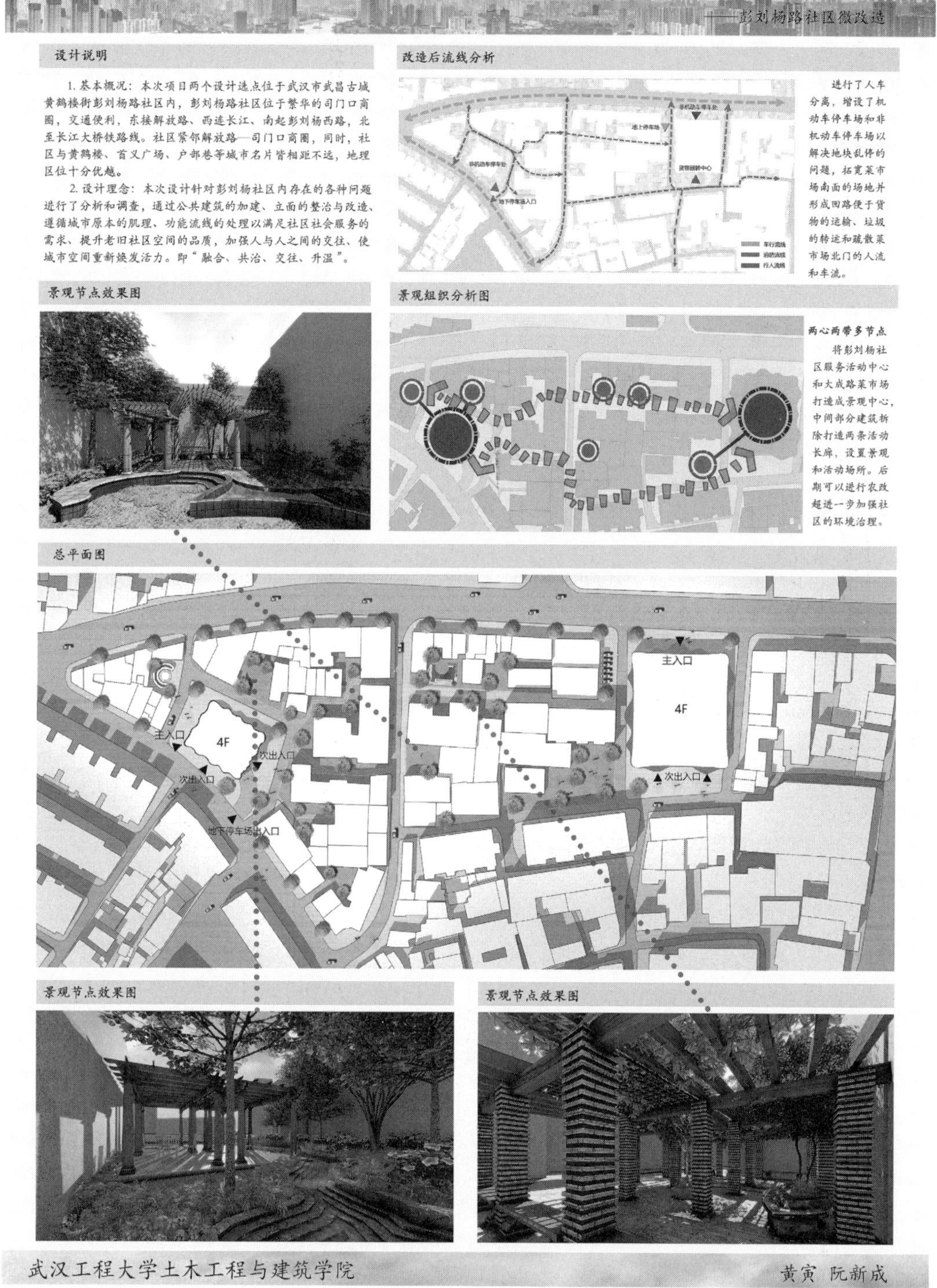

图 4 黄寅、阮新成作业成果（2）

性地块）为设计对象，对公共空间、建筑形态、景观、局部交通、步行系统、环境设施等要素及它们之间的组成关系进行深入研究，对各个要素提出具体的控制要求和指导规则体系。

案例：武汉市龟南片中观尺度城市设计

项目基本情况

龟南片项目用地位于武汉市中心城区汉阳区龟山脚下，紧邻钟家村商业中心（图 5）。在规划用地范围内自选 15~30 公顷的用地范围。通过分析项目用地周边的区域功能、现状建设情况、企业条件，充分对接历史之城，考虑到长江之心南岸嘴片、龟北片、归元片等相关规划定位，从功能、环境、交通、设施及规划实施等方面进行品质提升规划（图 6）。

学生罗栎媛、潘利的作业成果（图 7、图 8）从中观空间城市设计的视角对城市街区的更新进行了思考。设计者自选了 18 公顷用地，首先对基地的历史沿革、空间现状进行分析，并提炼出现状街区组团的特性。

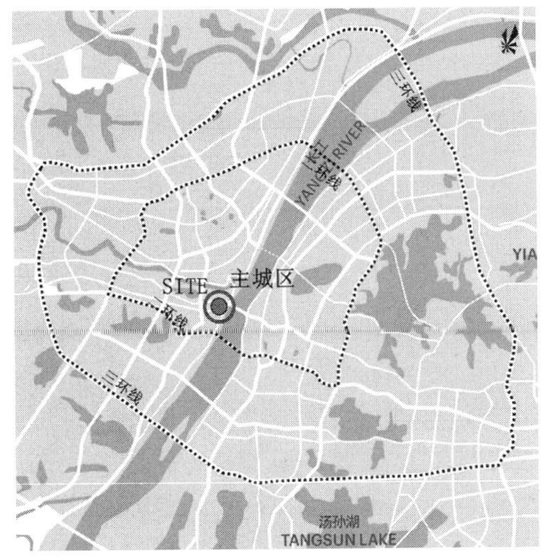

图 5 龟南片项目区位图

图 6 地块选点区位图

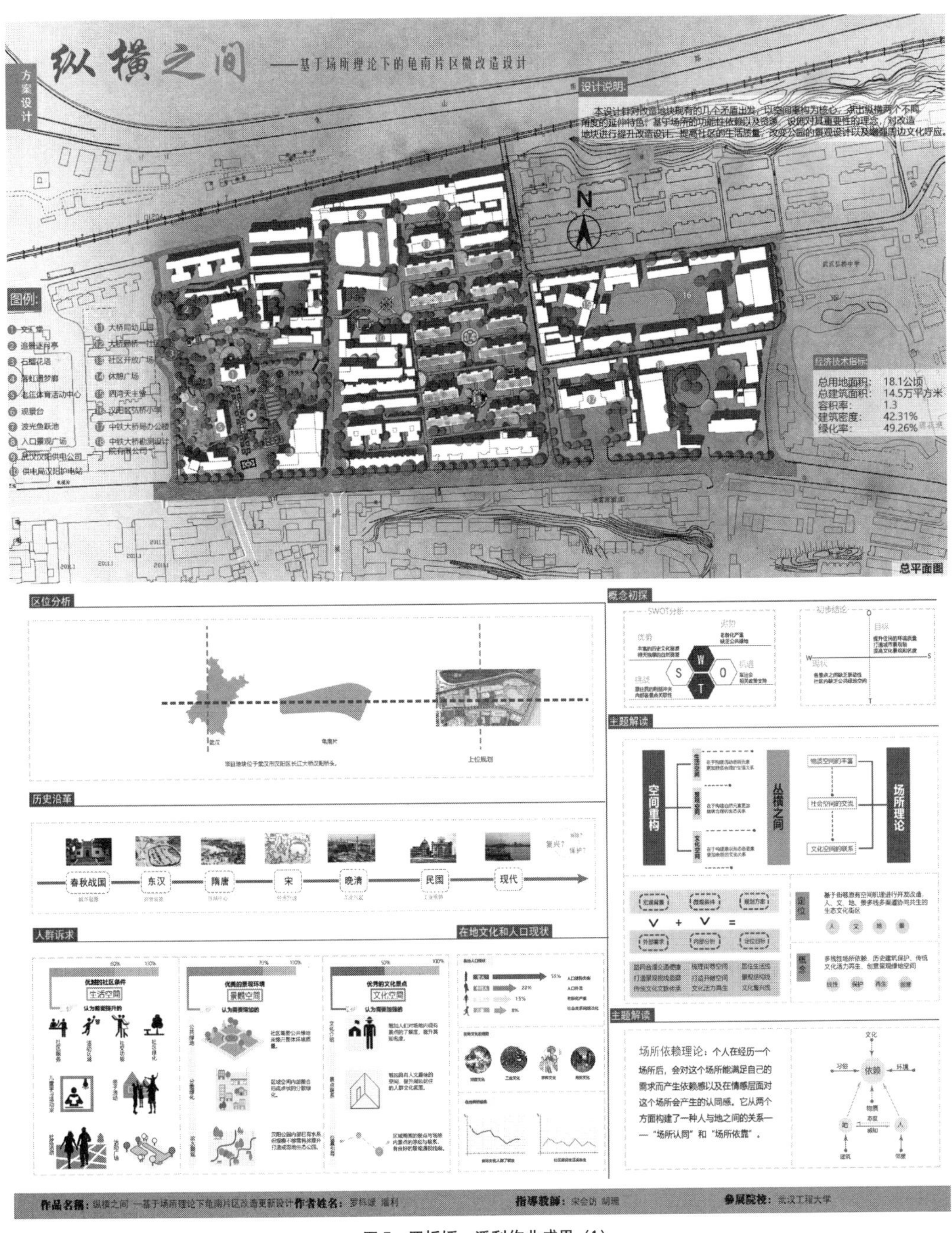

图 7 罗栎媛、潘利作业成果（1）

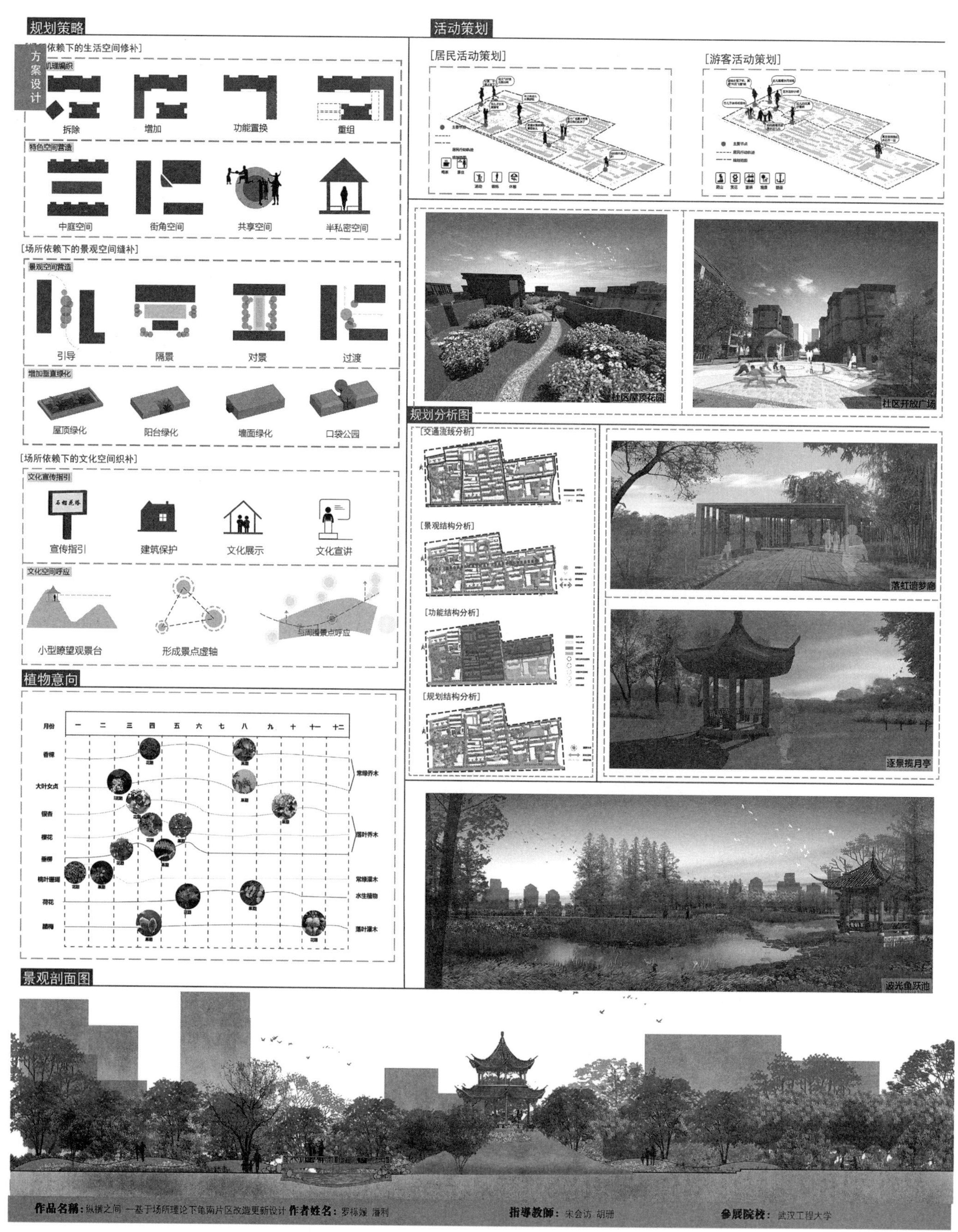

图8 罗栎媛、潘利作业成果（2）

现状街区组团以行列式布局为主，不仅呆板单调而且缺乏适宜的公共活动空间、绿地空间及公共服务设施。以街区组团为基本单元，针对现状地块产生的问题，以空间重构为核心，通过增加街区空间的公共活动空间、绿地空间及公共服务设施，对空间场所进行改造重组，对空间景观进行改造提升，对社区地块进行提升改造设计，提高了社区居民的生活质量和景观环境质量。

3. 宏观空间城市设计类课程

在大三年级设置微观空间城市设计、中观空间城市设计类课程基础上，大四年级上学期开始可结合城市区域规划、城市道路交通规划、城市总体规划等课程设置宏观空间城市设计课程，在课程设置上完成从微观空间、中观空间到宏观空间城市设计的逐步衔接过渡。

宏观空间层次主要指城市区域层次的空间。宏观空间城市设计属于总体阶段的城市设计，它将城市整体作为研究对象，着重研究城市空间形态与格局，建立城市与其所处自然环境相协调的景观体系，构建城市公共空间系统，考虑城市风貌及其构成要素的组织，从而优化城市形态与格局，突出城市特色，协调城市与自然的关系。宏观空间城市设计包括：城市区域的水体、山系与城市设计，城市区域内的道路网络（高速公路网）及城市道路交通网络与城市设计，城市边界、城市轮廓与城市设计。

三、总结

城乡规划专业学生在大一、大二年级学习完建筑设计后，开始进入城市设计、城市规划专业方面的学习，往往会感到迷茫。城市设计是连接建筑设计和城市规划学科之间的桥梁。以城市设计课程设置为切入点，在城市设计中融入街区设计，大三年级上学期设置微观空间的城市设计课程，大三年级下学期设置中观空间的城市设计课程。例如：本文课程设计案例，在微观尺度城市设计课程中，对街区内部及环境进行改造；在中观尺度城市设计课程中，以街区为基本单元，通过重构街区空间形态，达到整个城市片区更新改造的结果。大四年级上学期把宏观空间的城市设计课程结合城市区域规划、城市道路交通规划、城市总体规划课程进行设置。通过这种课程设置，以循序渐进的方式，引导学生对不同尺度的城市空间设计进行思考，理解不同尺度城市空间设计的内涵。

参考文献

[1] 李军主编．城市设计理论与方法 [M]．武汉大学出版社．2010 年．
[2] 胡珊，李军．法国城市设计的三个典型．北京规划建设 [J]．2018（4）：58-60.
[3] 胡珊，李军．开放街区设计教学探索．北京规划建设 [J]．2016（6）：77-79.

作者：胡珊，清华大学博士后，武汉工程大学土木工程与建筑学院副教授；徐伟，武汉工程大学土木工程与建筑学院特聘教授，系主任

空间认知与表现
——设计基础课程教改与探索

王小红　曹量　吴晓敏　吴若虎　范尔蒴

Spatial Cognition and Expression —Teaching and Exploring of Fundamental Design Course

■ **摘要**：中央美术学院建筑学院基础部《设计初步 2—空间认知与表现》，是培养建筑学专业学生基础能力的重要课程。课题组教师十多年来没有故步自封，在夯实课程核心的基础上，顺应新时代的需求与新技术的出现，不断总结教学经验，完善课程建设。通过一系列循序渐进相互关联的课题练习，把课程中"制图基本功训练"与"空间认知和表现"两部分内容有机统一，将美院自由的艺术氛围和美学高度与严谨的建筑学专业基础技能相融合，兼容并蓄地培养学生的审美修养、基础素质、思维能力和创新意识。

■ **关键词**：设计基础课；空间认知与表现；教学改革

Abstract: *Preliminary Design 2—Spatial Cognition and Presentation*, a foundation course of the School of Architecture, Central Academy of Fine Arts, is an important course for cultivating the basic abilities of architecture students. The course teachers have not been stagnant in the past ten years. Based on consolidating the core of the course, they have been tackling difficulties, developed and reformed, responded to the needs of the new era and the emergence of new technologies, constantly summarizing their teaching experience and improving the construction of the course. Through a series of progressively interrelated subject exercises, two parts of "Basic Drawing Skills Training" and "Spatial Cognition and Presentation" in the course are organically unified, e free artistic atmosphere and aesthetic height of the Academy is fused with the rigorous professional foundation skills of architecture, and the aesthetic cultivation, basic quality, thinking ability and innovative consciousness of students are cultivated in an inclusive manner.

Keywords: Fundamental Design Course, Spatial Cognition and Presentation, Teaching Reform

引言

进入 21 世纪数字时代，建筑设计和作品表达发生了极大变化。建筑设计基础课程也必然需要与时俱进，亟需持续教学改革和探索。传统上设计基础的课程——《设计初步》受鲍扎（Beaux–Arts）建筑教育体系影响，以训练水彩渲染和建筑制图为主；至 20 世纪 80 年代，国内引入包豪斯基础教学内容，将平面、立体及空间三大构成作为设计初步课程中形式训练的重点。经过 20 多年改革，在新世纪媒介和图像时代下课程开始强调空间与绘画相结合，《设计初步》课程在中国建筑教育领域持续处于教学改革和探索状态。

在此背景之下，中央美术学院建筑学院设计初步系列课程的教学团队对教学内容和教学方法的研究也始终处于不断的探索和调整之中，在教学研究中持续关注课程教案设计和课程内容，其中课程《设计初步 2》以"空间认知和表现"为着力点，展开在夯实学生专业制图训练基础的同时，扩展学生空间认知思维和表现能力，形成央美建筑学专业基础特色教学。本文通过对十几年课程教改的梳理，整体介绍这门课程的改革探索和教学情况。

一、课程定位——设计的基础

中央美术学院建筑学院设有建筑学、风景园林两个专业，包含建筑、城市、景观、室内设计四个专业方向。依托中央美术学院深厚的艺术与人文底蕴，接轨国际学术前沿，建筑学专业办学以"培养具有艺术家素质的建筑师和实验探索型创新人才"为目标。建筑学专业教学突出艺术素养在建筑学专业教育中的重要性，入学学生不仅具有超过普通高考一本线的基础教育素质，而且具有良好的艺术才能。专业教学体系构建"核心设计类、理论类、艺术类和社会实践类"四大模块课程，五年本科教学框架以"2+2+1"对应"基础 + 专业 + 工作室教学"展开。两年基础课程以共享建筑基础教学为主，教学理念分为两个部分：设计的基础，基础的设计；以此构建出基础教学上下衔接的教学框架。（图 1）

《设计初步 2》课程设置在入学一年级第一学期，时长十周。作为专业基础入门课，十多年以来课程围绕空间认知与表现展开课程设置，以多方位视角展开一系列教学改革。课程教学内容包括学习掌握建筑制图知识，并培养学生对空间有初步认知能力，课程系列练习尝试工程制图与艺术思维有机融合。教学目标是针对初入建筑学专业大门的学生，力求在其头脑里播下专业意识的种子，训练其专业基础技能，使其建构正确的专业认识，培养学生富有美感的建筑表达方式，通过系统训练使学生扎实稳健地步入空间设计与表现的初始阶段。（图 2）

二、课程建设发展历程

1. 沿袭与实验（2007 年前）

1993 年央美设立环艺专业，建筑基础课程延续建筑老八校"鲍扎"体系，设有制图抄绘、测绘、渲染等。2003 年央美建筑学院成立，《设计初步》课程围绕空间构成模型，强调发散性思维，形成了央美建筑基础课程重实验的教学特色（图 3）。

2. 教改探索——构建课程体系（2007–2013 年）

《设计初步 2》作为一年级第一学期时长十周

图 1　中央美术学院建筑学院建筑学专业教学体系

图 2　中央美术学院教学楼效果图

专业入门基础课，以多方位视角展开一系列教学改革。课程调整为“制图基本功训练”与“空间认知和表现”两部分，补充以往实验教学轻基本功重形式的不足，并发挥学生艺术表现的优势，课程设置不同练习单元，包括从单一的制图训练到复合的空间认知与表现。

3. 完善课程建设（2014 年至今）

课程有机整合学生的专业意识、基础技能、逻辑思维和表达方式，从相互割裂的抄绘、测绘和设计不同的练习，到循序渐进、互为一体的基本功训练和逻辑思维表达。2015 年申报北京教委教改项目，2019 年获得“全国高等学校建筑设计教案和教学成果”评选的优秀教案和优秀作业。以此为起点，课程在“教学法”上进一步梳理课程内容，使训练的基本点更为精炼和有效，创造出央美建筑学特色专业基础课程。（图 4）

三、课程组织及教学内容

经过多年的积累，《设计初步 2》教学团队在

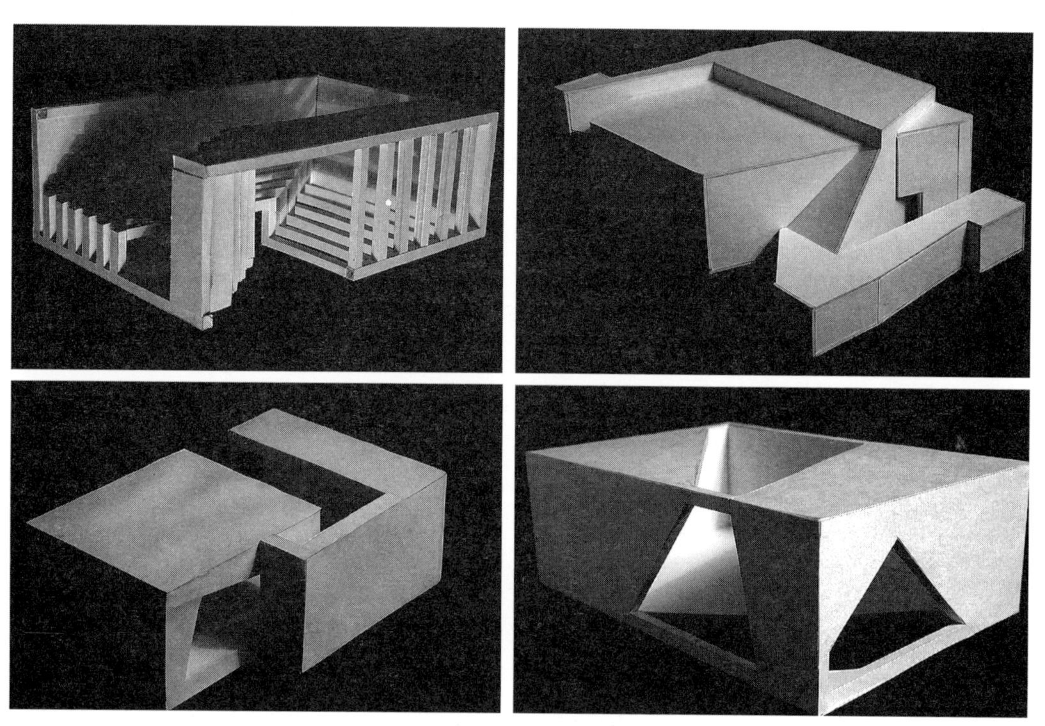

图 3　《设计初步 1》空间模型

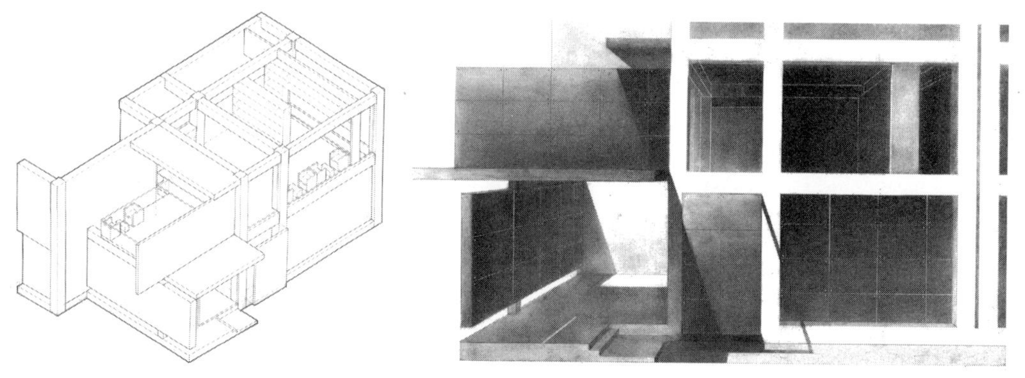

图 4　《设计初步 2》练习 6“空间再造”优秀作业

不断探索中逐渐形成了系统化的教学方法，设置了环环相扣的练习单元，循序渐进地展开教学内容，通过每周具有针对性的高强度练习设置，使学生在短时间内就能取得明显的学习效果。

课程组织一般分为 8 个辅导小组，一位教师负责 10 个左右的学生，根据历年的经验，这种规模的小组形式在保证教师辅导效果的前提下，同时能够促使学生之间相互学习交流，以达到最佳的教学效果。（图 5）

课程授课形式以讲授式与辅导式结合展开。根据练习单元的内容，针对性地进行一次大课讲授，授课内容分别为图纸与表现、观察与摄影、制图原理、线条与草图、空间分析及表达、空间设计初步；辅以建筑实地测绘和练习课堂辅导，并设置集中评图 3 次，提高学生整体作业水平。这种教学安排使学生能够把大课中学到的理论知识直接用于练习单元，在实际教学过程中达到理论与实践相结合的目的。

图 5　建筑学院一年级学生在专业教室工作

《设计初步 2》课程分为“观察—认知—制图—体验—分析—再造”上下互动的 6 个阶段，与此对应设置了 6 个练习单元，练习 1–5 时长各 1 周或 2 周，练习 6 时长 3 周。（图 6）

练习 1：空间线条

从观察自己周边空间环境开始：单一空间，建筑空间、校园空间，个人化的或者公共的、封闭的或者开敞的……之后通过提取空间的氛围、空间与光的关系、建筑形态及尺度等因素，抽象出空间特征，进行线条排列，训练掌握抽象线条。（图 7）

练习 2：单一空间

在练习 1 观察的环境中选取一个单一空间进行测绘，延续第一周的空间观察，对所选定的空间进行体验和描绘，并通过图纸表现出空间形态、功能及氛围。（图 8）

练习 3：建筑测绘

在选定的真实环境中现场进行详细测绘，展开进一步空间认知，把握建筑特征，体验建筑与

空间与线条 → 抽象概括 → 线条与空间
单一空间 → 观　察 → 行为与空间
建筑测绘 → 测　绘 → 建筑体验
外部环境 → 测　绘 → 总图关系
空间分析 → 分　析 → 大师作品
研究再造 → 设　计 → 使用及氛围

图 6　练习单元构成解析

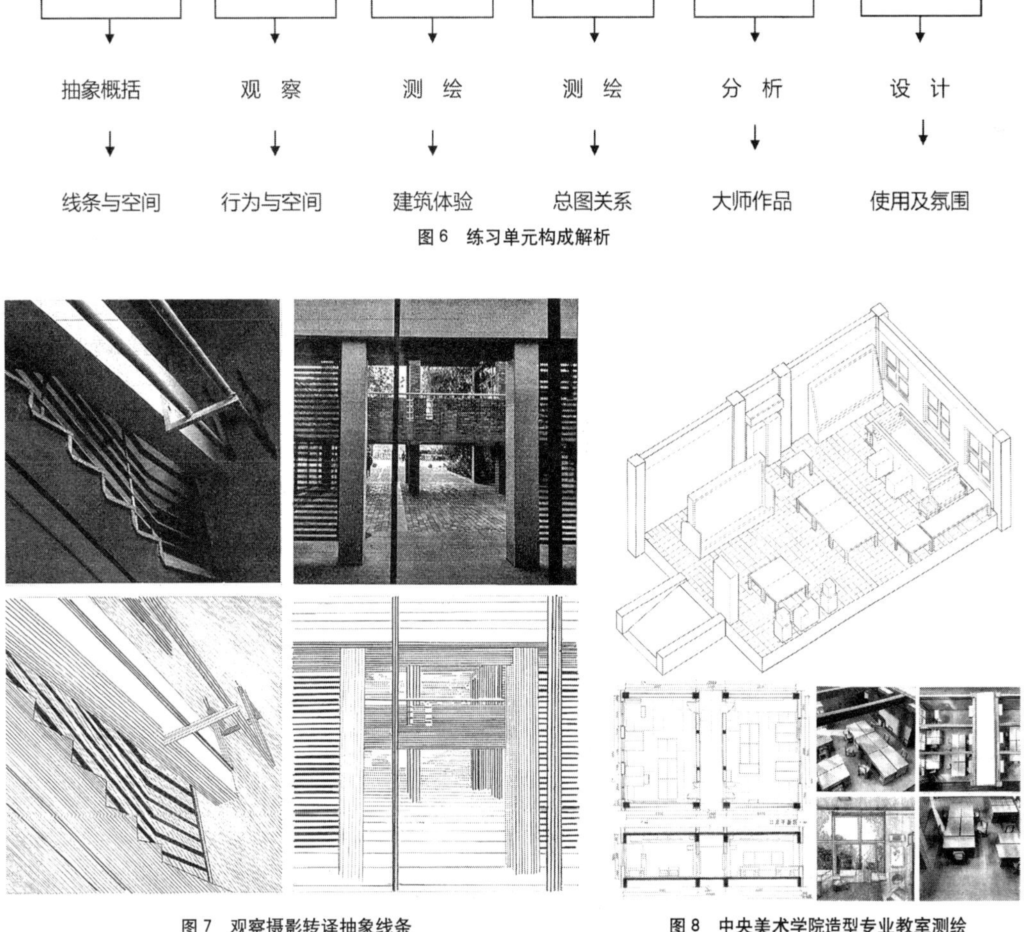

图 7　观察摄影转译抽象线条

图 8　中央美术学院造型专业教室测绘

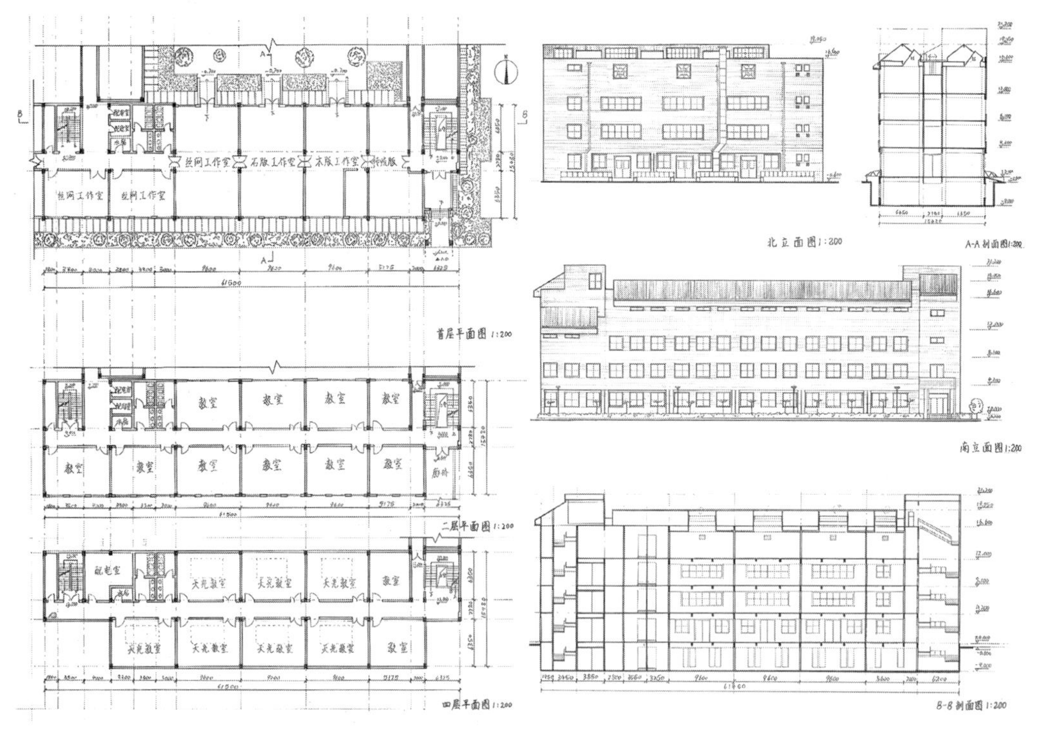

图 9　中央美术学院教学楼单体测绘

场地、空间氛围、空间形态、尺度、光与空间、结构与材料等。完成真实建筑从实体到图纸，从三维到二维进行转换。（图 9）

练习 4：外部环境

对建筑所在城市街区环境进行进一步的环境认知，围绕测绘的建筑，感受外部空间不同环境尺度、所测建筑与环境的关系、内外空间界面的过渡，通过理性的思维系统概括出场地所处城市或自然空间的环境特征。（图 10、图 11）

练习 5：空间分析

抄绘建筑大师作品图纸并制作模型，建筑类型为住宅和展厅等功能，如柯布西耶的作品萨伏依别墅、密斯的巴塞罗那德国馆、路易斯·康的埃西里克住宅等经典案例。通过抄绘作品体会大师作品的空间特征，从不同维度解读大师作品。（图 12，图 13）

练习 6：空间再造

学习运用抄绘的大师作品空间特征，对三所练习测绘的建筑进行空间改造设计。功能需自己研究设定，可利用外部空间，从人的使用和体验出发，理解空间设计是为满足人的动态生活和行为活动，需研究人体尺度、人和空间的关系，进行空间改造设计，面积 100 平方米左右。最终的空间氛围及意义是改造设计的终极目标。（图 14~图 16）

课程按以上练习设置，由简至繁，逐步推进，从抽象的线条练习到测绘单体和街道，再到大师作品抄绘，最后进行独立空间改造设计，环环相扣，循序渐进，使学生初步掌握建筑制图规范的同时，建立对建筑空间的初步认知。

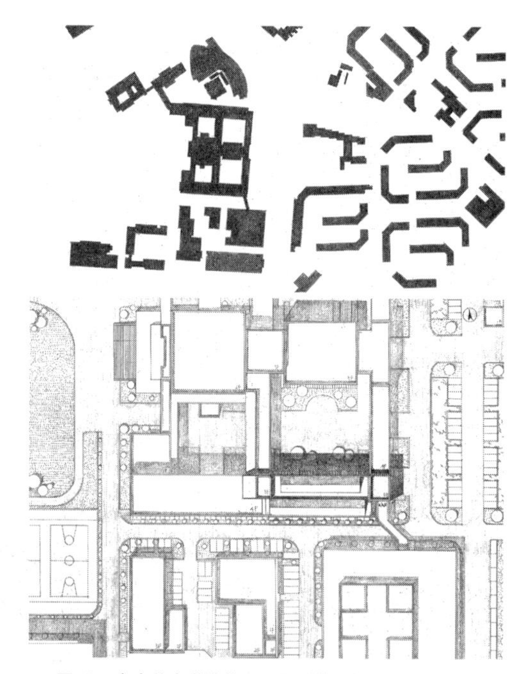

图 10　中央美术学院总平面图测绘及街区黑白图绘制

图 11　中央美术学院教学楼外部效果图

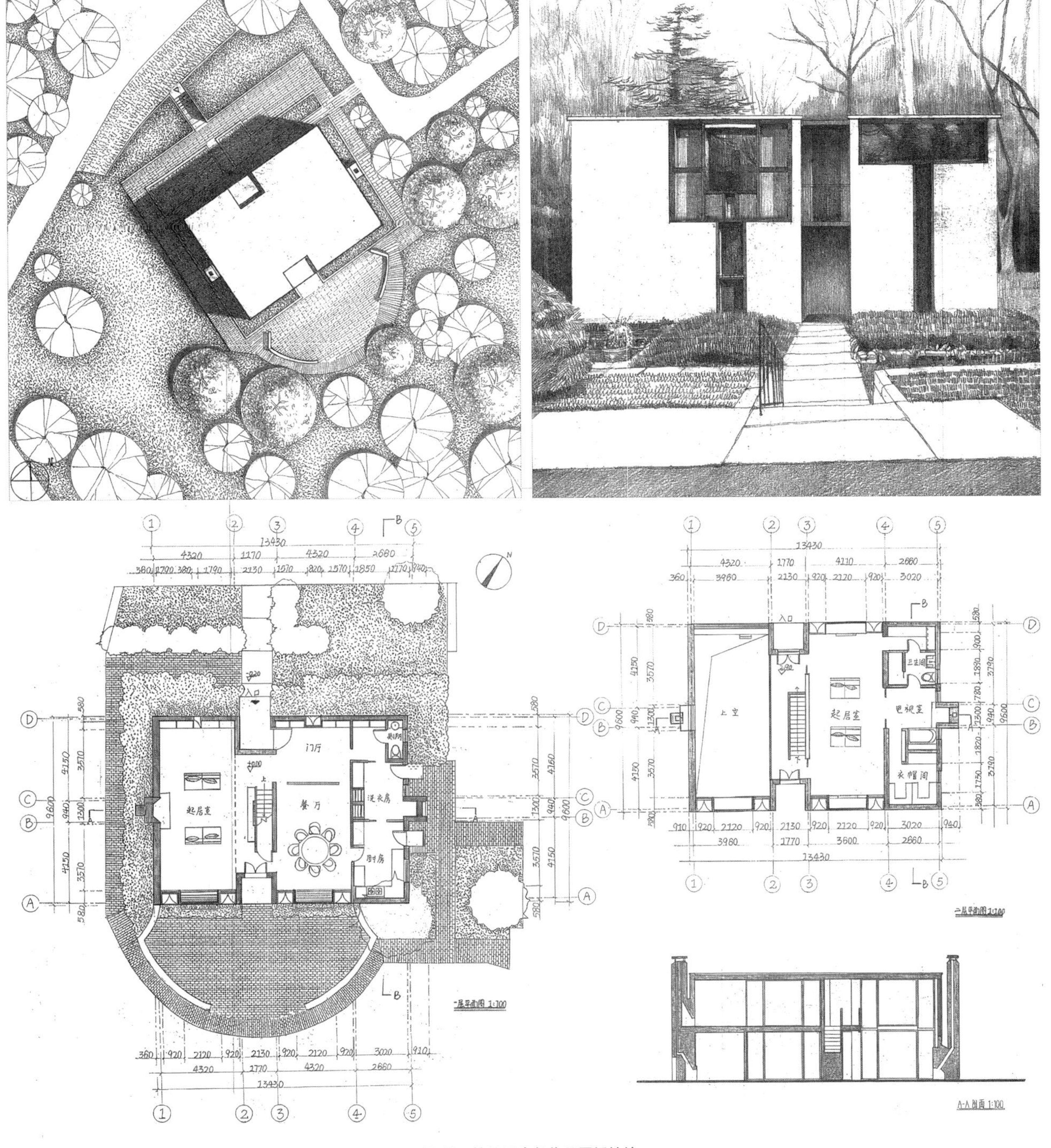

图 12　练习五大师作品图纸抄绘

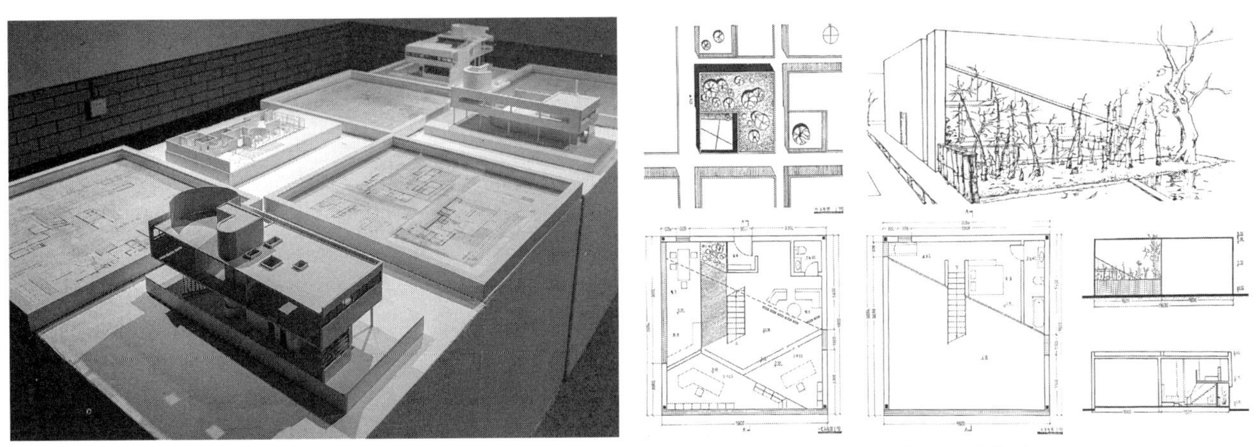

图 13　练习五大师作品模型

图 14　空间改造方案图纸 1

图 15　空间改造方案模型制作

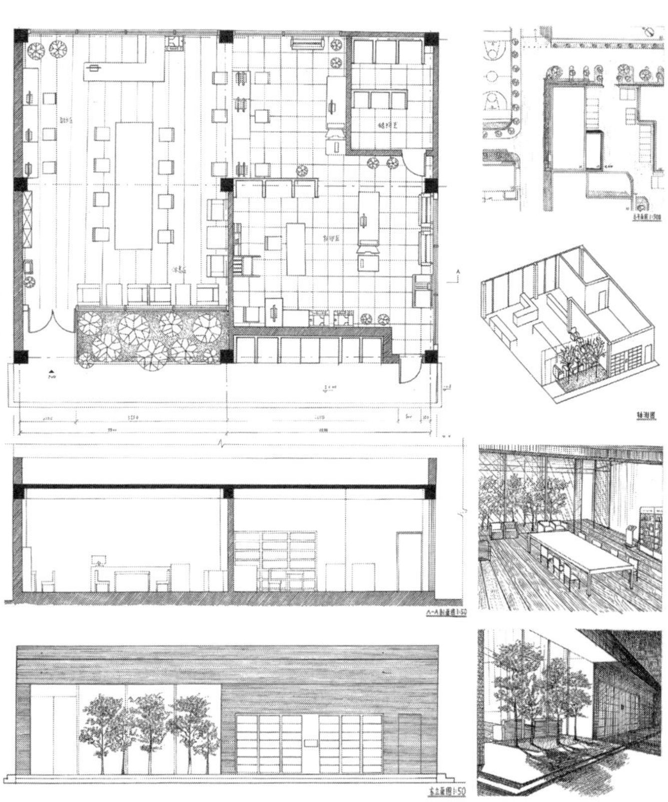

图 16　空间改造方案图纸 2

数年的教学实践表明整个训练过程同时具有感性发散的真实空间环境体验和大师作品空间认知，也有理性聚焦的建筑测绘及大师作品抄绘。经过本课程的训练，希望学生能够逐步建立对尺度由小到大的感知、对空间由细节到整体的认识、对表现工具由基本应用到熟练的使用方法，从而引导学生初步建立起对空间的认知，并掌握一定的表现技巧。

图 17　师生在北京胡同测绘现场合影

四、课程改革及教学重点

自 2007 年开始，以央美的艺术背景为依托，教学团队经过十多年的教学积累，针对《设计初步 2》进行系统的教学改革。课程改革从“空间认知与表现”入手；在课程体系中同步协调前置后置课程的承上启下关系；在课程内容上纵横结构，整合《建筑制图》《建筑表现基础》和《建筑设计初步》3 门专业基础课的核心内容；从能力培养、知识传授和素质提升等方面解决以下三个重点问题：

一是在思维能力培养上，建立感性和理性、具象和抽象相结合的思维观察意识。

首先，通过对单一空间到单体建筑直至街区环境等不同尺度空间的多方位、多视角、由小到大的观察，使学生获得从细节到宏观、从形式到功能、从感性到理性的空间认知及体验；其次，增加更多实地的城市环境空间体验及建筑测绘，在理解建筑制图基本原理的基础上，使学生将三维建筑空间与二维图纸紧密结合，培养学生对建筑空间的理解和表达由具象到抽象的思维转换。(图 17~ 图 19)

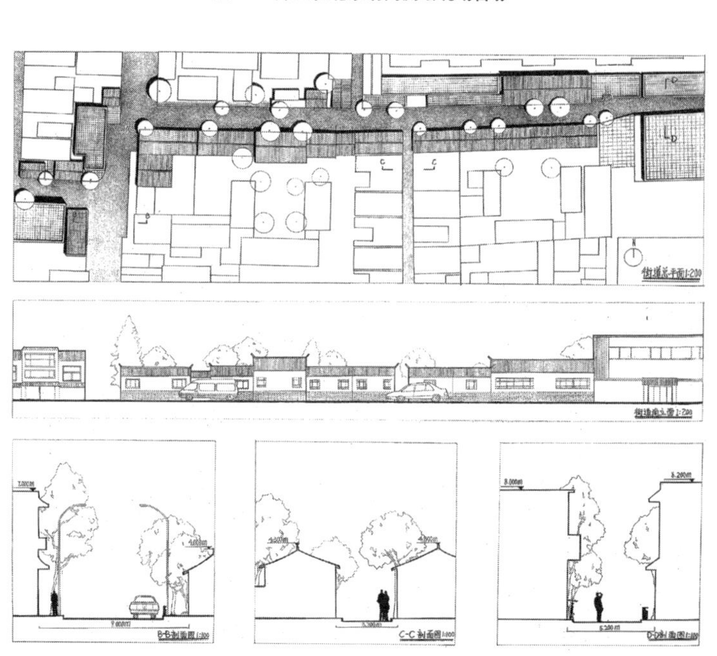

图 18　北京胡同街道测绘

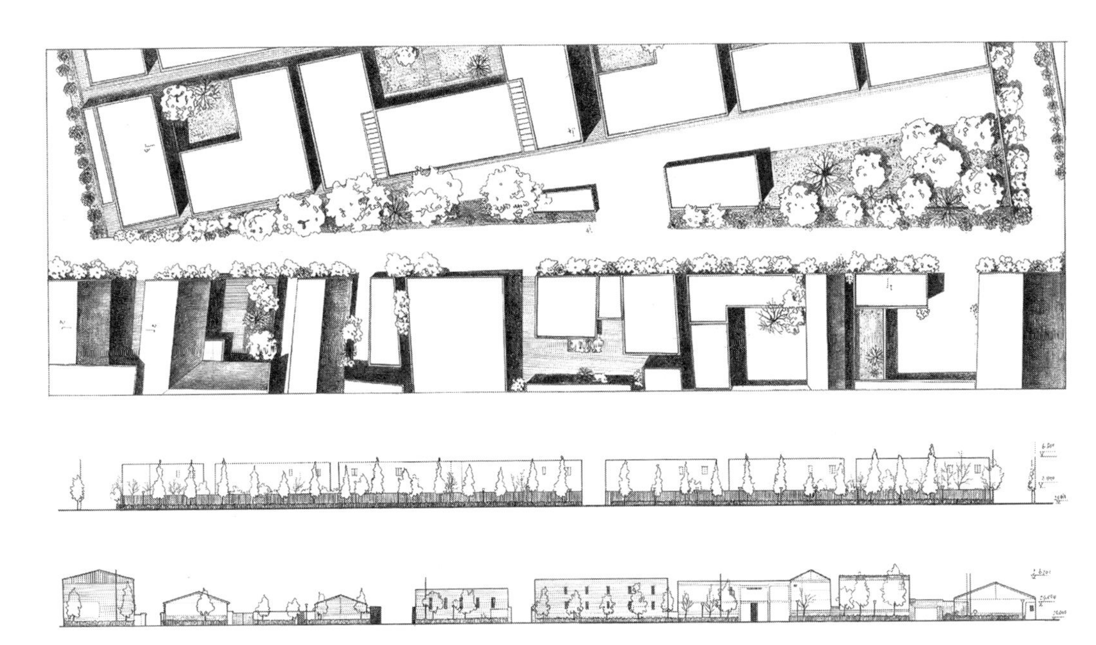

图 19　北京草场地街道测绘

二是在基础知识传授上，夯实制图基本功训练，发挥学生图纸艺术表现优势。

注重严谨制图训练与图纸艺术表现技能相结合，在十周内掌握从草图到尺规制图及效果图的整体表现技能。课程一方面有利于补充艺术生重形式轻基本功的不足，另一方面能够发挥艺术生表现的优势，激发学生展开多方位视角的观察，在十周内掌握通过图纸表现技能展现对建筑空间的认知和体验。

三是在建立正确审美的基础上，通过研习大师作品，树立正确的建筑审美意识。

抄绘大师经典作品，在理解图纸的基础上制作三维模型，并展开大师案例的空间分析，理解其建筑理论，建立正确的建筑审美意识。在最终的“空间再造”练习中，将学习到的大师作品中塑造空间的手法与实地测绘中的实体建筑空间改造设计相结合，举一反三，最终完成空间改造设计。

《设计初步 2》课程的改革是卓有成效的，其中 2019 年在全国高等学校建筑设计教案和教学成果评选中获得《优秀教案》及《优秀作业》两个奖项，2020 年获得中央美术学院年度本科优秀课程。日后的改革重点在于使教学内容更加聚焦，贯彻教学思想，通过制定更加凝练的教学方法和课程练习，进一步加强训练的指向性，使学生对关键知识点的掌握更加透彻。(图 20)

图 20　《设计初步 2》课程成果在中央美术学院展出

《设计初步 2》的课程改革将推动央美建筑设计基础课程向着更加适应新时代对高素质和创造性人才需要的方向发展，探索出建筑设计基础教学的新思路、新方法、新模式和新经验。

五、教学特色：艺术思维与专业基础融合

当代艺术家博伊斯提出“人人都是艺术家”，《设计初步 2》课程也试图将这种“艺术思维”运用到“设计基础”中来，形成了以“观察—研习—亲历—体验—实践—表现”为线索的闭环式训练，在初步建立空间认知和表现意识的同时，做到与专业基本功训练的有机结合。

中央美术学院的学生相比其他院校的学生，在绘画经验上具有一定优势，学生在绘画的“写生”训练中通过对空间场所的速写实际上已经建立了“事物”与“创作者”的联系，虽是对景“写生”，但每个人捕捉到的信息其实都有所不同，描绘下来的内容也是建立在每个个体认知视角上的“创作”，这种艺术训练为建筑专业的学生打下了良好的基础。通过绘画、摄影等手段对空间观察的结果进行表达也是将艺术思维与制图表现建立起联系的一种尝试。(图 21、图 22)

1. 建筑认知能力的分层次培养

认知能力分为感性能力、知性能力和理性能力的多层次培养，每个学生在接触建筑学之前，都已经接触过“建筑”，我们生活在建筑中，建筑时时刻刻无处不在。学习建筑，需要先从意识中觉醒，重新观察我们的家、学校、街道、城市。本课程中“观察”是起点，学生在教师的引导下带着建筑师的视角学会观察、体验及思考，学习对身处其中的建筑室内外环境展开专业性的认知。(图 23)

图 21　通过摄影捕捉身边的图像

图 22　北京胡同写生

图 23　教师给学生改图

图 24　终期评图

课程安排以感性认知人为空间环境为开端，到理性分析城市环境和建筑空间构成等有逻辑地展开。练习中增加了更多的建筑及城市空间体验，同时辅以教师对建筑基本问题的讲解，使学生有机会将建筑空间与图纸紧密结合，进一步理解建筑图纸上每一根线条的意义与作用，并对建筑空间及细节的表达形式进行更多的思考和尝试。

2. 密集多元的系统性综合训练

课程训练过程为发现空间→记录空间→研究与再现空间→设计与表现空间，环环相扣地训练引导学生由非专业思维转向专业思维，学生由零基础开始，逐渐掌握制图、分析及表现等专业技巧，并使学生了解和认知建筑空间的构成、尺度、功能与意义。同时建筑的学习不只是停留在抽象形式构成上，更要将学生拉回到真实生活中去，对实际生活空间进行观察与思考。整个课程的系统性训练是在学与思、感性与理性的整合上进行的，同时将制图与艺术表达、建筑形式与生活场景的创造进行融合。（图 24）

六、课程展望

在 2018 年 9 月召开的全国教育大会上，习近平总书记强调，“要在增强综合素质上下功夫”，本课程教育引导学生培养综合能力，培养创新思维。中央美术学院建筑学院《设计初步 2—空间认知与表现》课程的探索与改革思路，正是以夯实建筑学基础技能、力图培养学生的综合能力并鼓励创新思维为核心内容。若干年来的教学实践表明，上述系列练习是合理有效的，从训练学生对尺度由小到大的递进感知、对空间由细节到整体的整合认识，到对不同表现工具的使用、不同造型手段的确立、空间认知入门到独立设计开端、平面布局、立面设计、室内设计、家具陈设、人体工学乃至景观设计的综合训练，都更丰富、更全面、更立体、更系统。

《设计初步 2—空间认知与表现》课程有意识地培养学生的综合能力，包括审美素养、严谨意识和创新思维，形成了艺术美学与工程技术相融合的中央美术学院建筑基础教育特色，带动了全国建筑学专业基础教学的发展，也获得了学生的一致好评。

参考文献

[1] 顾大庆，柏庭卫 编著 . 建筑设计入门 [M]. 中国建筑工业出版社 . 2010.

[2] 东南大学建筑学院编 . 东南大学建筑学院建筑系一年级设计教学研究 [M]. 中国建筑工业出版社 . 2007.

[3] 吕品晶 . 培养具有艺术家素质的建筑师——中央美术学院建筑学院的办学思路和实践探索 [J]. 建筑学报 2008（02）：01-03.

图片来源

本文图片均为作者拍摄或学生作业

作者：王小红，中央美术学院建筑学院教授，副院长；曹量，中央美术学院建筑学院讲师，基础部副主任；吴晓敏，中央美术学院建筑学院教授；吴若虎，中央美术学院建筑学院副教授，基础部主任；范尔蒴，中央美术学院建筑学院副教授

设计基础的类型化教学实践
——以“竖向空间小建筑设计”为例

刘茜　张明皓　冯姗姗

Typed Teaching Practice of Design Basis—Taking “Design of Small Building with Vertical Space” as an Example

■ **摘要**：小型建筑设计是建筑学一年级设计教学的重要内容，为使设计题目更具特色、更有针对性，使设计教学更加条理化、更有逻辑性，我校设计基础教学中的小设计环节以矿区储煤筒仓改造艺术家工作室为题，突出工矿特色，强调竖向空间的特点；同时在先例分析的基础上对竖向空间进行原型提炼和类型归纳，并将竖向空间剖面类型的选择和应用贯穿于整个小设计教学的始终，使得整个设计过程有规律可循。

■ **关键词**：竖向空间；类型；设计教学

Abstract：Small building design is an important part of the first grade design teaching of architecture major. In order to make the design topic more characteristic and targeted，and make the design teaching more organized and logical，the small design task in our basic design teaching focuses on the design of an artist's studio based on the reconstruction of a coal storage silo in a deserted mining area，highlighting the industrial and mining characteristics and emphasizing the characteristics of vertical space. At the same time，based on the analysis of famous building examples，the prototype extraction and type induction of the vertical spaces are carried out，and the selection and application of the vertical space section type are run through the whole small design teaching，offering the whole design process a regularity to follow.

Keywords：Vertical Space，Type，Design Teaching

一、前言

小型建筑设计是建筑学专业一年级《设计基础》课程教学的重要环节，其中空间一直以来都是教学强调的重点。此次小型建筑设计教学结合当前建筑设计的趋势，强化竖向空间设计，以剖面作为空间设计的切入点，同时引入类型化概念对教学过程组织进行阶段化和条

中国矿业大学动力中国·课程思政项目，“建筑设计基础”(2021KCSZ51)

图 1　权台矿储煤筒仓及其周边环境

理化，以加强设计的逻辑理性。

1. 当代空间设计的趋势

建筑空间是由水平和竖向维度共同组成的三维立体空间，在很长一段时间，建筑师对竖向维度的重视远不及水平维度，多数情况下剖面都只是设计完成后补充的图纸，而非参与设计的思维工具。[1] 美国建筑师保罗·拉索就曾指出：“剖面可能是最不受重视的一种图像表达方式”。[2] 在当代百花齐放的格局之下，许多建筑师逐渐意识到竖向维度的潜力，开始从剖面切入构建新的设计策略，竖向空间成为通往设计创新的重要途径。

2. 与本校办学特色相结合

近年来，本校建筑学专业的办学立足于服务行业和地方，工矿相关的设计和教学成为特色方向之一。本次小设计的选题也呼应了这一特色，选择徐州权台煤矿的一处废弃储煤筒仓进行改造设计。该筒仓为圆形，直径 10 米，高 16 米，周边还保留了运煤廊道、铁路等工业遗存（图 1），既能契合竖向空间设计的主题，又能体现地方工矿特色。

二、先例分析与竖向空间的类型化

1. 类型学与类型原型

在建筑学领域，类型的概念与建筑类型学理论有关。类型学既是理论，又是方法，作为方法的类型学可以用于指导建筑设计。类型学将抽象出的类型规则结合具体场景加以转换，设计出具有内在理性的建筑。在设计类课程中引入类型的概念和类型学的方法，有助于引导学生突破无序的设计过程，增强逻辑理性。原型是建筑类型学理论中的重要概念。建筑类型学的设计方法可以理解为：从集体记忆中抽取原型意向，解析原型特征，在现实语境中转换原型形成新设计的过程。[3]

2. 先例分析与竖向空间的类型表达

本次的竖向空间设计环节遵循从认知到设计两个阶段的任务组织，认知阶段的先例分析以经典的竖向空间小建筑为分析对象，在分析中引入类型化思维，让学生初步建立对竖向空间原型的认知，并在原型认知的基础之上进行筒仓改造的竖向空间设计。先例分析的对象为具有竖向空间特征的小建筑，在分析图纸中侧重三维空间的表达，强化了剖面分析、剖透视、分解轴测等图纸的作用（图 2），这些图纸的表达也为竖向空间的类型归纳奠定了基础。

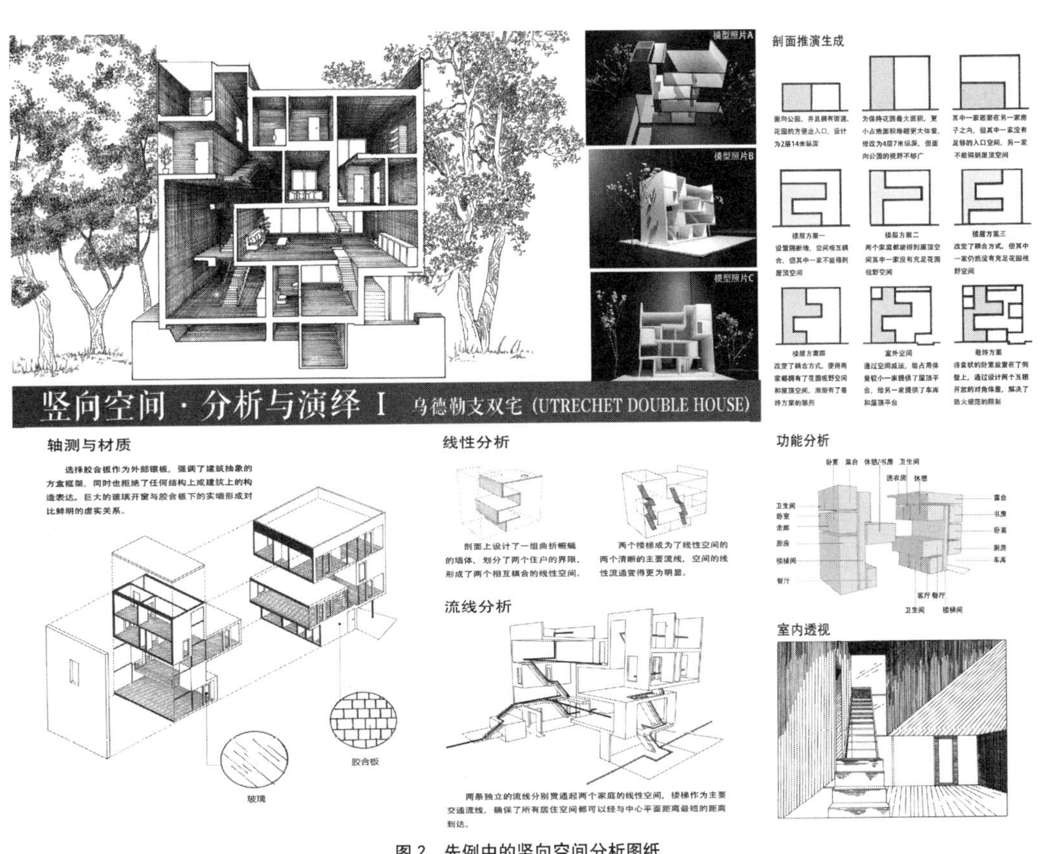

图 2　先例中的竖向空间分析图纸

3. 先例分析的竖向空间类型归纳

从类型原型的视角出发，在大量具有竖向空间特征的建筑先例分析的基础之上，在指导学生进行小型建筑设计之前，我们尝试进行空间原型提炼和空间类型归纳，最终形成了叠加、嵌套、贯通、连续 4 个大类，每个大类包含 5 个子类的竖向空间类型体系（图 3）；并以这些类型原型作为学生进行筒仓改造设计的原型基础和空间构成的出发点，使得改造设计的构思有根源可循，有规律可依。

三、竖向空间类型与小设计

1. 空间设计的类型选择

在将竖向空间类型归纳为 4 个大类、20 个子类之后，我们对这些类型及其案例进行了详细的解读，并在筒仓改造工作室的小设计任务书中明确提出了空间设计类型化的要求，即：整个设计的出发点是竖向空间，从剖面着手进行建筑设计，而在剖面的空间构思中必须在前期归纳的诸多类型中选择至少一种，作为

竖向空间的类型原型归纳							
大类名称	子类名称	子类图示	子类案例	大类名称	子类名称	子类图示	子类案例
1. 叠加	A. 原型叠加	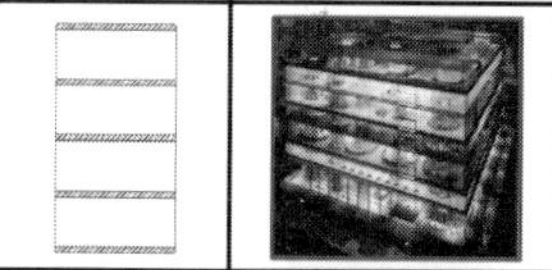		2. 嵌套	A. 垂直嵌套	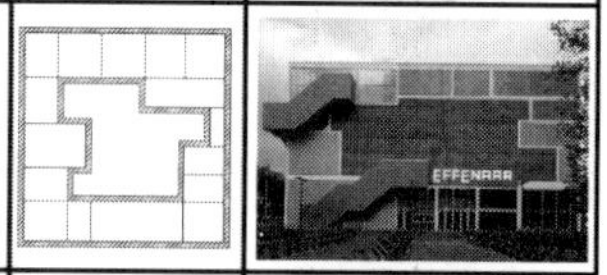	
	B. 变形叠加	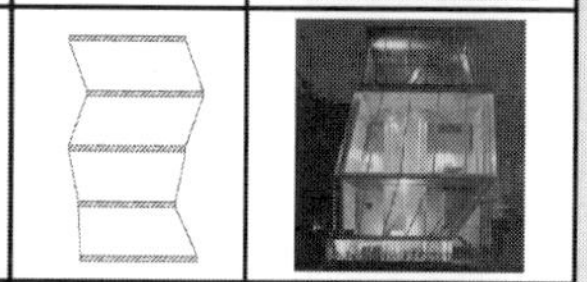			B. 水平嵌套	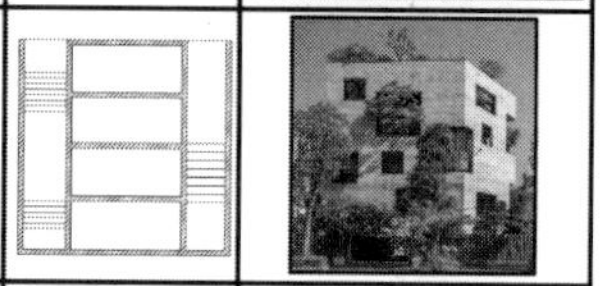	
	C. 移动叠加	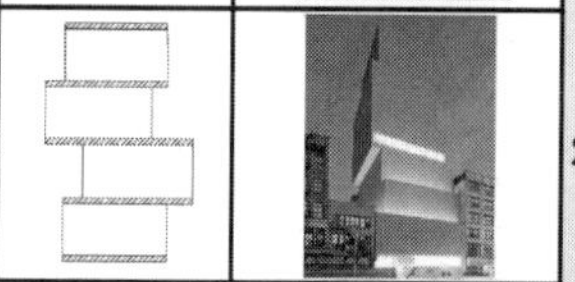			C. 单元水平组合		
	D. 缩放叠加	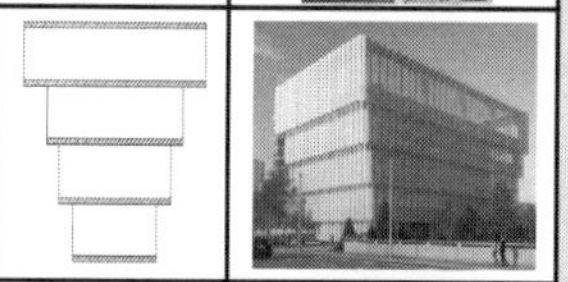			D. 单元垂直组合	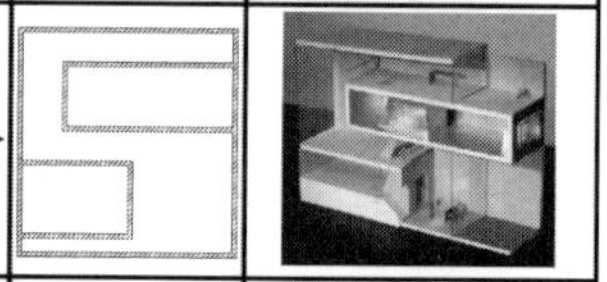	
	E. 旋转叠加	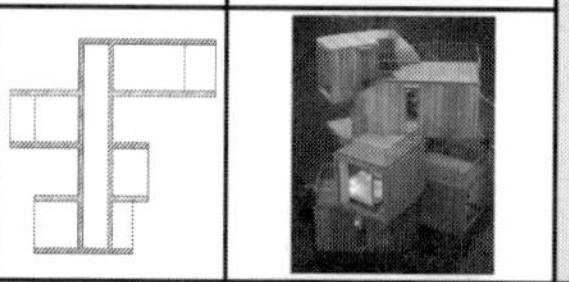			E. 单元自由组合	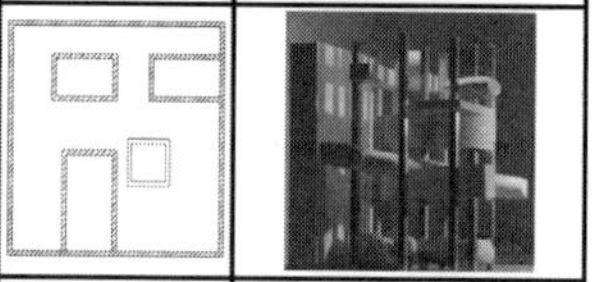	
3. 贯通	A. 垂直贯通	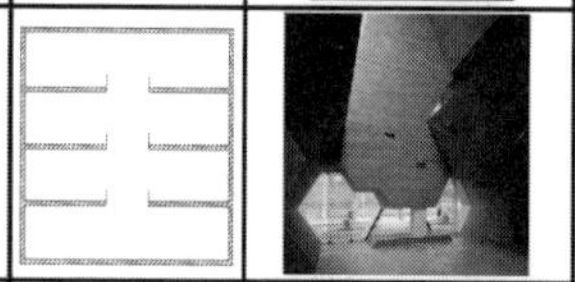		4. 连续	A. 垂直连续	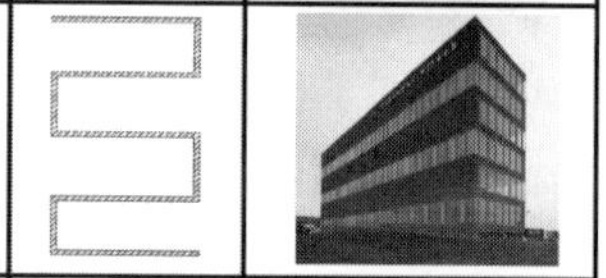	
	B. 斜向贯通	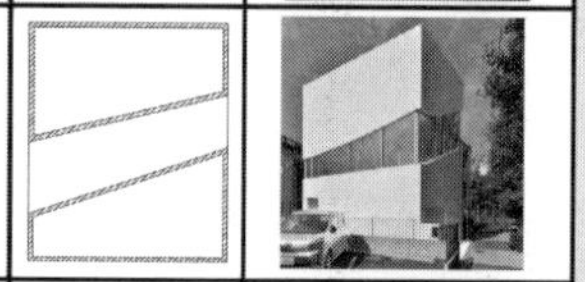			B. 斜向连续	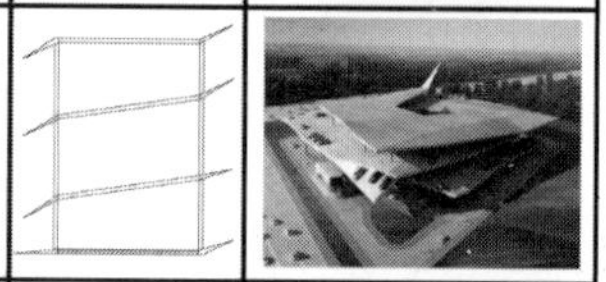	
	C. 错位贯通	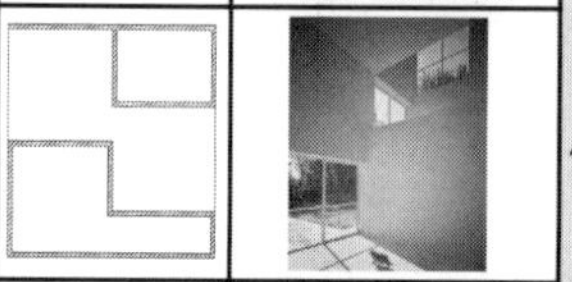			C. 地面连续	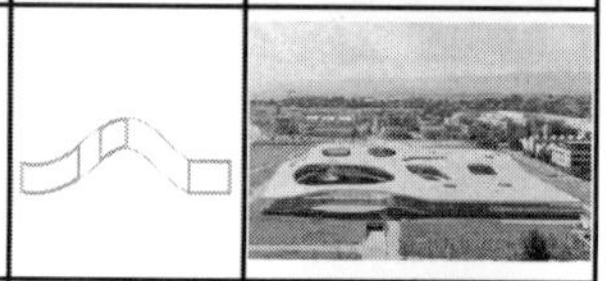	
	D. 咬合贯通	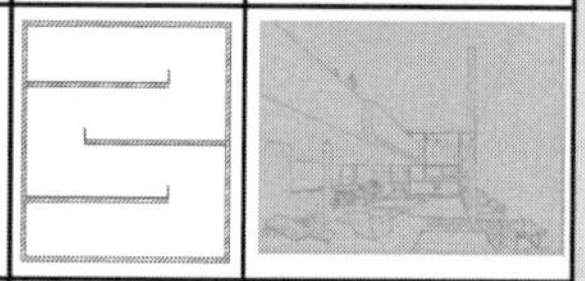			D. 楼面连续	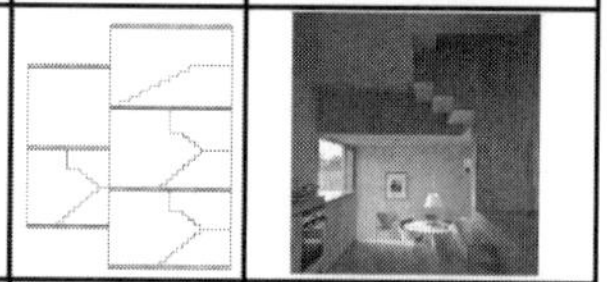	
	E. 线性贯通	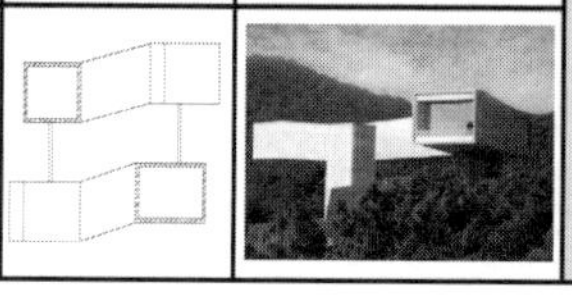			E. 楼梯连续	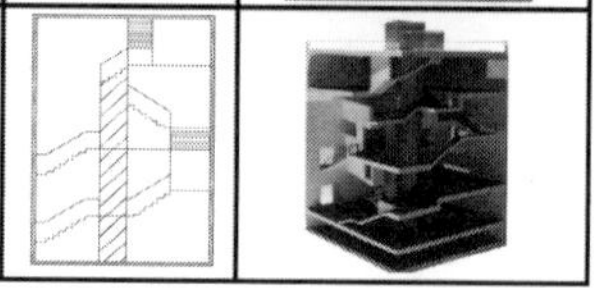	

图 3　竖向空间类型归纳

设计的起点，以此为基础进行后续的设计深化。这一阶段的初步构思以剖面草图（图 4）以及没有外壳的空间草模（图 5）来加以呈现。

2. 功能造型的类型协调

在初步的剖面类型选择完成之后，学生会根据任务书的要求将工作室的功能置入空间之中，包括书房、卧室、卫生间、展览和休息活动等功能，总建筑面积不超过 260m²。这些功能空间中，除了卧室和卫生间是封闭的盒子，其他空间可以相对开敞灵活，方便配合最初选择的剖面空间类型来进行基本尺度的控制。同时，在功能协调的过程中，楼梯、踏步等竖向交通是设计处理的重点，其位置、形式、尺度都需要配合空间类型加以详细考虑。比如在下面这个案例中，构思阶段选择了以“缝”为题的垂直贯通剖面类型，在各层平面中出现了缝隙；与此同时，在垂直交通的处理上也能看到被缝隙分割的两部分空间中都有各自独立的楼梯。（图 6）

垂直贯通

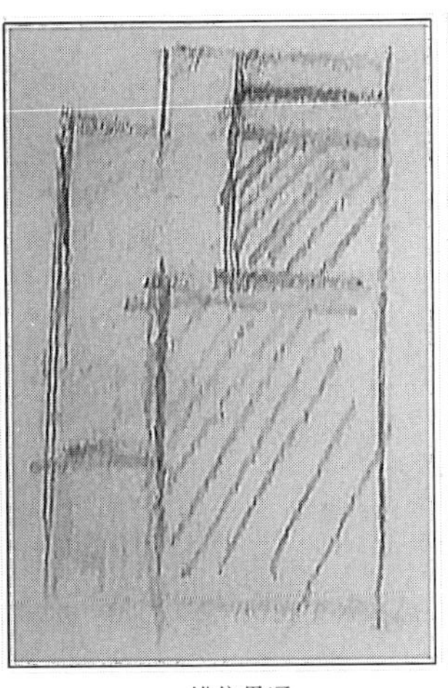
错位贯通

楼面连续

图 4　构思阶段类型选择的剖面草图

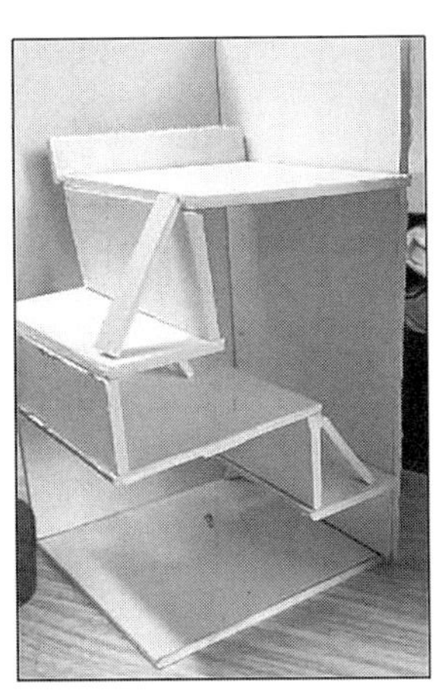
垂直贯通

单元垂直组合

水平嵌套

图 5　构思阶段类型选择的空间草模

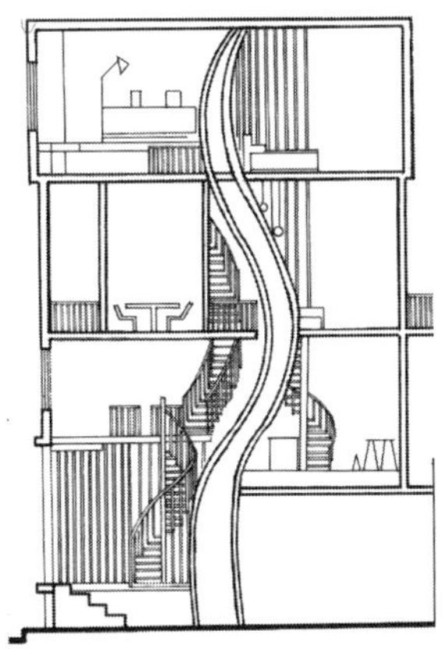

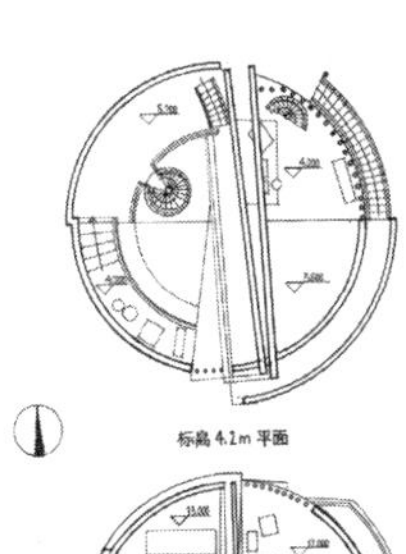

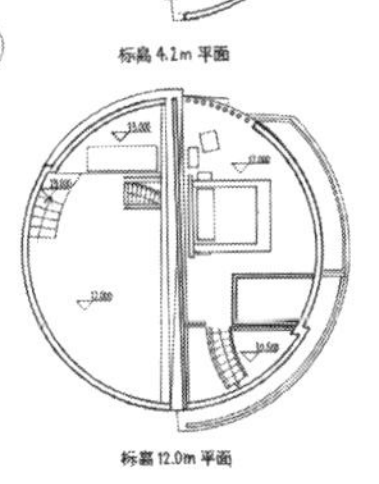

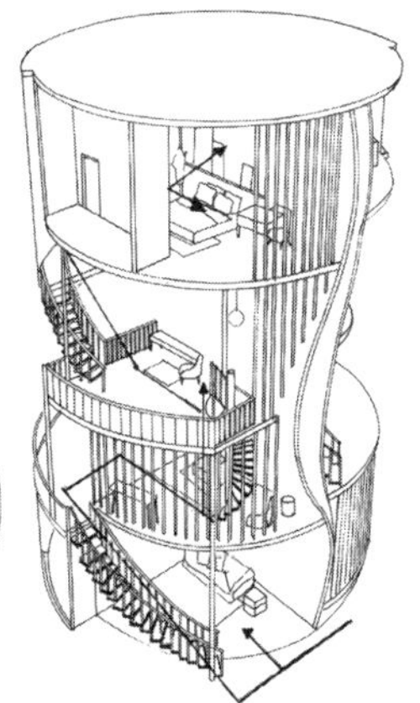

图 6　以垂直贯通为剖面主题的建筑平面及交通处理

功能基本协调、平面大格局敲定之后，需要着手进行立面造型的设计。由于是改造设计，其原有的圆筒形式作为基础会得到一定程度的保留，这是该设计任务的一个限制条件，某种程度上也能让学生更多地将设计重点放在空间上。同时，竖向空间的类型选择及其相关主题概念也不可避免地会在建筑外观中得到体现。比如下面这个案例，以"榫卯"为题目完成以错位贯通为剖面空间主题的设计，这种错位关系也非常直观地反映在了建筑的立面和外观造型上。（图7）

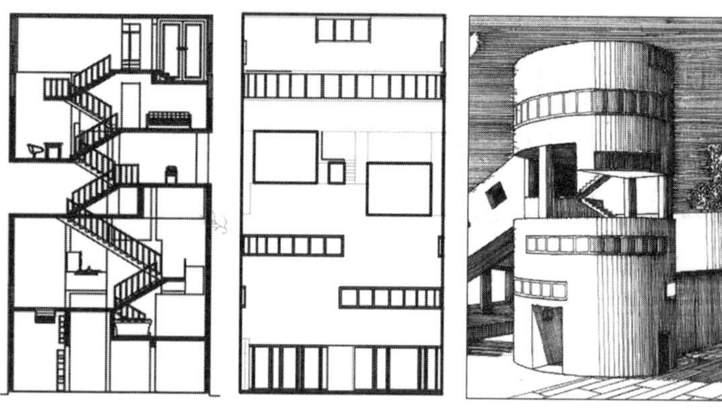

图7　以错位贯通为剖面主题的建筑造型立面处理

3. 设计表达的类型强调

当然，在整个设计过程中，与其他设计任务一样，也存在着根据平面功能或尺度要求反过来对剖面空间进行调整，或是根据立面造型的需要反过来对平面和剖面进行局部调整。不同的是，在本课题的设计过程之中，类型的概念贯穿始终，后面平面功能的置入、垂直交通的组织、立面造型的设计都需要与最初的剖面空间类型相呼应。

自始至终，这个剖面空间类型的概念都起着引领和贯穿的作用。因此，在整个设计过程中，能够呈现内部空间的图纸和模型就成了设计表达的重点。与小设计环节之前的建筑先例分析表达相一致，在小设计的成果呈现中，剖面图、剖切透视、分层流线图、立体功能分析以及打开的建筑模型等成了空间表达的主要形式（图8），而分析图也主要是为了诠释该设计中空间类型的选择与演绎（图9）。

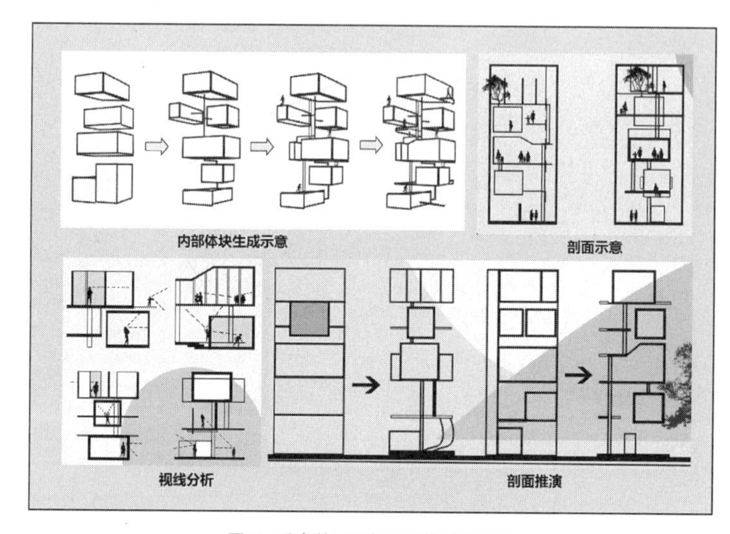

图9　垂直单元叠加主题的剖面分析

四、结语

本次竖向空间小建筑设计的类型化教学实践以矿区筒仓改造艺术家工作室为题，以竖向空间为切入主题，以类型化为操作方法，使得设计有的放矢、有法可循。（图10）整个设计流程遵循从认知到设计的原则，在展开小建筑设计之前进行竖向空间建筑的先例分析，以期提升学生在认知总结的基础上进行设计转译的能力。（图11）结合竖向空间的主题，在设计表达上强调三维空

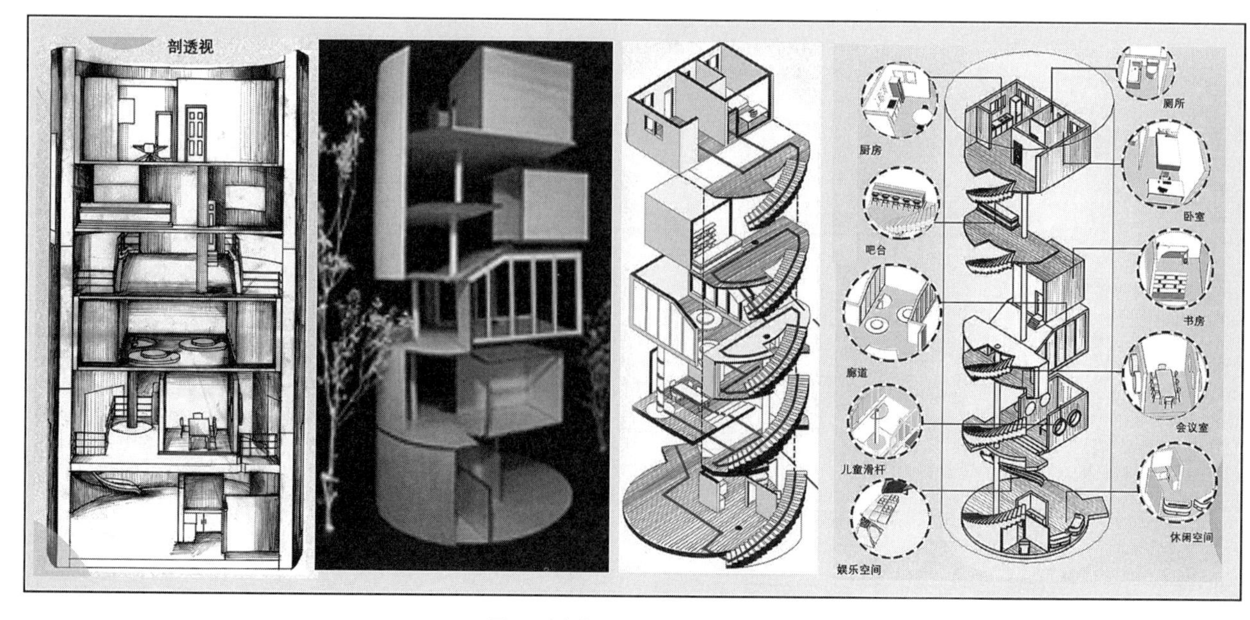

图8　垂直单元叠加主题的三维表现

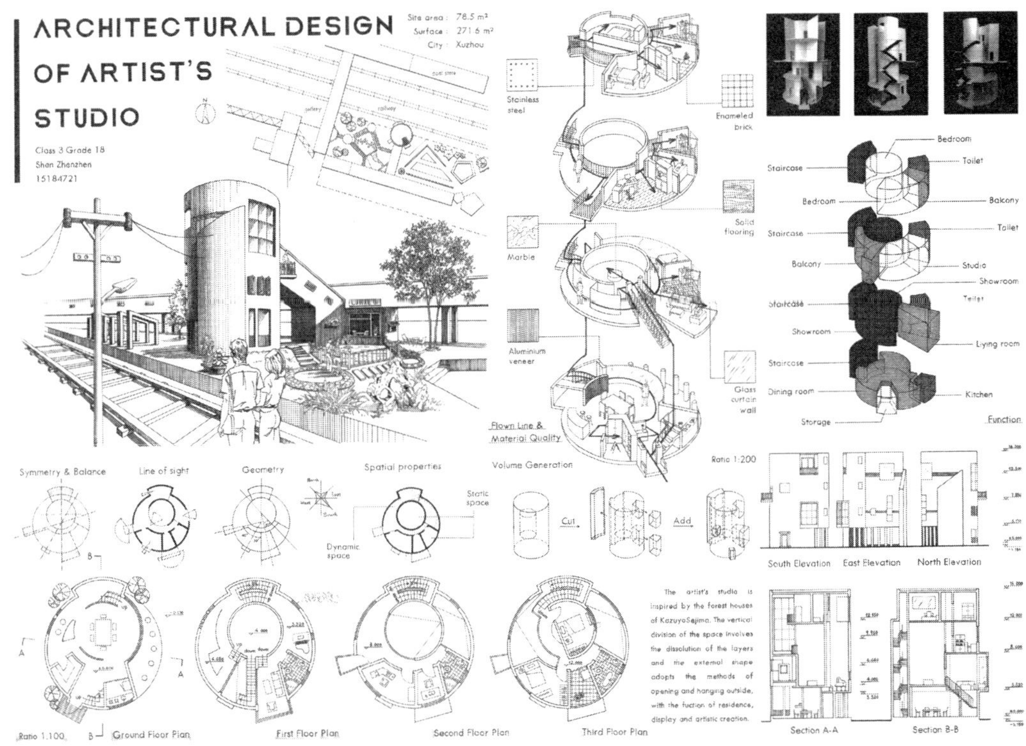

图 10　以水平嵌套为空间主题的艺术家工作室设计

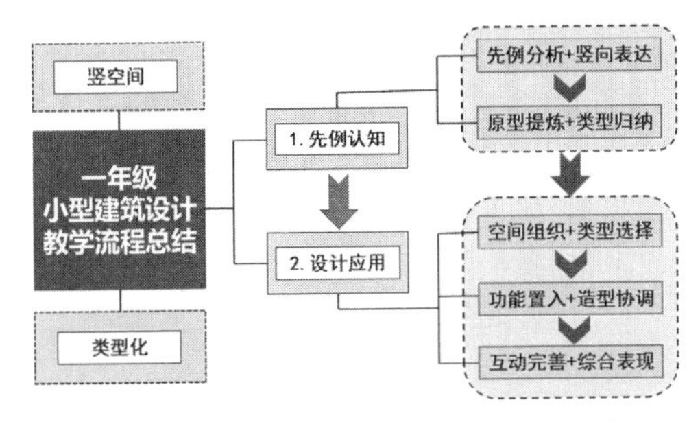

图 11　类型化竖向空间小建筑设计教学流程示意

间的立体化表达。总体来说，这样的流程使得教学有方向、有重点、有方法、有规律，获得了良好的教学效果。

当然，设计教学中也存在取舍的问题，比如说改造设计中的结构问题十分重要，但一年级学生的结构知识有限，加上主要关注点在空间上，任务书中只是要求保留部分筒仓外墙，并没有对外墙拆除总量、局部悬挑和结构支撑等问题进行明确规定。空间作为此次设计的主导，与功能、结构、环境之间的具体关系仍然有待进一步理清。

参考文献

[1] 惠丝思．基于竖向维度思考的建筑设计策略研究 [D]. 华中科技大学，2010：1.

[2] 保罗·拉索著．周文正译．建筑表现手册 [M]. 中国建筑工业出版社，2001：33.

[3] 邹阳，何玮．类型学视野下的建筑设计类课程教学模式探索 [J]. 建筑与文化，2021（2）：68-70.

图片来源

图 1：作者自摄

图 2、图 4~ 图 10：作者对学生作业的整理

图 3、图 11：作者自绘

作者：刘茜，中国矿业大学建筑与设计学院副教授，硕士生导师；张明皓，中国矿业大学建筑与设计学院副教授，硕士生导师；冯姗姗，中国矿业大学建筑与设计学院副教授，硕士生导师

无意识的几何学
——现代建筑造型研究课程教学思考

韩林飞　肖春瑶

Unconscious Geometry—Thinking on the Teaching of Modern Architectural Modeling

■ 摘要：随着数字时代的来临，新观念、新逻辑、新技术正强烈地冲击着建筑学的发展，一种新的建筑哲学似乎正在诞生。本文通过解读 Jyanzi Kong 著作的《无意识的几何学》，将其中提出的新的建筑设计理念体现在现代建筑造型研究课程教学中，分析其哲学理论、形态生成、空间创造的建筑设计体系，反思现代主义建筑创作与时代变革的融合关系，以“无意识的几何学”的灵活法则激发学生对未来数字时代建筑空间创作的热情，变革未来建筑造型设计的空间创造形式，提出对现代建筑造型教学的理解与思考。

■ 关键词：无意识；几何学；现代建筑造型研究；教学思考

Abstract：With the advent of the digital age，new ideas，new logic and new technology are strongly impacting the development of architecture，and a new architectural philosophy seems to be born. Through the interpretation of Jyanzi Kong's "unconscious geometry" embodies the new architectural design concept in the teaching of modern architectural modeling research course. It analyzes the architectural design system of its philosophical theory，form generation and space creation，reflects on the integration relationship between modernist architectural creation and the changes of the times，and inspires students to understand the future digital time with the flexible principle of "unconscious geometry". In this paper，the author puts forward the understanding and thinking of modern architectural modeling teaching.

Keywords：Unconscious，Geometry，Research on Modern Architectural Modeling，Teaching Thinking

中央高校基本科研业务费专项资金资助（Supported by the Fundamental Research Funds for the Central Universities），项目批准号：2022JBW1000。

一、引言

在科技高速发展的今天，新方法、新观念不断涌现，而建筑教学思想和观念的变化显然远远落后于新技术、新材料的发现。在这样的背景下，建筑设计教学体系与时代发展的契合，与行业发展动向的相辅相成，应成为未来建筑设计课程教学的重点。建筑学的未来应由学生跳脱传统的现代主义建筑梁、板、柱与水平垂直空间创作体系，创造符合时代特点的建筑形态。本文基于这一出发点，在建筑设计教学中深入研究了 Jyanzi Kong 著作的《无意识的几何学》，将其独到的见解融汇于课程教学中。Jyanzi Kong 在康奈尔大学、休斯敦大学、蒙大拿州立大学、新加坡国立大学等多所高校任教，基于他多年的教学经验与实践经验，形成了深刻而完备的“无意识的几何学”建筑设计法则。本文将从《无意识的几何学》的哲学思维、设计法则入手，研究建筑造型教学思路，并反思其教学体系，试图为广大建筑教育界的同行们提供一些思考。

二、《无意识的几何学》的研究内容

1. 哲学思维

建筑造型设计不是空洞的空间再造，而是哲学思维在建筑空间层面的展现。Jyanzi Kong 依据现实与哲学渊源，思考建筑造型内在的哲学思想，丰富了建筑形态创造语言。

（1）现实依据

《无意识的几何学》的思考源自对殖民地建筑风格的反思。殖民过程使本土文化在发展过程中逐渐湮没，取而代之的是统一的欧洲文化，而殖民地景观模仿建构中相应的工具便是建筑。欧洲古典主义建筑在印度群岛成为基督教建筑，建筑丧失了其内在形式、功能、文化的表达，单纯模仿西方建筑形式，成为表达权威的副产品。反思殖民时期的建筑生产背景，其城市发展也带有一种模仿的劣根性。后殖民时期，殖民地也试图探究建筑的非殖民化，将现代建筑作为经济生产力的一种工具。实际上，这种规范化的、不被质疑的现代建筑以其通用技术和仪器生产的直接应用创造了抽象的、贫瘠的、缺乏文化价值的环境。在建筑造型教学中对模仿的态度并不排斥，但是这种模仿不应是单纯的照搬照抄，失去自身创造力的抄袭，学生也应该在模仿的过程中进一步探索、剖析、转换、反映现实，来创造建筑的深层含义。如今数字时代已经来临，现代主义的建筑创造应融入不同的创作思维，包括“几何无意识”的思想，来顺应时代的发展需求。

（2）哲学渊源

这种无意识的几何建造思维源自对意识、思维、行动的哲学理解。在现代主义建筑生产过程中，亚里士多德的“点、线、面”模式占主导地位，创造了理性的建筑空间。而笛卡尔的“我思故我在”思想，更多地展现了感性思维的重要性。无意识的几何学建造思维就是在这种感性的思维引导下，包括感知、思维与行动三个步骤，是历史文化在空间上的表现过程，蕴含着历史性的异构观。这也与朱熹的理气论、王阳明的“知行合一”异曲同工，两者都蕴含着对抽象的事物运用可感知的方式来传达其意识，化无形于有形，将不可见的意识与可见形体结合为一体。无意识的几何学就是将客观实体的抽象属性进行感知，利用主观能动性对建筑形体进行变形，从感知到规划，以形成自己的空间语言。

2. 无意识几何学的设计法则

根据对其现实依据、哲学渊源的解读，结合 Jyanzi Kong 的表述，可以更好地理解建筑造型设计的新的设计法则——无意识的几何学。无意识几何学的设计法则运用仿生学的方式，将设计者意识深处的文化、思想灵活运用于处理实体与虚体的连接关系，如同无线网络般将思维由实转虚，由虚转实，将虚无的意识熔铸于几何学的构架，对建筑形态实现再创造、再解构、再组织。著名的解构主义建筑师扎哈·哈迪德、弗兰克·盖里的建筑作品也体现了这种无意识几何学的设计思想。这种无意识几何学的设计法则也更适合未来信息时代人们新的空间感知方式，适应人们生活方式的改变。据此，未来建筑学教学体系中应更注重对学生创造力的培养，运用符合未来时代发展的设计法则，跳脱对模仿的依赖，打破传统建筑的梁、板、柱模式，实现建筑形态设计的革命性变化。

（1）无意识的空间形态

无意识的建筑空间形态应重点理解“无意识”与“有意识”的区别。现代主义建筑作为生产产品，支撑着社会经济的发展，其功能性被无限放大，刻意地迎合生产需求。而随着社会的发展，人们对抽象审美的偏好愈发明显，呆板教条的建筑空间形态已不符合现代人的需求，设计抽象、新颖且赋予深刻思考的建筑空间应成为未来建筑学的方向。传统的现代主义建筑的空间组织往往是直角的，和曲折而不定形的洞穴空间、流动的石笋和钟乳石相对，这种有机、流动的空间使建筑从笛卡尔坐标系中解放出来。无意识的空间形态教学理念也体现在著名的苏联建筑教育学家拉多夫斯基的教学模式上，他强调通过知觉来感受空间与形状，鼓励学生自己去创造新生艺术元素，不受既定风格的限制，将建筑艺术凌驾于赤裸的工程设计之上（图 1）。建筑的几何学与无意识的创作形式结合，在设计过程中非意识和意识的双重功能交互，从而促使学生脱离传统几何形体的限制，建构一种基于结构、模式、比例、形式和文化的建造空间，实现学生自由的空间表现，是无意识几何学设计法则的主要主张。

图 1　拉多夫斯基的构图训练

（2）仿生学的结构

无意识几何学的建筑空间形态生成需要仿生学的方式来创作，将无意识的思维融入建筑实体中。这种仿生学不是对事物纯粹的模仿，而是将机械运动的动能、自然事物的生命力这种内在属性以建筑空间的形式来表达，对事物的无实体意识加以模仿、再造。苏俄前卫艺术家切尔尼科夫的机械主义思想中，也有类似的想法。他提出了将机械的“动势”引入建筑之中，将浪漫主义与机械主义相结合，实现了机械构造原理在建筑空间的再塑（图 2）。这种仿生结构也见于卡拉特拉瓦的仿生建筑中，他不是直接模仿生物体的样式，更多地是以理性的几何眼光去分析结构原理，发展新的建筑结构形式。在这种理念下，学生在课堂中应广泛思考信息时代的事物特征，运用仿生学的构建结构，培养对空间的感知以及抽象能力和创造力，设计符合未来信息时代的建筑。

（3）文化的传承

殖民时期对建筑的模仿、伪造，使建筑成为权威的附庸品，单调而空洞。而在现代发展中，具有文化底蕴、情感寄托的建筑才能引发人们的共鸣。建筑承载了历史、文化、情感，对建筑学学生的要求不仅仅是对建造技术的掌握，而是全面掌握人文历史的发展。在“形态”“空间”“色彩”的造型艺术教学体系下，培养学生对本土历史文化的挖掘，这不仅是建筑学，也是城市规划专业学生的必修课。

三、教学思路

无意识几何学的设计法则落实到建筑创作中，需要遵循观察、实践、思考“三位一体”的步骤。在现代建筑造型课程教学中，也需要在以下三方面进行重点培养。

1. 创新思维的探究

建筑造型设计是一个应用探究型的学科，需要时刻贴近时代发展需求，创新建筑设计思维，是建筑造型教学中必不可少的一部分。刻板教条的设计思维不再适应时代发展需求，鼓励学生对社会文化环境、客观事物的自然属性进行观察，落实到建筑形体创造中，在创作过程中思考其与时代发展的契合。在我国传统建筑学教学课程中，侧重于对学生绘图能力的培养，大量重复性的手绘练习限制了学生创造思维的活跃性，建筑设计课程中创新思维的成果表达难以实现，这些都对学生创新设计思维的培养造成了阻碍。创造设计思维培养对于建筑学专业学生的综合能力提升是十分重要的，这种培养应贯穿于大学教育的各个阶段，渗透到各门设计类课程中。在民族精神、时代精神视角下，培养学生的现代设计思维和抽象设计能力，在不受拘束的教学氛围下，充分发挥学生的主观创造性，有利于激发学生创作设计的热情。

（1）建筑设计哲学的探究

无意识几何学的设计法则是 Jyanzi Kong 根据哲学思想逐步形成的，将无形的哲学思想与有形

图 2　切尔尼科夫的构成训练

的建筑几何形体结合，利用主观能动性对建筑造型进行设计，以形成自己的空间语言。在以往的建筑设计课程中，对哲学的研究并不重视，对建筑理论的研究也不是最主要的部分，但是哲学的研究可贯穿于设计的全过程，利用哲学思维实现无形到有形的转变，再通过建筑形体再塑，以表达哲学的思考。

（2）多学科交叉训练

早在古罗马建筑师维特鲁威的《建筑十书》中，就提出了对建筑学科与多学科交叉的要求。在书中，他强调建筑师除了掌握绘图技巧以外，还应通晓包括几何、音乐、历史、哲学等在内的多学科知识。呼捷玛斯、包豪斯的建筑教育体系也非常注重艺术水平的培养。《无意识的几何学》从"我思故我在"的哲学思维出发，探究了几何形体与无意识思维的交叉关系，在建筑造型课堂中，应鼓励学生将多学科知识融汇于建筑设计中，在文字、音律、历史、哲学中探究新的建筑表达形式，利用多学科知识培养创新思维。

（3）开放性课题的训练

在设计课程中，通过将一些传统单一型题目转化为多目标的开放性课题，在训练基本必要的设计表现技法的同时，适当加入一些创造性训练的小内容，并且突破以往在教室内完成的、点线面的抽象形式构成训练模式，将课题的设置与校园生活相结合，让学生走入实际的生活场景中去观察、发现、思考，并将课堂上学到的知识运用到解决实际问题。这种开放性的练习方式，有助于发散学生的设计思维，利于建筑设计成果的创新。

2. 建筑造型的再塑

在创新设计思维的引导下，训练学生对建筑空间的认知与再塑，将思维以建筑空间的形式加以表达，这是设计课程教学的重点。目前建筑学教学体系中包括住宅建筑、教育建筑、商业建筑的设计课程，其中以功能布局、流线组织、结构设计为主要内容，而对其造型设计的教学往往出现一概而论或者含糊不清的问题，需要学生自身通过大量的积累或创新进行设计。结合无意识几何学的研究内容，将现代建筑造型语言结合无意识的思考与几何形体的再组织，深层次挖掘自然界中的力量与运动，将其作为现代建筑造型设计概念的出发点。重视建筑几何形体的再塑，在教学中以创新思维提高学生的艺术审美水平。

（1）抽象形态构成训练

无意识的几何学是对抽象建筑形体的设计法则，训练学生对抽象形体的构成，从简单的几何形体出发，融合仿生学方法，设计抽象的建筑造型。相比具象的建筑空间表达，抽象的建筑形体训练是更为深化的对空间的训练，要求学生有较好的抽象能力，来获得符合美学特征的空间构成图案。在创新思维的引导下，让学生对实际生活中的实体，比如熟悉的自然事物或建筑构件等进行观察，并将其内在的属性加以抽象、变化，使之成为某种典型意义或具有某种象征性的符号，包括立方体、三棱锥、圆柱体、圆锥体等基础几何形体，并在建筑作品中加以运用，从而赋予建筑不同的色彩。在课堂中，带领学生对具体事物进行构件的解构，考察机械运动中的动势，对其进行解构描述，利用抽象构成来概括。这一训练是要让学生摆脱传统的具象思维，培养他们对复杂事物的提炼和概括能力，以帮助他们接下来能够对更复杂的建筑进行抽象。（图 3~ 图 5）

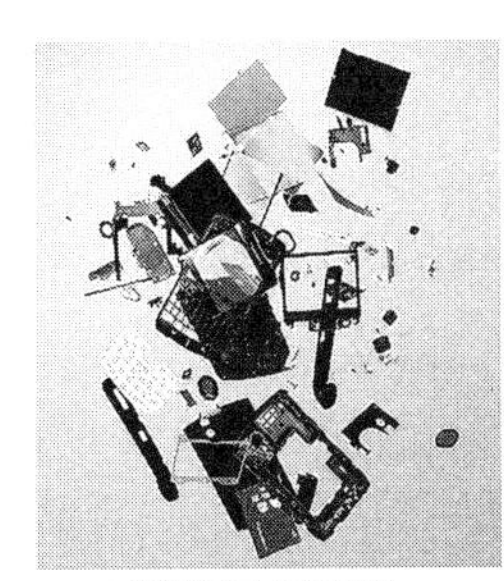
手机被摔碎时的高速摄影

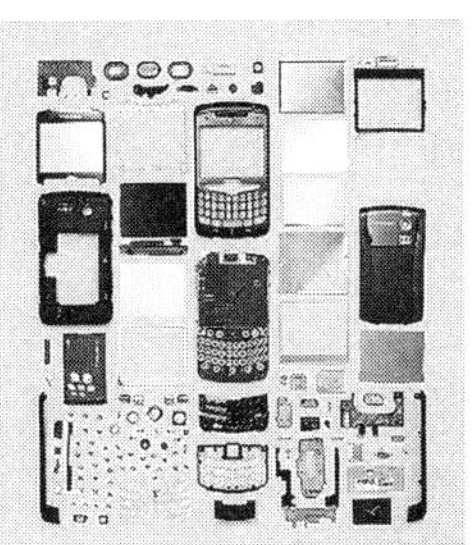
完全被拆开的手机各种零件排列

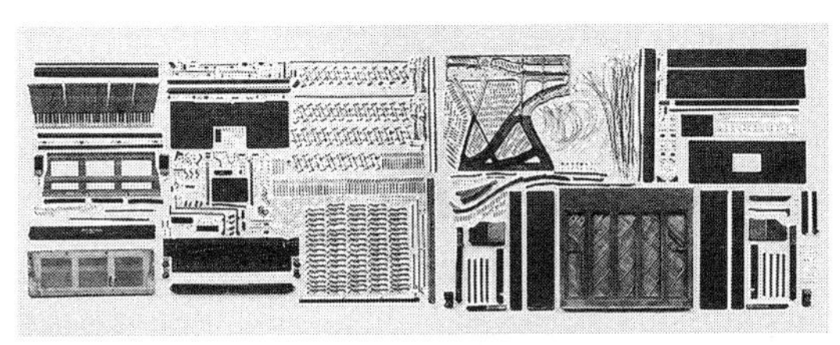
完全被拆开的家具各种零件排列

割草机被摔碎时的高速摄影

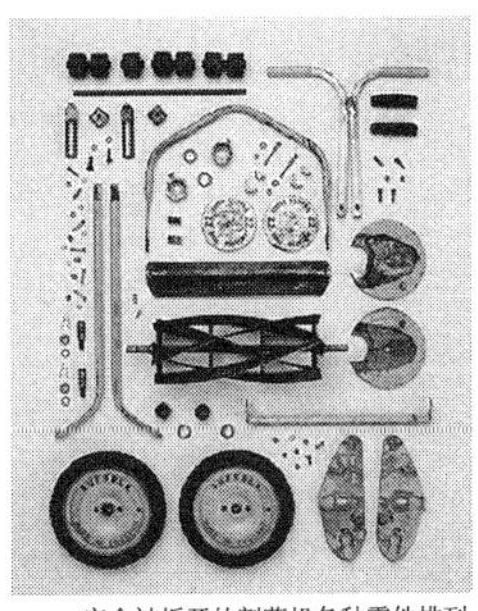
完全被拆开的割草机各种零件排列

完全被拆开的汽车各种零件排列

图 3　解构训练

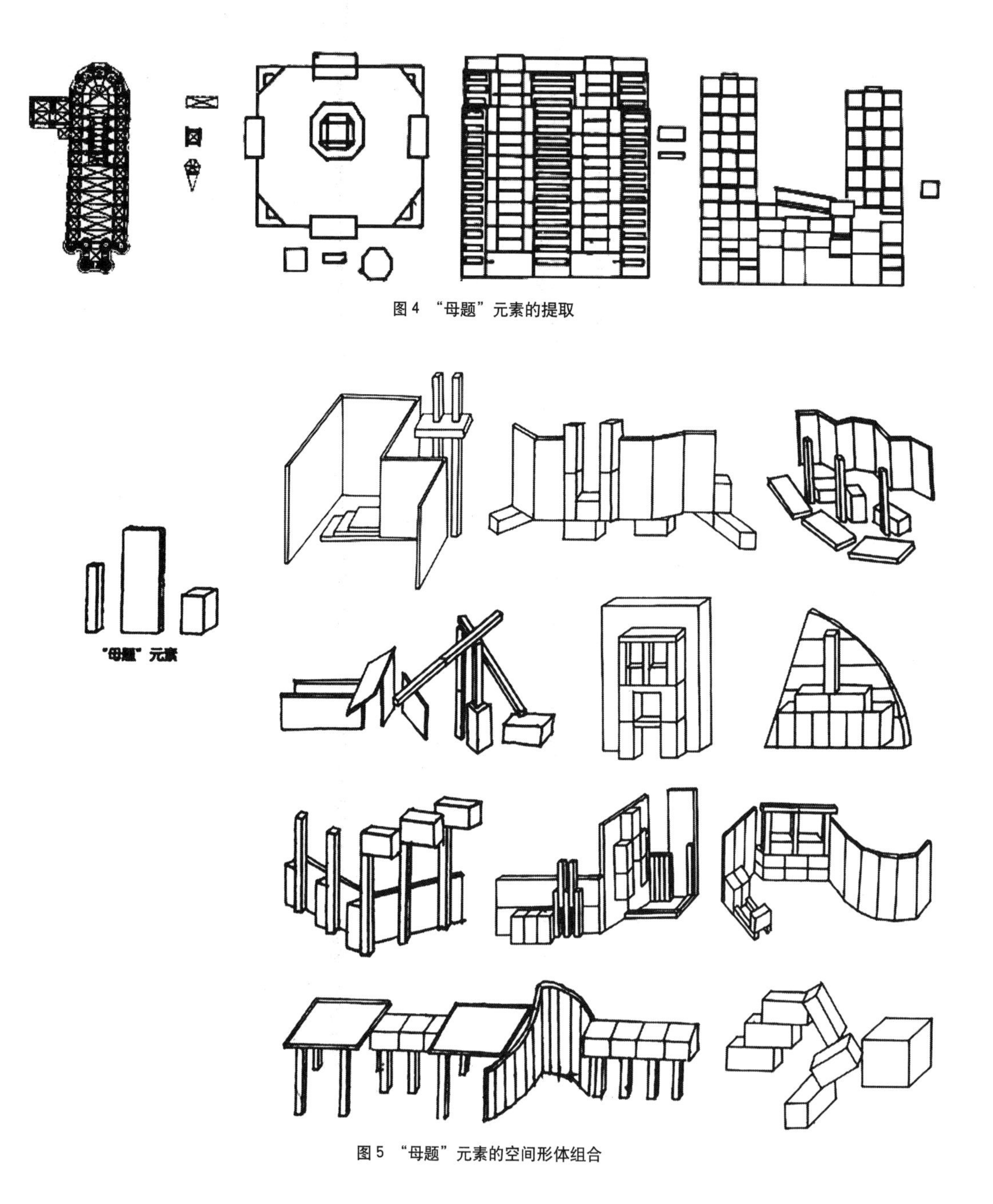

图 4 “母题”元素的提取

图 5 “母题”元素的空间形体组合

（2）空间造型构成训练

立体空间构成是研究立体造型各元素的构成法则，其任务是揭示立体造型的基本规律，阐明立体设计的基本原理。将之前所学到的空间构成基本元素依据个人的抽象理解和美学认知运用到空间形体的自由组合中，将无意识几何学的设计思维融入建筑空间构成中，利用仿生学方式将抽象构件进行再组织，进一步训练学生对空间韵律的认知。将基本几何形体重新组织，利用仿生学的方式，将机械运动的动能、自然事物的生命力这种内在属性以建筑空间的形式来表达，将事物的无实体意识加以模仿、再造，是这一训练的主要目的。在课程中，利用剪纸的方式对空间造型进行变化，通过单一形态、交叉形体、半球体空间的构成训练，以及以“统一中的变化”“曲线重复”为目标的建筑转角训练，探求不同形态的空间韵律感，将自然界的动势以虚实相生的形体组合展现出来。这一训练要求学生具有精湛的技艺与丰沛的空间感知经验。（图 6~ 图 10）

（3）色彩与空间构成训练

在建筑设计教学中，色彩构成也是一项基本的教学内容。建筑造型设计离不开色彩的构成，在教学中增强学生对色彩的敏感度和对艺术作品的欣赏能力，这对建筑设计有很大的好处。通过对抽象绘画作品的分析，感悟绘画空间色彩的实质，并以此将表面的二维空间图像衍生出三维的实质空间模型，来建立抽象绘画与空间构成和现代建筑设计的关系，培养学生对色彩的空间感认知和创新思维，并通过对建筑大师作品中色彩、材料和形态语言的分析，体会其中色彩所体现的创作手法和创作意图。著名建筑师扎哈·哈迪德和丹尼尔·里伯斯金的建筑也曾深受现代抽象绘

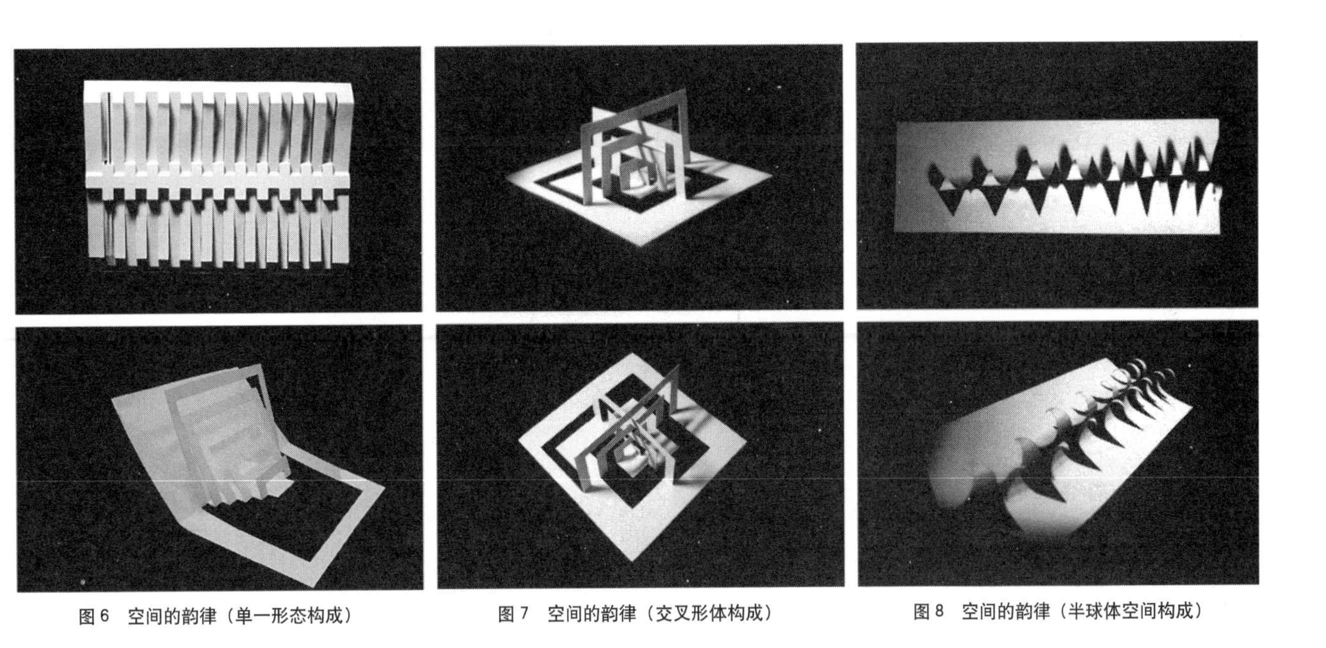

图 6　空间的韵律（单一形态构成）　图 7　空间的韵律（交叉形体构成）　图 8　空间的韵律（半球体空间构成）

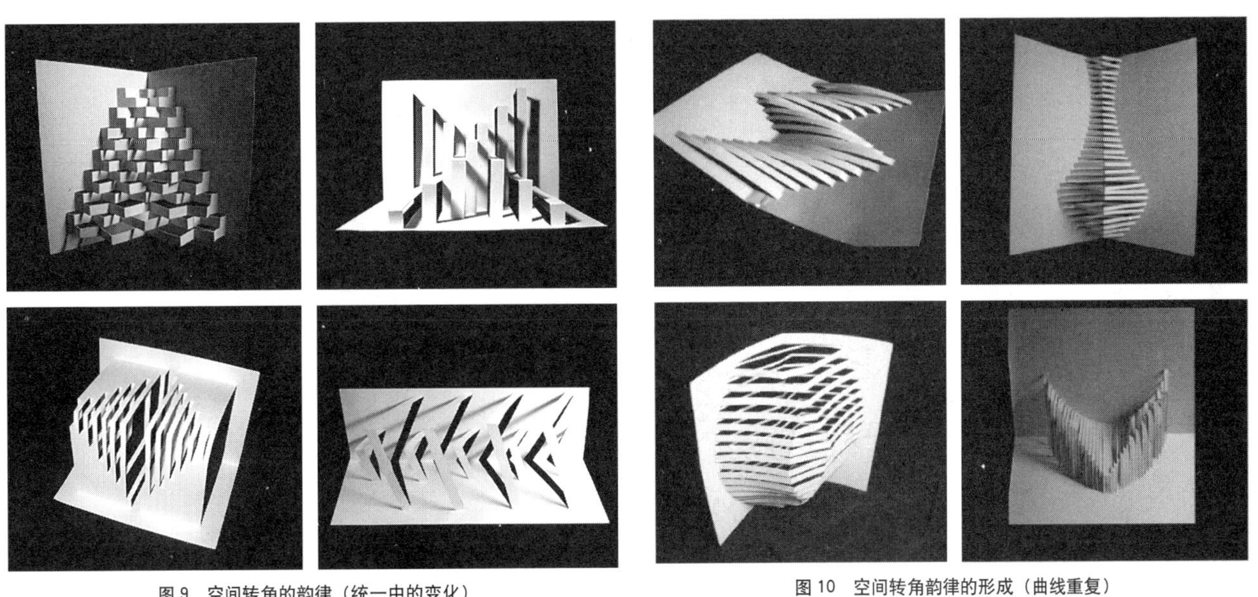

图 9　空间转角的韵律（统一中的变化）　图 10　空间转角韵律的形成（曲线重复）

画作品的影响，他们从抽象绘画中汲取设计灵感，通过多角度、多视点来进行重构，以此表现一种动态的三维空间。我们身边的物体也是各种色彩的集成。一些物品经过设计师的色彩和造型设计而集成在一起，如果将它们拆卸开来，按照一定的逻辑摆放出来，则可获得与抽象构成同等的艺术美与形式美。将抽象色彩与建筑空间关系的相关性和分析方法作为一项建筑学基础教学内容，建立起一套现代艺术理念的建筑教育教学体系，这样的教学创新与尝试具有与时俱进的现实意义。（图 11）

3. 反思传统建筑设计

对传统建筑进行反思，反思传统的建筑设计体系，在反思中寻求进步。在信息时代，人们的生活体验、空间感知方式发生了巨大的变化，人们生活方式的转变促使建筑设计思维的重大转变。在课堂中，鼓励学生的批判意识，在批判与反思中探究未来建筑设计的方向。

（1）反思传统建筑与文化传承

殖民化过程使本土的建筑文化逐渐湮灭，殖民地景观呈现出对外来文化刻意的推崇，建筑文化丧失独特性，变得千篇一律，成为权威的附庸。在经济全球化的今天，由玻璃幕墙组成的高楼大厦一幢幢建设起来，城市中心也变得毫无特色。反思建筑文化的传承与城市风貌的营造，在建筑设计课程中，应注重引导学生对本土建筑文化元素的利用，使用不同风格元素进行构成训练，将其体现在自己的建筑设计作品中。（图 12）

（2）反思传统建筑的梁板柱体系

传统的现代主义建筑是依赖梁、板、柱在水平、竖直的笛卡尔坐标系中进行设计的，由此设计的建筑在本质上是相同的。然而在思维创新、技术高速发展的今天，几何形体可以突破一切限制，建设无意识的几何形体。在教学中，可以推翻原

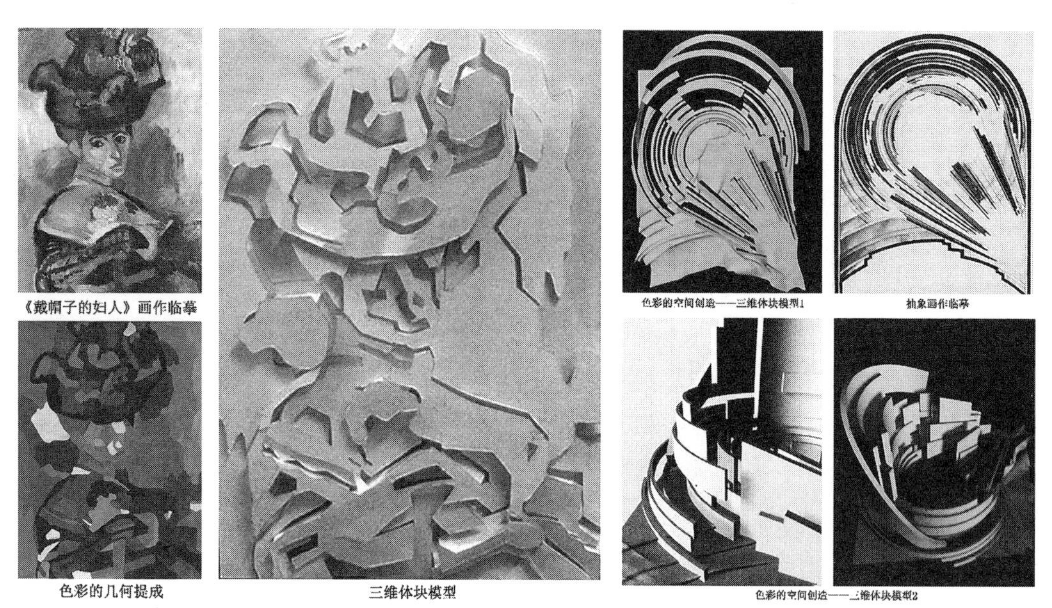

图 11　抽象画作与空间构成训练

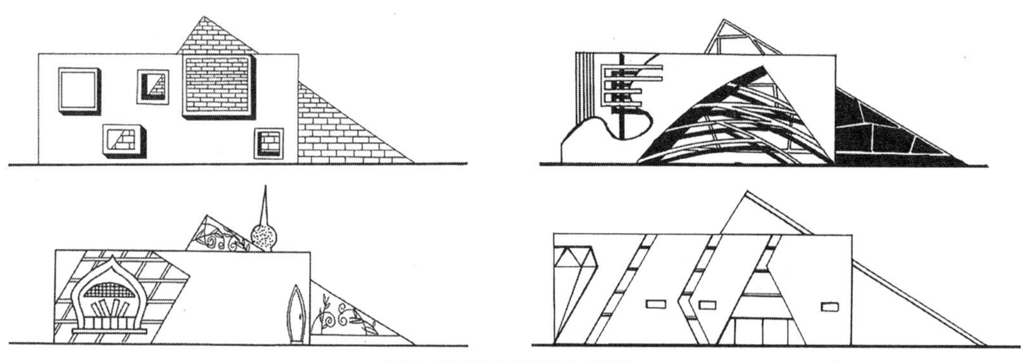

图 12　使用风格元素的构成训练

本的梁、板、柱体系，弱化三者的界限，将三者功能相互转化、相互融合，赋予三者新的存在意义，创造新的空间组织形式。例如伊东丰雄设计的仙台媒体中心，以其“纯净的无梁板楼”打破了框架建筑的均质性，呈现出了新建筑该有的样子。新材料、新技术的研发为新建筑提供了技术支撑，在课程中，不但应鼓励学生勇于打破传统、勇于创新，也应掌握现代建筑材料、技术的发展情况。

（3）反思传统建筑与时代的发展

时代的发展给生活的方方面面带来了变化，信息时代改变了人们的生活方式，也改变了人们对空间的感知方式。当今社会科学技术高速发展，随着 3D 打印技术、智能装配式建筑技术、虚拟现实空间技术的发展，新材料、新技术凶猛地冲击着国内建筑设计市场。5G 信号、无线网络、VR 虚拟技术等无法触摸的信息传输方式也对建筑设计与城市风貌带来了变化。建筑中新技术的应用层出不穷，建筑设计思维也应体现与现代科技的融合。在教学中，鼓励学生利用新材料、新技术参与模型制作过程，通过新技术融合促进创新思维生成。反思传统建筑建设的时代背景，与现代的时代发展已出现了巨大的鸿沟，无意识的设计思维将为未来建筑设计带来巨大的变化。在教学中，训练建筑设计与时代发展的结合，感知信息时代的无意识思维，有助于提高学生的抽象概括能力。

四、对建筑教学体系的反思

建筑造型设计的教学是一个涵盖多方面内容的课程，包括建筑、绘画、机械、哲学、历史等方面知识。通过在课堂中对《无意识的几何学》的解读，对建筑造型设计提出新的教学理念，并体现在现代建筑造型设计课程中。通过多年的课程教学，积累并反思现代建筑造型设计教学的内容与体系，对无意识几何学的教学体系进行以下归纳总结，以反思未来建筑教学体系的设置。

首先，结合《无意识的几何学》的设计法则，培养学生的创新设计思维，鼓励学生探究建筑设计的哲学思维，通过多学科知识的交叉训练，促进学生在设计过程中的思考，通过开放性课题带动学生设计的创造性。

其次，在思维创新的基础上，引导学生对空间进行解构，在建筑造型中实现形态、空间、色彩的复杂融合，形成几何无意识。利用仿生学的方式，指导学生对抽象形态进行解构，实现建筑空间的转化。引导学生在模型实践中不断探索新的建筑形体，将这种无意识的抽象感知与建筑空间结合起来。同时，训练学生对抽象绘画作品的赏析与再塑，提高色彩审美与空间再塑能力。在这个过程中有助于建立与建筑设计的直观联系，同时也有助于积累设计素材。

最后，引导学生在设计创作之余，加强对传统建筑设计的反思，培养批判意识，反思建筑设计中的文化传承、梁板柱结构体系与时代发展，在反思中进步。

通过这三方面的教学，将无意识几何学的设计法则融汇于教学内容中，培养学生的创新设计思维，提高建筑造型设计能力与水平，思考未来建筑的设计方向，培养未来时代需要的建筑人。

参考文献

[1] Jyanzi Kong. 无意识的几何学 [M]. Page One 出版私人公司，2011.

[2] 韩林飞，[俄] 耶·斯·普鲁宁，[意] 毛里齐奥·梅里吉．建筑造型基础训练丛书第一分册——形态构成训练 [M]. 北京：中国建筑工业出版社，2015.

[3] 韩林飞．建筑造型基础训练丛书第二分册——空间构成训练 [M]. 北京：中国建筑工业出版社，2015.

[4] 韩林飞．建筑造型基础训练丛书第三分册——色彩构成训练 [M]. 北京：中国建筑工业出版社，2015.

图片来源

本文图片均为作者自绘、自摄

作者：韩林飞，北京交通大学建筑与艺术学院教授、博导；肖春瑶，北京交通大学建筑与艺术学院硕士研究生

“任务书设计”环节在建筑入门教学阶段的应用

杨希　张力智

Application of “Assignment Design” in the Introduction Teaching Stage of Architecture Design

■ **摘要**：基于当代设计实践对“自命题”思维能力的要求以及既往教学的经验反馈，针对建筑学专业大一年级“经典建筑作品分析与再现”课程模块与“空间与环境”课程模块，引入“任务书设计”训练环节，引导学生基于客观环境约束自主性地建立设计价值评判标准，从而激发学生的场地理性与设计个性。

■ **关键词**：建筑设计入门；任务书设计；环境理性；开放设计价值观

Abstract: Based on the requirements of the "independent proposition" thinking ability in contemporary design practice and previous teaching experience, the step of "Assignment Design" has been introduced in the freshman design course of "Analysis and Reconstruction of Classical Architectural Works" and "space and environment". The supplement provides guidance for students to independently establish value evaluation criteria of design based on the objective environment constraints, so as to stimulates students' environmental rationality and personality in design.

Keywords: Introduction to Architectural Design; Assignment Design; Environmental Rationality; Open Design Values

一、“任务书”设计植入的背景与意义

设计思维与解题思维是两种不同的思维方式，建筑学大一新生对于学科的适应过程，实际是思维的转换过程。如何辅助学生完成思维的转换，实为建筑专业入门教学的一项核心任务。设计思维与解题思维的区别是什么？不妨从设计实践中探寻。在很多情况下，设计委托方对自己的需求并不明确，只是有一个模糊的意愿或几种简单的功能设想，因而设计师所接受的项目未被冠以有效的命题，设计工作几乎要在无明确任务的条件下开展。此时，设计师需要先“设问”，然后才能“求解”，而提出一个“好问题”等于选择了一个有较大潜在价值

哈尔滨工业大学（深圳）本科课程建设专项基金（HITSZERP19005），国家自然科学基金（51908160）

的设计方向，因此比解决一个问题更加重要。因此，设计“任务书”这项工作通常被纳入整体设计流程之中，甚至成为关键性的工作。由此可知，设计思维与解题思维的重要区别在于，设计思维还包含了自命题思维。那么，如何完成设计的自命题？这不仅是一个由因素推导主要矛盾，进而化解问题的逻辑自洽的工作，更是一项对空间价值乃至其背后社会价值、环境价值进行判断、权衡、取舍的工作，从而展现了设计行为本身的复杂性。基于场地个性以某价值出发点进行设计命题的思维能力，成为建筑设计师在实践中需要具备的基本素养。

传统的低年级建筑设计教学常常将成形的设计任务书直接下发给学生，这种教学方式容易误导学生产生一种错觉，似乎只要做出的设计面积达到标准且满足功能要求，就是一个不“错”的设计，而并没有意识到任务书的局限性。由这种错觉出发，学生不易深刻理解场地调研的价值与意义，其场地调查仅仅是印证一下任务书中所述场地的视觉现状，不愿去查找空间形态与场地历史资料，疏于校核图纸数据以及进行社会调查，往往将场地调研这一设计前序工作视作程式化的步骤，根据任务书展开“满足要求”式的设计练习，并未意识到达到任务书要求的设计仅仅触及“及格”线而已。教师给定了任务书，或许其初始意愿是简化设计问题，降低入门难度，但在后续设计进程中，学生因缺乏设问以及信息提炼的关键训练环节，以至于对设计更觉茫然而无从下手。

哈尔滨工业大学（深圳）建筑学院从 2018 年开始招收本科生，在进行一年级课程组织与设计课程建设的过程中，我们一直在思考关于“入门”教育的方法问题。既往的设计实践需求和课程教学经验揭示了培养学生自命题能力的重要性，因此我们认为有必要将“任务书设计”作为重要环节纳入教学活动之中。此外，社会开放度较高、紧追时代前沿、多元价值兼容并包且就业出口较宽的城市，给予学生一个宽松的环境来进行思维拓展，鼓励其追踪时代发展提出个性化的空间价值观点。在这一背景下，任务书设计环节的引入，实际上为学生提供了一个实现开放价值设问的机会。

基于此，我们以大一年级“经典建筑作品分析与再现”和“空间与环境”这两个具有思维过渡性和知识总结性的教学模块为试验对象，通过不同形式、不同要求的任务书设计环节的置入，来激发学生设计思维的萌芽。

二、教学改革方案

哈尔滨工业大学（深圳）建筑学本科一年级设计课程细化为五个教学模块，其中秋季学期最后的“经典建筑分析与再现”模块、春季学期最后的“空间与环境”模块，是继基础技能训练模块之后的专注于培养设计思维的模块（图 1）。前者为案例解读与创造性表达，偏重解析，意在将三维空间形态思维引导至多维度的建筑设计思维；后者为联系城市环境的设计全过程实操演练，偏重设计创意，意在将建筑设计思维引导至场所设计思维。作为两个学期各自的收束性课程和思维进阶过渡性课程模块，两者在命题与作业要求中有相似的理念：首先，训练内容多维度，从建筑与环境的关系、人群的空间行为，到建筑造型、内部空间、色彩材质，均纳入解析 / 设计的内容之中；其次，解析 / 设计过程体验较为全面，注重学生设计思维的自主建构。

在现实设计实践中，设计决策的依据通常可以分为两个方面：客观环境约束方面与主观价值判断方面。客观约束方面为场地条件对设计的各

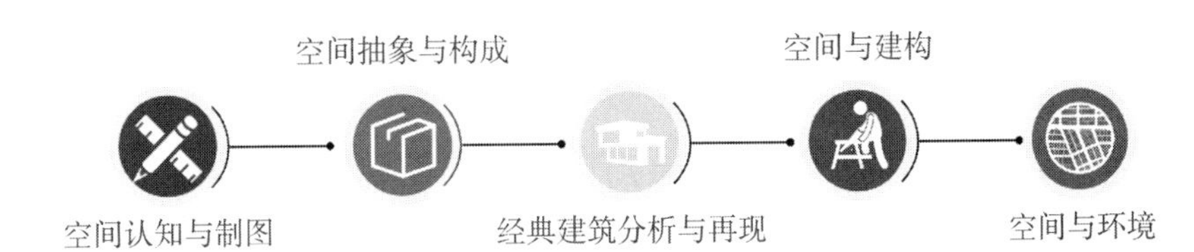

目标	课程单元	课时安排		知识与技能			
				知识点	制图技能	表现技能	模型技能
何为空间	空间认知与制图	秋季学期	4周	空间认知 人体尺度	建筑技术性制图	正投影表现	
	空间抽象与构成		4周	空间操作 形式逻辑		轴测表现 透视表现	抽象空间模型
何为建筑	经典建筑分析与再现		7周	环境 功能 流线 光影	建筑关系分析图	水墨渲染 拼贴表现	建筑模型
	空间与建构	春季学期	5周	形式 材料 结构 节点	建筑细部制图		实体搭建
	空间与环境		9周	场地 环境 社会 生活	环境关系分析图	钢笔淡彩	场地模型

图 1　一年级设计课教学模块与培养目标关系

种限制以及带来的各种发展的可能性，主观价值判断方面是综合各种因素后对核心问题的界定。可以说，对客观环境约束的认知差异，以及在主观价值判断上的差异，决定了设计基本概念方向的差异，这也是建筑设计多解性的基础因素。因此，在建筑设计教学中，为从基础源头培养学生的全过程设计思维，需要引导学生进行环境认知，提出核心问题，进而设计个性化的任务书，并在个人设计中实现自定任务书的目标要求。

"经典建筑分析与再现"模块主体内容为经典建筑的空间复原、设计评价与个性化再表现，"空间与环境"模块的主体内容为融入城市环境的小型公共建筑设计。两个设计模块均与设计的背景信息、环境条件紧密相关，是"任务书设计"适合切入的模块。"任务书设计"在两个课程模块中的介入，具有不同的作用（表1）。

"经典建筑分析与再现"模块，不提供真实的任务书，要求学生针对场地环境、社会背景、项目由来、委托方需求等方面广泛收集资料，综合多方信息复原地段图，制定建筑设计任务书，复刻经典建筑设计模型。这一步骤的目的是促使学生掌握作品背后的三方背景信息（设计师理念、立地条件、委托方需求），并确立学生自身对相应课题的设计意向。在后续作品分析与再现过程中，学生将建立学习与批判双向思维，并用个性化概念模型展现个人的思考。

"空间与环境"模块提供一个粗糙的、概括性的基础任务书，提出一个半开放性命题，任务书设计要求为：首先进行场地数据调研，对地段图纸进行完善细化甚至纠误；其次进行环境调研、社会调查与场地分析，提炼设计核心问题；最后结合个人价值判断，基于基础任务书，提出具体的设计命题，细化目标要求，制定个性化设计任务书。这一步骤的目的是促使学生完成"提出问题"这一设计源头过程体验，对场地背景信息进行充分探求与解读，同时融合个人价值观念进行设计判断，进而激发其客观理性与主观能动性，建立科学的设计思维，自主推动设计概念的生成。通过这一训练，学生将发掘场地的多种可能，转变理科背景初学者对"唯一解"的执念，从而自然而然地对于多解性的建筑设计建立价值评判标准，作为其后续设计方案的推进依据。

"任务书设计"环节安插于两个先后进行的教学模块中，有共同的培养目标，但训练各有侧重。两个环节均强调对环境背景信息的关注与尊重，注重环境理性与个性价值的平衡。然而，先期进行的模块更注重分析与理解，学生在这一模块的价值判断需要具有客观理性倾向；后期进行的模块更注重创造，因而学生在这一模块的价值判断允许体现一定的个性认知。

三、课程实操

（一）分析性模块的任务书设计实践

学生通过影像资料与文献调研，制定相应的虚拟建筑设计任务书。从作业呈现来看，各组完成了各项背景调研的规定动作，调查内容包括气候、地理环境与交通信息、历史事件、建筑功能与面积设定，以及委托方的特殊要求等方面。关于项目的实际背景信息方面较难获取具体的资料，因此学生所制定的设计任务书属于综合各项可循资料后的理性推断。除了规定动作，学生在任务书设计过程中亦依据项目背景信息特点，延伸出了不同的设计关注点（图2）。"水之教会"小组关注到该项目戏剧性的"方案移植"由来——由神户海滨幻想工程而提出的研究性模型设计，移植到北海道山地里星野TOMAMU度假村的一块场地。该组学生意识到项目原始方案与场地条件的异质性，在任务书设计中借助这一背景针对水池的设计提出明确的要求。"小筱邸"小组关注到建筑甲方（即住宅使用者）服装设计职业的特殊性及其服装设计风格，进而提出设计中对住宅属性的弱化以及对展示属性的强化要求。"真言宗本福寺水御堂"小组放大了场地文脉的空间尺度，并关注到宗教场所的仪式性内涵。

不同教学模块及其"任务书设计"特点　　表1

教学模块	所在学期	设计性质	训练目标	提供信息基础	调查对象	调查方法	任务书设计要点	任务书设计表达形式
经典建筑分析与再现	大一上（秋）	逆向推理	·掌握全方位背景信息 ·确立个人的设计观点	经典建筑图纸资料	·场地布局信息 ·社会与自然背景环境 ·项目由来 ·委托方需求 ……	·文献调研 ·网络信息调研 ·逆向形态推理	·项目背景 ·地理环境与区位信息 ·场地信息 ·建筑设计要求	·虚拟任务书 ·区位图（可选） ·地段图 ·经典设计复刻模型
空间与环境	大一下（春）	正向创造	·掌握场地信息调查提炼方法 ·提出设计核心问题	基础任务书	·场地布局信息 ·社会与自然背景环境 ·使用需求 ……	·地图信息分析 ·实地调研（测量、观察、访谈）	·场地信息 ·潜在问题与需求 ·主要矛盾问题 ·建筑功能性质定位 ·具体设计要点	·扩展个性化任务书 ·地段修正图

水之教会

水之教会设计任务书

0．项目背景

水之教会最初始作为神户海滨的一个幻想工程，例如修建一座浮在水上的教堂。安藤忠雄本意是想要做一个简单的研究，但是这个想法随着它的发展得到进一步扩张，最后他做了一个大模型。1987年春，水之教会的建议在一次展览中被展出时，星野TOMAMU度假村（北海道）的开发商在到会场进行参观时使用自己的个人财产使其成为现实。

开发商：日本星野集团星野梦缘

设计师：安藤忠雄

1．基本情况

1.1 地理位置

位于日本北海道中央，（142°37 ' 34 " E，43 ° 3 ' 50" N）附近。

1.2 地理条件

本项目位于日本北海道夕张山脉东北部群山环抱之中的一块平地，属温带季风气候。受西北–东南方向季风影响，但季风被山脉阻隔，风力较小，推测全年有东–西方向山谷风。1月 4 – 10 ℃，8月 18 20 ℃，年平均气温 6 – 10 ℃，年降水量 800 – 1200mm，12 月至次年 3 月有积雪，最深达 4 m。植被以落叶乔木（如白桦）和常绿针叶混合林为主，四季分明。

1.3 配套设施（具体场地特征及周边状况见附图）

1.3.1 概况

星野 TOMAMU度假村是日本星野集团旗下的家庭度假村，作为亚洲最佳家庭度假村，集北海道旅游度假精华和一站式家庭服务于一体，春季赏樱花、夏季观云海、秋季览枫叶、冬季玩清雪，还有微笑海滩冲浪、木林之汤温泉等，是北海道度假的不二选择。北海道的最佳旅游季节为冬季，多为日本北海道 N 日游的旅客或滑雪爱好者。

1.3.2 交通到达方式

可沿夕张新得线自驾或坐JR石胜线到TOMAMU Station，星野TOMAMU度假村提供免费 Shuttle Bus 往返酒店和各景点。

1.4 其他

此地块无重要历史背景，故被开发用作度假村。周边地区可能存在矿藏，也可能有相应的环境保护政策，不过对本项目基本无影响。

2．设计要求

①本项目设计应基于神户海滨的幻想工程，要有一定水域面积。

②本项目作为星野梦缘特色教堂之一，主要用作婚礼教堂，同时也要兼备游客接待功能。

③项目占地面积控制在 6000 ㎡（可在 ± 10%内调整）

分区	房间名	房间内部功能及备注	面积（可作调整）
等候区	Waiting Room	婚礼准备（含储物、化妆、更衣功能），游客分流	50㎡
	Lobby		
	Toilet	男女厕各1间，各含1个洗手台和1个坐便	5㎡
后勤区	Store House		15㎡
	Mechanical Room	教堂设备总控	50㎡
	Pit for Pond Water		
礼拜区	Chapel		200㎡
通行区		只供步行	

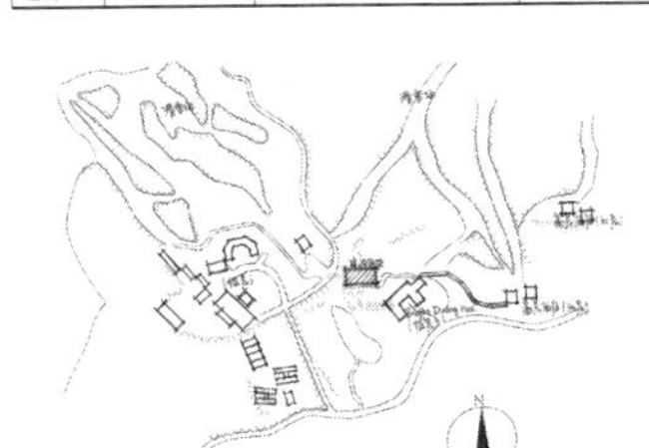

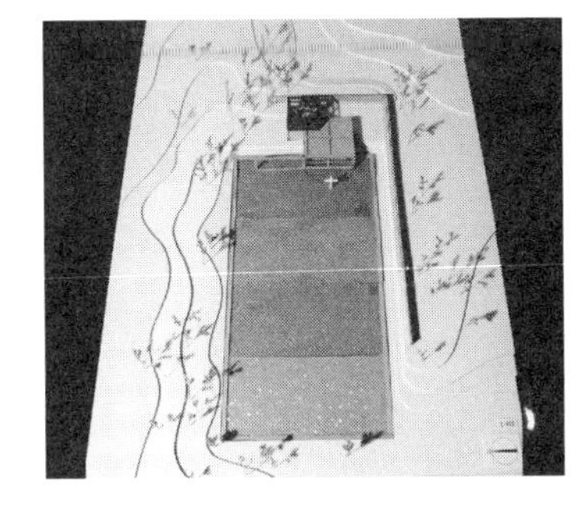

小筱邸

小筱邸设计任务书

一、基本情况

拟在兵库县芦屋市奥池南町的国立公园内（35°17' N，34°46' E）建设住宅一所，用地面积900㎡，层数1 –2层，具体场地特征及周边状况参见地段图。

该住宅分为公共区和私人区．需要6个儿童房，有一定会客空间，建筑面积控制在 280㎡左右（可在 ± 5%内调整）。

二、设计要求

分区	房间名	房间内部功能	面积
公共空间	会客厅		15㎡
	卫生间	坐便1个，蹲位1个，洗手池1个，浴缸1个	按面积自定
私密空间	起居室		30㎡
	餐厅	与厨房相连	9㎡
	厨房	食品加工区、储藏区	5㎡
	卫生间	蹲位1个，洗手池1个，浴缸1个	按面积自定
	书房		15㎡
	卧室		15㎡
	儿童房（6间）		7㎡
交通空间	内部走廊	能通往所有儿童房	按面积自定
	外部走廊	接触到外界环境	按面积自定

注：①卫生间与会客厅分隔开；②儿童房并排在同一空间；③书房、厨房、餐厅无明显分界；④走廊客厅均含有展示功能；⑤客厅有大面积落地窗；⑥书房与卧室在同一空间内

三、扩建部分设计要求

用地面积 120㎡，层数1层，具体场地特征及月边状况参见地段图。建筑面积控制在 115 ㎡左右。

分区	房间名	房间内部功能	面积
工作区	工作室		90㎡
	更衣室		6㎡
	浴室	坐便1个，洗手池1个，浴缸1个	6㎡

注：①工作室需要大面积落地窗；②工作室需要一定展示空间；③与私人区相互连接但不互相打扰；④与原建筑形成整体

水御堂

真言宗本福寺水御堂设计任务书

一、基本情况

在日本淡路市兵库县（34°32' N，134°59' E）新建真言宗本福寺的新大殿，用地面积约为1800㎡，内供奉立佛药师如来，另置入弘法大师坐像，不动明王立像。

二、场地

地址日本淡路市兵库县淡路市浦1310

视线：俯瞰大阪湾

地形：微隆起的丘陵上

交通：从京浦 IC 高速出口开车 10 分钟抵达

三、设计要求

分区	区域功能	面积
主厅、本堂	僧人、信徒参拜	160㎡
僧人宿舍	僧人起居	63㎡
卫生间	女厕：蹲位1个；座位1个 男厕：蹲位1个；小便池2个	10㎡
收纳室	储存杂物	23㎡
经室	僧人念经	12㎡

注：①设计应具有一定的宗教氛围，与本福寺原有的风格相协调；②来访者从旧寺前往新殿；③新殿应体现抽离于日常生活的沉思意义

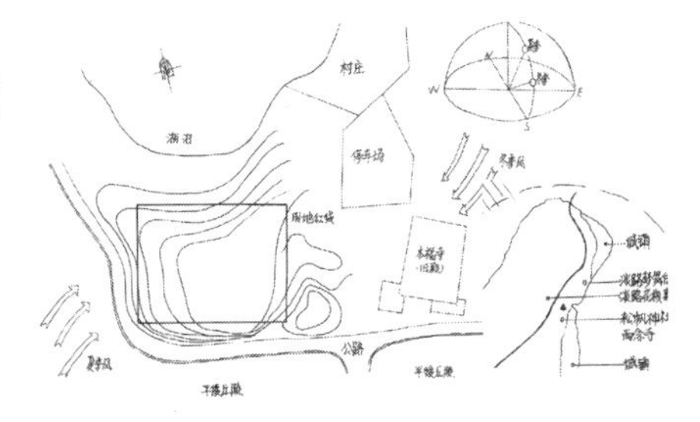

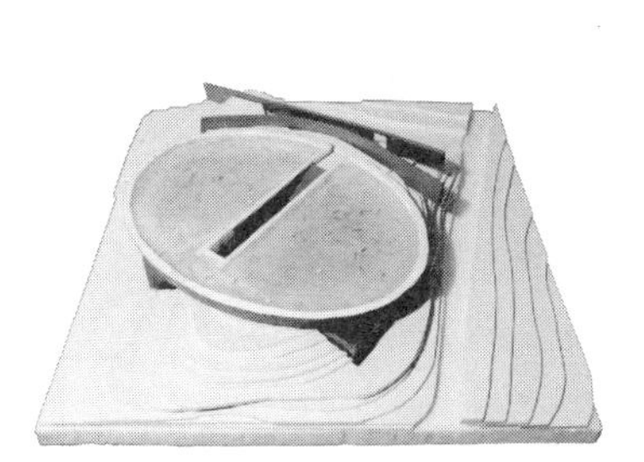

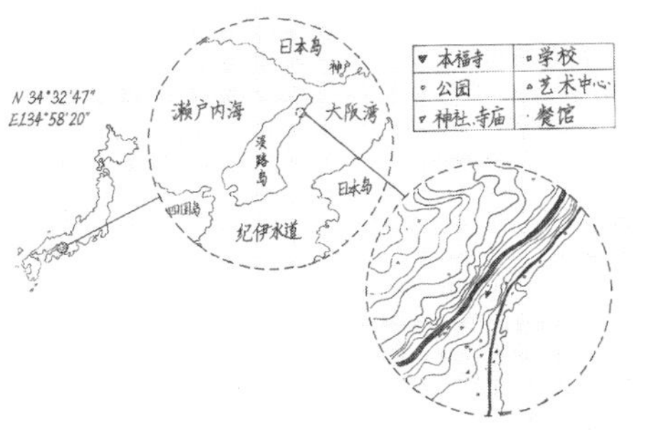

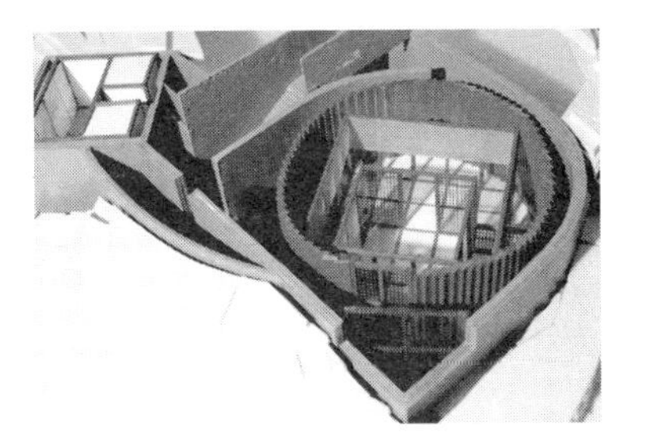

图 2　分析性模块的任务书设计与模型复原

任务书制作激发了学生对场地的原初性思考与态度，而接下来结合设计师技术性图纸的模型复刻过程使学生在拼合建筑的每个细节时都会与个人的原初思考进行对照考量。从图纸到模型的过程是"吃透"设计的过程。这一步的难点在于，复原模型所需的信息量远大于设计图纸，两者的信息差需要学生自主通过各种手段获取，如查找并利用遥感影像、历史照片、游客在旅游网站、论坛或博客中公开的影像，从而训练学生统合资料的能力，解密图纸上不可见的各种细节。在细节的推究中，教师了解学生建模的困惑点，并由此出发对设计的合理性抛出问题，或引导学生自主抛出问题。各小组的问题反馈主要包含立体流线、采光模式、建筑细部三个方面：首先，三个案例所处地段均不平坦，设计师对室内外三维流线的处理较为曲折复杂，其标高设计和不同空间的联通方式所表达的设计意匠为何；其次，三个建筑内的活动内容不同程度地需要空间的神圣性或仪式感，建筑主要朝向与采光形式的设置是否与此相关；最后，建筑局部功能区域与外环境的交通、视线等沟通方式的理由是什么，墙体长度与弧度、台阶上升下沉高度、主要标志物的坐标定位、格栅的缝宽与漏光方向等构造相关细节处理是出于何种目的？深究这些细节层面的问题其实正是品评设计意匠、理解空间背后的价值观念的关键所在。

（二）创造性模块的任务书设计实践

该模块的基础性任务书给定建筑选址——深圳大沙河畔城市社区公园内的一隅，给定一个半开放的建筑功能——公园服务站，给定建筑面积（$150m^2 \pm 10m^2$）。学生根据个人调研成果进行环境分析判断，所制定的个性化任务书表现出以下几方面价值倾向（图 3）。

其一，区位价值取向。这一取向主导的任务书设计主要从中观区域尺度下场地的公共服务需求出发来进行功能定位与任务细化。"尺度"对于城市空间研究的重要性不言而喻，低年级学生对于多层级空间尺度的关注尤为难能可贵。关注"尺度"，意味着其思维没有受限于建筑而真正触及城市环境。学生分析场地周边十分钟步行半径和十分钟车行半径双重范围内用地单位的属性特点，基于该特点对场地内的建筑进行功能定位。进一步由功能定位出发，对场地及其周边环境的链接关系和交通流线相关的细节提出设计要求，形成个性任务书。然后，在设计中选择模块化语言来构造相对丰富的空间，化解单一功能定位与场地环境的矛盾。

其二，服务人群价值取向。由于场地为社区公园的一部分，服务人群复杂多样，学生通过对使用人群访谈调查，生成多龄段使用需求主导的设计价值取向。这一取向主导的任务书主要基于各龄段、各社会角色人群的环境行为特点，根据其目前和潜在的使用需求，赋予待设计建筑以复合性的功能。而在设计实现过程中，学生则倾向采用偏于完形的模式语言，将多功能整合于相对纯粹的空间形态之中。

其三，触媒价值取向。当学生认为场地及其周边多元环境要素的基本导向较为模糊甚至产生一定的矛盾时，他们会冀求通过新形式或功能的置入激发场地新的属性价值，并在一定程度上调和场地内外的矛盾。因此，在进行任务书设计时，他们根据个人经验或推想，引入新的功能，带动新的生活模式，对场地的发展形成愿景，将建筑作为实现愿景的一种介质，基于此规划具体设计任务。在设计实现过程中，倾向运用新颖的形式与技术，对空间以及人群的活动模式形成一种新的导向。

四、实践经验与思考

"任务书"设计的置入首先赋予建筑设计课程较大的开放度和灵活性，学生所萌生的设计出发点囊括了场地属性、人物、事件等多种角度，提出兼具场地理性和设计师个性特点的任务书，进而带动特色化的设计。设计结果的呈现使学生之间、师生之间的互动启发不仅仅停留于建筑造型、空间特色的层面，更在于设计原点的思想方法与价值取向层面。我们鼓励学生跳出专业价值、跳出建筑原创者的时代视野，关注建筑在更广泛的自然社会环境网络中的作用价值。

其次，"任务书"设计的过程将需要意会的玄妙的"设计感"和"理论"转化为可理解、可实操的思想方法。通过教学反馈发现，学生通过这一训练，更容易理解建筑设计的基本逻辑，自主产生贴近于经典设计甚至前沿设计的设计概念，初步建立个性化的设计评价标准。更进一步，学生通过评图交流打破其唯一解的惯性思维，在展示个人特色、建立设计自信感的同时，发现并认知建筑设计的多种可能性，兼收并蓄多重价值观念。

然而我们发现，一年级学生的专业知识盲区较为明显，其任务书的价值取向较少涉及环境生态层面、交通系统层面、空间历史层面等偏于宏观的问题层面。即便其关注到这些层面的问题，在具体空间设计环节也难以基于有效的技术手段来推进方案。在后续教学中，我们会在多元价值层面上做出更多的开放性引导，并引入更多研究背景的教师对课程予以技术支撑。

区位价值取向

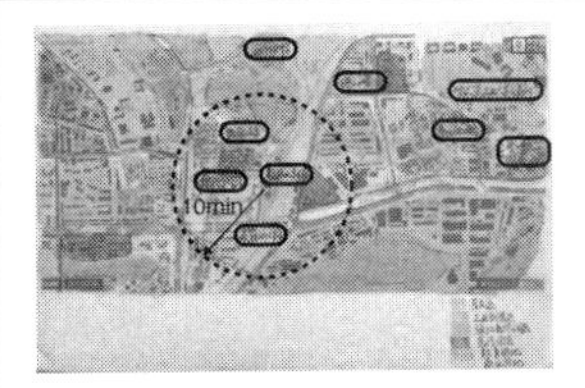

周边教育资源与场地功能定位

步行十分钟区域内有多个教育用地单位，包括福华学校、西丽小学、全品幼儿园以及众冠幼儿园。驱车十分钟范围内也有多个幼儿园、中小学，以及哈工深-清北研究院共同组成的大学城。周围区域有大量需要汲取知识养分的青少年，而文娱教育场所较少，仅九祥岭居民区内有一家老旧的小书屋，以及大沙河对面的南山图书馆桃源分馆。

需要一家环境舒适，运营精心，设计合宜的集多功能为一体的书吧。

交通问题与设计要求

设计地段的交通较为便利，地段西南侧为城市主干道，两侧有较多机动车及自行车停车位。但所设计场地与园外交通隔离，离最近的公园西北门仍有一段距离，因而公园人流较少至此地，这使得设计地段成为亟待激活的沉睡空间。

将场地与福华学校相连一端打开，传达出对学生欢迎的态势，同时通过合理的铺装实现公园内外的自然过渡和人群分流。

植被状态与设计要求

目前场地内乔木分散分布，品质不一，尽量将现状树就地融于建筑设计之中，对其尽量予以保留。

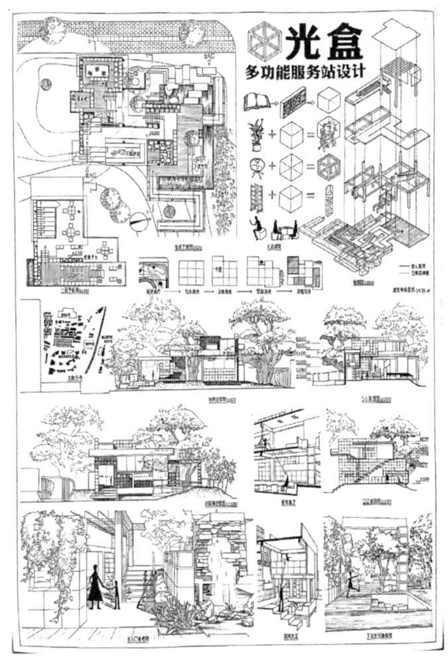

服务人群价值取向

空间使用人群特点

周中

早晨——少上班青壮人群；有中老年人晨跑和晨练；少年儿童较少；有老年人/妈妈携婴幼儿玩

中午——福华学校学生玩乐、吃午饭

下午——以西丽幼儿园放学的儿童居多；有老人坐在树下聊天

周末

儿童游乐区人群较为密集；会有老年人在树底下聊天或听收音机

设计需求

尽量开放建筑使用空间
利用建筑架空空间
丰富游乐设施品类，维持空间使用秩序
丰富老年人活动、游憩、避雨设施
容纳急救、失物招领、外卖存放等功能
“分组可见”带来趣味性，转身发现“你也在这里”
与相邻建筑形态呼应
与场地树木良好结合

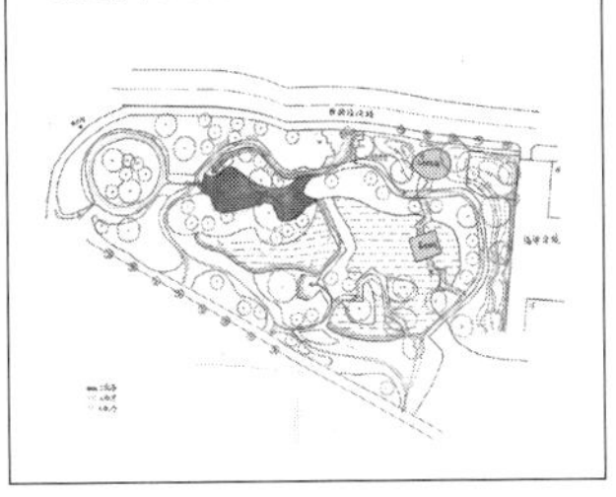

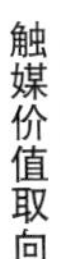

触媒价值取向

矛盾分析

内部隐秘而人迹罕至
vs
外部邻近校门热闹喧嚣

乔木高度适中
vs
分枝点低

使用人群偏于单一老幼
vs
周边创意园大学城等潜在使用需求未激发

介质性建筑属性

功能：茶室

意义：将文化与时尚的情调融入科技感的建筑，激发场地新的活动与新的人际互动、内外空间互动，从而带动场地活力提升

细节要求

估测场地内构筑物、树木的高度，协调建筑物与环境的关系
强调沿街立面与入口的通透性
协调合理便捷的流线
室内设计进行人体尺度的考量
结构设计注意吊顶、梁、柱的结合

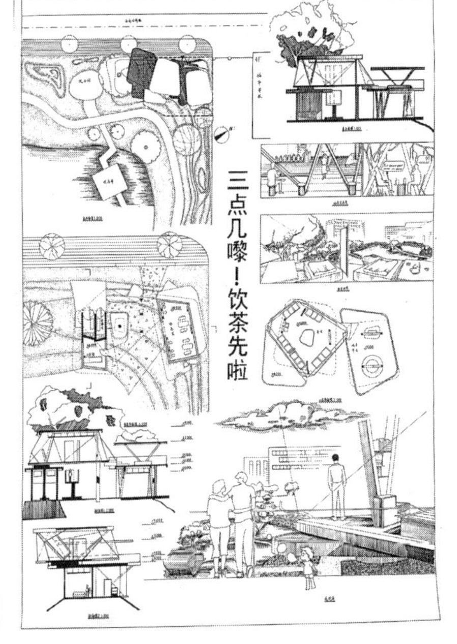

图 3　创造性模块各种价值取向的任务设置及设计表达

参考文献

[1] 周立军 . 建筑设计基础 [M]. 哈尔滨：哈尔滨工业大学出版社，2008.

[2] 陈翔，蒋新乐，李效军 . 问题导向下的建筑设计课程教学初探——浙江大学建筑学本科核心设计课程体系解析 [J]. 中国建筑教育，2019，23（2）：69-77.

[3] 张力智，戴冬晖，刘堃，宋科 . 基础训练与开放价值——哈尔滨工业大学（深圳）的建筑设计基础课教学实验 [C]// 中国高等学校建筑教育学术研讨会论文集编委会西南交通大学建筑与设计学院 . 北京：中国建筑工业出版社，2019：258-261.

[4] 侯静轩，张恩嘉，龙瀛 . 多尺度城市空间网络研究进展与展望 [J]. 国际城市规划，2021，36（04）：17-24.

[5] 魏方 . 景观设计中的动态混合——2017 年 ASLA 学生奖设计类获奖项目 [J]. 中国园林，2018，34（03）：56-62.

[6] 朱育帆 . 文化传承与“三置论”——尊重传统面向未来的风景园林设计方法论 [J]. 中国园林，2007，23（11）：33-40.

[7] 郑时龄，王明贤，李巨川，彭一刚，薛求理，王兴田 . 中国当代建筑新观察论坛 [J]. 时代建筑，2002，67（5）：36-39.

图表来源

本文所有图片来自学生作业，表格为作者自制

作者：杨希，哈尔滨工业大学（深圳）建筑学院副教授；张力智（通讯作者），哈尔滨工业大学（深圳）建筑学院副教授，院长助理

跨学科视野下的《历史遗产保护》研究生课程教学改革

童乔慧　段睿君

Teaching Reform of the Graduate Course of "Historical Heritage Protection" from the Field of Interdisciplinary

■ **摘要**：武汉大学《历史遗产保护》课程从 2010 年开始是武汉大学建筑学硕士建筑历史与理论方向的专业必修课程，该课程开设的目的在于帮助学生学习和了解历史遗产保护的基础理论，学习不同类型历史遗产内容和保护方法，通过文献阅读、课堂讨论和研究型设计，确立正确的遗产保护价值观，掌握历史文化遗产保护的发展脉络。武汉大学《历史遗产保护》课程在教学中，根据其教学与实践现状，结合地域优势安排教学内容，制定多元开放的研究型课题，组织跨学科视域下的讲座教学，在课程的教学方法上进行了多项改革措施。

■ **关键词**：跨学科视野；历史遗产保护；多元开放

Abstract: Wuhan University's "Historical Heritage Protection" course has been a professional compulsory course for master of architecture in Wuhan University since 2010. The purpose of this course is to help students learn and understand the basic theory of historical heritage protection, learn the contents and protection methods of different types of historical heritage, and establish the correct system through literature reading, classroom discussion and design to grasp the development context of historical and cultural heritage protection. In the teaching of the course of historical heritage protection in Wuhan University, according to the current situation of teaching and practice, combined with the regional advantages, the teaching content is arranged, the diversified and open research topics are formulated, the lecture teaching in the interdisciplinary perspective is organized, and a number of reform measures are carried out in the teaching methods of the course.

Keywords: Interdisciplinary, Historical Building Heritage Conservation, Diversified and Open Topics

保护历史遗产，保持民族文化的传承，是连接民族情感纽带、增进民族团结、维护国家统一及社会稳定的重要文化基础，也是维护世界文化多样性和创造性，促进人类共同发展的前提。加强历史遗产保护是建设社会主义先进文化、贯彻落实科学发展观和构建习近平新时代中国特色社会主义思想的必然要求。历史遗产保护工作是一项长期而艰巨的任务。目前，随着城市化进程的不断加速，我国历史遗产保护工作获得了前所未有的重视，也面临着巨大的冲击，如何认识和处理好城市发展和历史遗产保护之间的辩证关系、保存城市发展的文化记忆和历史延续性是当今城市可持续发展的迫切需要。这正是武汉大学《历史遗产保护》课程教学改革中需要面对的重要课题。

一、历史遗产保护课程的概况

武汉大学《历史遗产保护》课程从 2010 年开始成为武汉大学建筑学硕士建筑历史与理论方向的专业必修课程，每年开设一次，课程开设在春季，课时为 54 学时。该课程开设的目的在于帮助学生学习和了解历史遗产保护的基础理论，学习不同类型历史遗产内容和保护方法，通过文献阅读、课堂讨论和设计作图，确立正确的遗产保护价值观，掌握历史文化遗产保护的发展脉络。着重培养学生掌握历史建筑和历史环境保护与再生的理论、方法与技术，为培养具有较高建筑学素养和特殊保护技能的专家型建筑师或工程师打下基础。

通过该课程，使学生了解欧美历史遗产保护理论的基础知识，培养学生处理复杂人文环境下的设计问题，开拓学生看待城市、建筑以及文化遗产的人文视角，培养学生建立科学的遗产观，训练学生整体、系统的调查分析方法、程序和技能，尤其要掌握历史遗产保护设计的基本方法和技能。

二、历史遗产保护课程面临的挑战

选修历史遗产保护课程的学生大多是建筑学专业背景，有五年的建筑设计学习经验，对于历史建筑保护设计和建筑设计的区别并没有太多的概念，学生们通常认为从无到有才是设计的本质，希望更多的改造、加建历史建筑本体[①]。而对于历史建筑的保护首先要对历史建筑进行类型、保护价值、保护意义的界定，制定相应的分级保护与整治措施，开展对于历史建筑的价值评估才能提出相应的解决方案；而且很多文保单位的结构本体、外立面等均不能任意修改和加建。在这样的情况下，很多学生刚接触到历史建筑保护设计会单纯地以为只是完成一套测绘图纸，或者片面地认为保护设计没有创造性的设计内容。因此历史遗产保护课程让学生构建一套相关价值体系和评判标准显得很重要。课程要让学生认识到有针对性地采集准确翔实的历史信息是一个必需和重要的步骤，这与新建建筑有着本质的不同。对历史建筑的任何处置都要基于对建筑历史和现状的了解来完成，而这种了解的深入程度和准确程度往往决定了对历史建筑对象干预措施的成功与否。

历史遗产保护是一门涉及跨学科、多视角思维的学科领域，课程要让学生构建跨学科的思维模式，而不是仅限于建筑学的思维范式，更应认识到历史文化遗产的保护是一门涉及众多学科的综合应用学科，特别是近现代历史建筑涉及考古、航空遥感、地质、建筑、冶金、物理、化学等，需要跨学科的多学科复合型专业的整合。[②]

三、历史遗产保护课程的教学改革

1. 结合地域优势安排教学内容

以往的课程在教学内容上抽象枯燥，而且较少紧跟最新研究的方向。历史遗产保护的教育无论怎样发展，历史积淀的内容永远都是核心与基石。武汉大学早期建筑有丰厚的历史价值和科学艺术价值，我们开展历史遗产保护教学，本身就有多学科交叉融合的地域优势。该课程依托学校独特的地理条件和现实优势、深厚的人文底蕴以及多学科综合的优势，在理论教学中和武汉大学的早期建筑保护、武汉市历史建筑考察相结合，在历史教学中开展跨文化解读。课程中结合武汉市的优秀建筑文化遗产进行阐释，以学生能够亲身感知的建筑遗产范例作为教学材料和教学内容，将一部分课程放置在具有一定保护等级的历史建筑的实际场景之中（图 1），参观对象包含国家级文保单位、湖北省文保单位、武汉市优秀历史建筑等（表 1），使学生对建筑环境进行感知体验和实践认知，学生通过融入建筑感受历史建筑所蕴含的各种价值。课程保证遗产保护技术内容的前沿性，同时也要注重历史传统的积淀。

2. 制定多元开放的研究型课题

历史遗产保护课程教学组织中采用开放多元的教学手段：一是课堂讲授采用外聘专家辅助讲座的授课方式；二是带领学生实地调研参观考察，

图 1　考察嘉诺撒仁爱修女会礼拜堂

课程参观考查情况（部分） 表 1

学生	参观考察对象	建筑性质
2014 级 /2016 级	403 艺术中心	工业建筑遗产
2015 级 /2018 级 /2019 级	翟雅阁	武汉市优秀历史建筑
2016 级 /2017 级	武汉大学理学院	国家级文保单位
2017 级	古德寺	国家级文保单位
2017 级 /2018 级	江汉关	国家级文保单位
2020 级	巴公房子	武汉市优秀历史建筑
2019 级 /2020 级	宝通禅寺	湖北省文保单位
2019 级	汉口圣若瑟堂	湖北省文保单位
2019 级	阿列克桑德涅夫堂	湖北省文保单位
2019 级	嘉诺撒仁爱修女会礼拜堂	武汉市优秀历史建筑

增加课堂学术讨论等；三是结课作业的辅导过程采用一对一的教学手段，使学生思想更活跃，也有利于研究型教学成果的产生。传统的研究生课程多以写论文的方式结课，论文容易造成学生利用网络资源拼贴，而且短时间内完成的质量有时不甚理想。历史遗产保护课程结合建筑学专业的设计作图特点，依据当前历史遗产保护理论动态，联系武汉市历史文化资源保护实践，结合学生的特点选择适宜的研究基地，制定多元的设计题目。从 2016 年到 2019 年该课程制订了以遗产保护研究型设计作为结课任务书，学生期末需要完成一定数量的图纸和论文，课程要求学生以小组为单位，从感兴趣的历史建筑中选取一栋，完成该建筑的现状勘察报告、现状图、保护工程方案等内容（图 2~ 图 4）。学生们根据自己的研究兴趣结合教师的指导，从武汉市历史建筑中选择一个研究对象进行实地考察、建筑测绘、档案查阅等，对建筑本体的历史渊源、设计思想、损毁情况等进行梳理，并探讨相关技术在历史建筑保护中的运用，例如历史建筑保护中 BIM 技术的应用、历史建筑保护中建筑内部的声学环境分析、对历史建筑中热舒适性的计算机仿真模拟等。这样的考核方式和建筑学专业主干课程联系更加紧密，最大化调动学生的兴趣，发挥其主观能量，结业成绩评定采用外聘专家进行公开评图的方式。

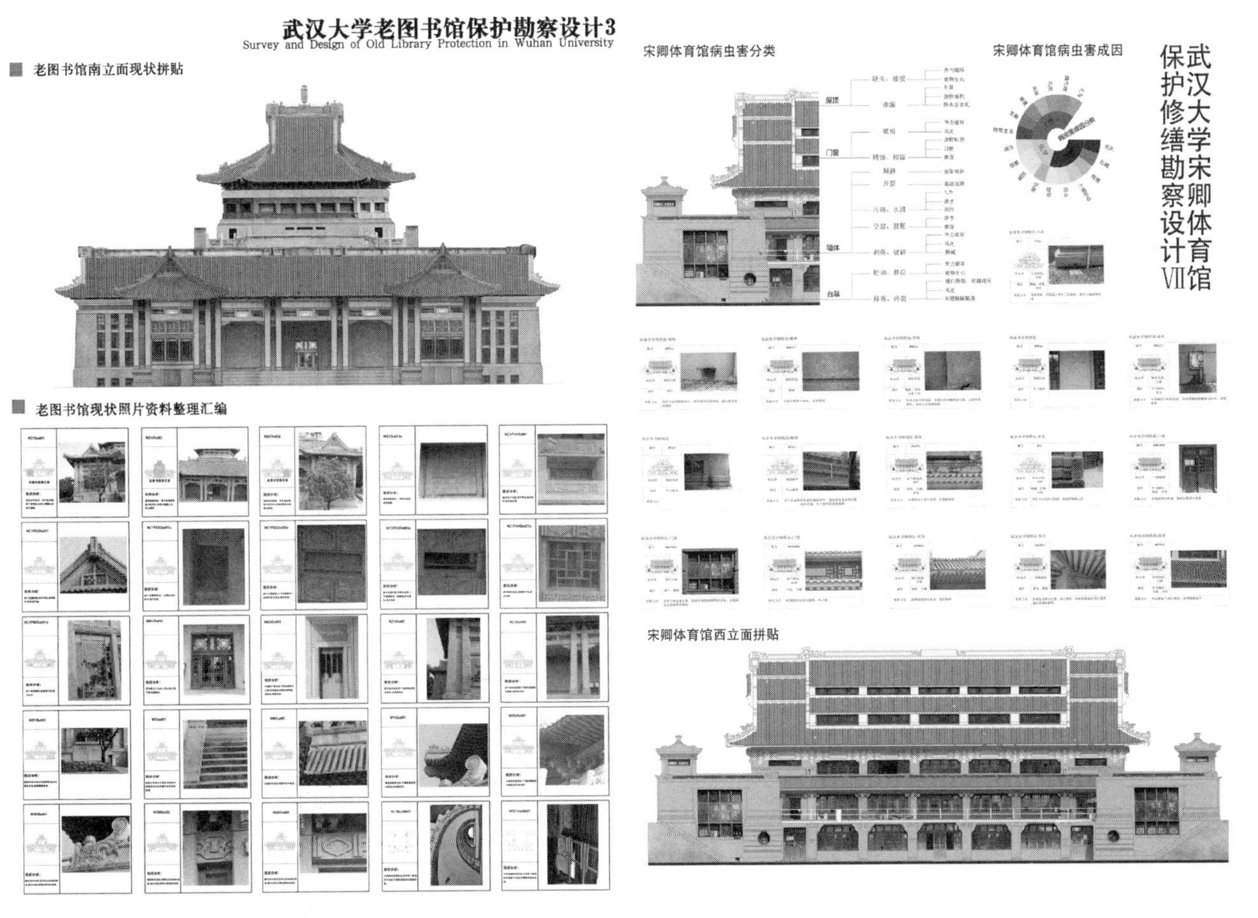

图 2 2016 级研究生设计图纸作业（部分）

（绘图：刘浩然、吕欣荣、叶超、彭夏、路畅、谢昕芹、段凤、夏婷婷）

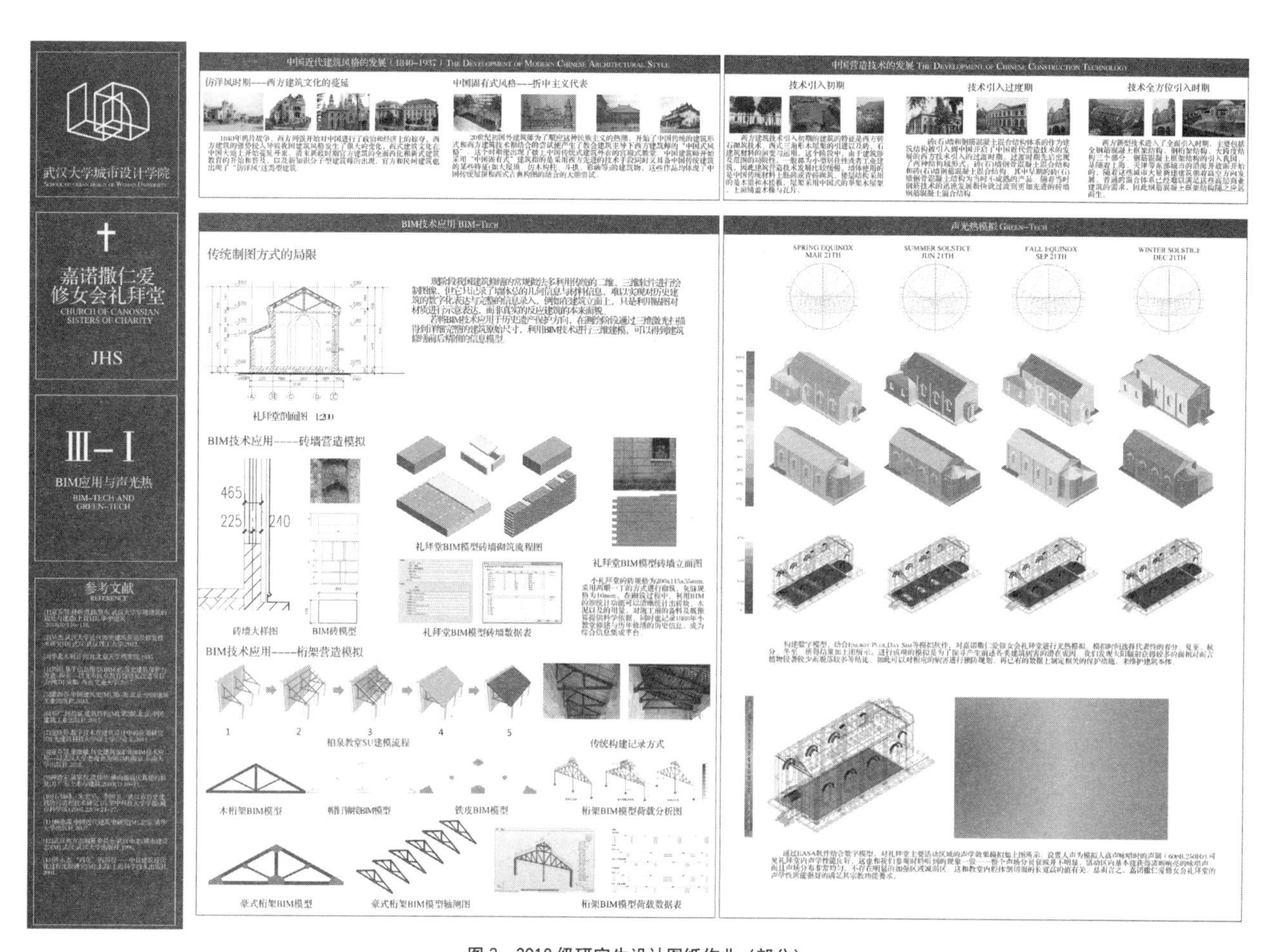

图 3　2018 级研究生设计图纸作业（部分）
（绘图：杨飞、王岚涛、王必成、曹明葳、艾耀南）

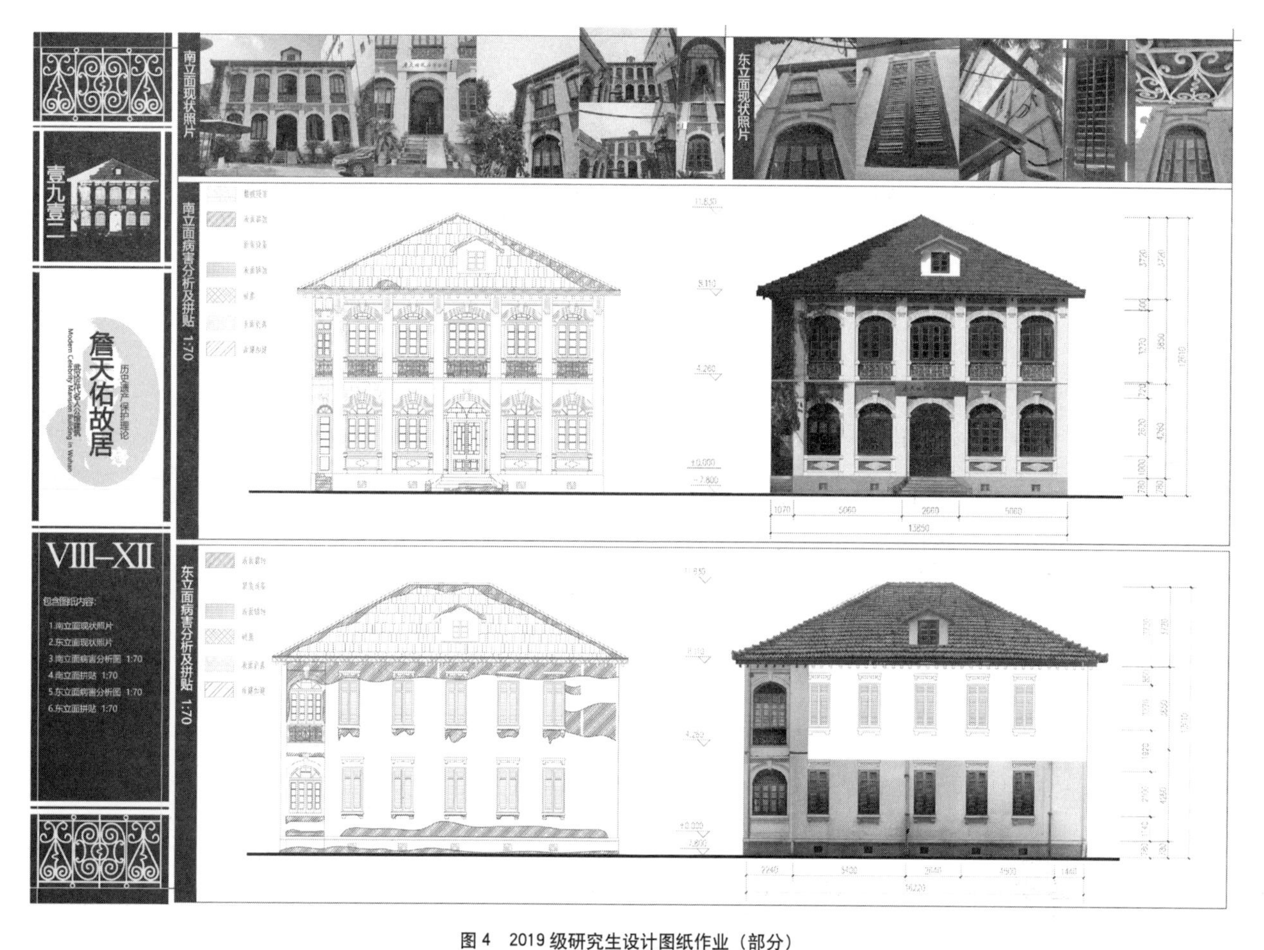

图 4　2019 级研究生设计图纸作业（部分）
（绘图：查吟川、张庭玮、陈茜茜、王振亚、谢雨荷）

2021 年历史遗产保护课程的考核方式给予了更大的开放度和自由度。2021 年授课教师请到北京建工建筑设计研究院文物建筑保护研究所的段睿君共同授课，课程结合主讲人的工作经验（修缮工程 / 文物保护规划 / 文物影响评估 / 数字化保护利用 / 文创产品开发 / 展览等）进行了不同专题的授课内容，考核方式有论文、图纸、艺术书、视频等多种形式（表 2）。课堂采取问题式教学、探究式教学，教师着重指导研究生通过查阅资料、梳理文献、开展实验、定期组织小组汇报及讨论等方式进行文献综述、归纳研究现状、提出原创课题，开展和历史建筑保护相关的研究型设计。课程倡导灵活性、多样性的考核方式，课堂注重学生对日常教学的参与度，强调每次汇报过程中的每个学生参与公开演讲和递交研究进展报告的汇报，强调学生在进行每项保护设计时照片和文字必须坚持原创性。

课程考核情况 **表 2**

年级	研究基地	课程题目	考核方式
2014 级	汉口租界区	文字、含义与环境	论文
2015 级	汉口租界区	汉口城市文脉	论文
2016 级	昙华林	历史保护区公共空间设计	图纸
2017 级	学生自选	工业建筑遗产保护勘察设计	图纸
2018 级	学生自选	宗教建筑遗产保护勘察设计	图纸
2019 级	学生自选	近代居住建筑遗产保护勘察设计	图纸
2020 级	学生自定	学生自定	论文、图纸、艺术书、视频

3. 组织跨学科视野的前沿讲座

在历史遗产保护理论的课程中，根据教学主题，聘请来自文保领域各行各业的专家和学者，涵盖建筑规划、人文历史、工程结构等领域，体现了跨学科视野的遗产保护理念。2015 年尝试加入业内专家的授课，带来了行业内最新的技术与方法，12 位讲师名头各异：有建筑设计研究院的规划师、博物馆的馆长、文物局和国土资源与规划局的官员，还有摄影师、民俗画家、教授、历史文化研究者等。课程内容也精心设计，从历史遗产的保护准则到保护方法，从武汉及周边地区的古建筑文化研究到西方文化遗产保护实例，从古建筑保护到非遗保护，12 堂课撑起了历史遗产保护的知识构架。这次授课的相关情况被《人民日报》和新华网等各大媒体曾经专门报道。校内外专家对该课程的创新性和内容予以充分肯定，认为这是具有开创性的研究生专业必修课程。

随后，该课程一直延续跨学科视域下专家的参与和指导，课程组织的讲座中交叉学科类、前沿类、方法类、实践类的内容占课时的一半以上。讲课专家有来自联合国教科文组织的专家、武汉社会文保志愿者"人文武汉"核心团队成员、数字敦煌项目技术骨干（在基于地面激光雷达的文化遗产数字化研究中具有突出贡献的国家重点实验室的教授）、东南大学建筑历史研究所的教授、湖北省古建保护中心保护工程实践经验丰富的专家、武汉市天主教爱国会秘书长等（表 3）。这些讲座内容弥补了专任教师实践工程经验的不足，同时也能让学生广泛听取来自社会各位行业专家的指导，改变了传统的单一授课模式。同时由于 2021 年武汉疫情，2020 年、2021 年课程采取腾讯会议直播的方式和线下授课的方式同步进行。

2019—2020 年课程讲座情况（部分） **表 3**

年	讲座人	讲座人单位	讲座题目
2019	穆星宇	联合国教科文国际文化遗产保护和修复研究中心研究员	历史遗产保护理论
2019	王育东	武汉市天主教爱国会秘书长	武汉市天主教堂历史发展
2020	侯红志	武汉社会文保志愿者	从"和利冰场"看汉口城区的历史流变
2020	吴晓	湖北省古建保护中心	文物建筑保护工程案例解析——以湖北为例
2021	段睿君	北京建工建筑设计研究院	浅谈文化遗产保护的相关学科、技术、方法、表达、展现及传播形式
2021	段睿君	北京建工建筑设计研究院	中国语境下的文化遗产保护相关概念简述
2021	段睿君	北京建工建筑设计研究院	跨文化语境下的文化遗产保护实践与尝试漫谈
2021	侯红志	武汉社会文保志愿者	武汉工业遗产价值
2021	张帆	武汉大学测绘遥感信息工程国家重点实验室	空间信息技术在文化遗产保护中的应用
2021	李海清	东南大学	远程联控：可能性及其挑战——百年前伦敦建筑师如何实现成都的设计项目

四、结语

通过《历史遗产保护》课程的学习，学生不仅能学到历史遗产保护的理论知识，也能拓宽研究视野，通过系列实践感知业界的最新动态，鼓励研究生产出较高水平的原创成果，提高学生的创新性思维，促进创新性人才的培养和现代建筑学教育的发展。从学生的角度而言，学生们对历史遗产保护的课程评教反响很好，丰富的讲座内容和开放的研究型课题开拓了他们的视野，学生的课程作业获得了亚洲设计学年奖中的历史遗产保护类的奖项，相关课程论文在专业杂志上发表，这些是对该课程教学的一种肯定。从教师的角度而言，教师通过《历史遗产保护》的教学积极促使自身阅读更多的原著、实地调研和项目实践，并积极和文保行业的专家进行广泛的交流，以反哺教学、教研相融、教学相长。

注释

① 这里的历史建筑本体中的"历史建筑"在中国不可移动文物保护等级中往往出现在地方自定的保护等级中，类型偏重近现代建筑；英文语境中的 historical building 和 historic building/architecture 可以与中文语境中的"近现代建筑"和"古建筑"相对应。

② 贾莹．历史文化遗产保护学科群建设的初步设想 [A]. 北京：中国文化遗产研究院，2007，文化遗产保护科技发展国际研讨会论文集．北京：科学出版社，p. 54-59，2007.

图表来源

本文所有图片为作者自摄或学生作业，表格均为作者自制

作者：童乔慧，武汉大学城市设计学院建筑学系教授；段睿君（通讯作者），北京故宫文化遗产保护有限公司设计师，东南大学东方建筑研究所兼职研究员

基于“设计周”模式的开放性建筑设计课程案例简析
——以浙江大学建筑系“设计周”课程为例

陈翔　余之洋　王雷

A Case Study of Open Architecture Design Courses Based on the "Design Week" Model—Taking the Course "Design Week" of the Architecture Department, Zhejiang University as an Example

■ **摘要**："设计周"是浙江大学建筑系三年级暑期短学期的专业必修课程。学生在 8 天的课程中，连续专注且高效快速地完成专题课程设计。课题通过有限的条件约束，充分激发学生自主性、开放性的思考，训练学生以问题为导向的思维直觉、快速的方案发展能力、良好的沟通能力和概括性设计表达能力。本文以浙大建筑学 2017 级"设计周"课程为例，从教学模式、教学目标、教学任务、教学过程和教学成果的角度切入，简析"设计周"教学模式"短周期、开放性、模拟实战节奏、师生互动"的具体操作方式及教学特点。

■ **关键词**：设计周；开放性；问题导向；课程案例

Abstract: "Design Week" is a professional compulsory course for the third-grade students of Architecture in Zhejiang University. During the eight-day course, students continuously and attentively complete the curriculum design. Through limited constraints, the course fully stimulates students' thinking of independence and openness, and trains students' ability of problem-oriented thinking intuition, rapid program development, good communication ability and general design expression. This paper takes the course "Design Week" of the Architecture Department, Zhejiang University, class of 2017 as an example. From the perspectives of teaching model, teaching objectives, teaching tasks, teaching process and teaching results, this paper analyzes the specific operation , methods and teaching characteristics of the "Design Week" teaching model, which presents "short cycle, openness, simulated actual combat rhythm and teacher-student interaction" .

Keywords: Design Week, Openness, Problem Orientation, Case Study

"建筑设计"作为建筑学专业的核心课程，在建筑学各院校的教学体系中占据重要地位。如何建构其理念、路径和教学环节，培养学生获得与当代建筑教育发展趋势相一致的、普遍性的、高质量的综合设计能力，是近年来众多高校建筑学专业努力探索和实践的一个方向[1]。

浙江大学建筑系自2016年以来，对本科教学的核心设计课程进行了一系列调整和改革。针对三年级的建筑设计训练，强化对复杂建筑问题的理解，强调把提升思维能力和专业素养作为建筑学建筑设计教学的核心目标，完成设计教学的综合进阶[2]。在思维能力训练方面，打破以功能类型化为标准的设题思路，设置基于问题导向的与设计思维能力训练相对应的课题形式[3]，通过设置约束性设计、开放性设计、系统性设计、探究性设计四大设计训练模块，提升学生在逻辑性思维、开放性思考、系统性思想、对策性思辨等方面的设计思维水平；在专业技能训练方面，通过田野调查、分析研究、项目策划、图式语言、综合表达、执业模拟、团队合作等技能性训练环节，全面提升学生的专业综合素养。

一、"设计周"教学环节设置

"设计周"课程是"开放性设计"训练模块的重要环节。

"开放性设计"训练模块设置的目的，在于强调设计师的主体意识在建筑设计过程中的作用，激发学生自主性思考及创新性思维。课题结合社会与行业领域的热点话题，预设一个发散性主题，引导学生通过阅读及思考，完成最小约束条件下的目标最大化的自主性探索；通过基于外界信息反馈的问题建构及基于问题设定推导解决路径的步骤操作，训练基于理性驱动的设计性思维；通过概括性设计表达，训练学生对设计主旨及内涵的提炼和归纳。

"设计周"教学在形式上参考了"工作坊教学"的相关模式。

"工作坊教学"（workshop）突破传统的教师讲课、学生听课的被动模式，是一种短周期、多元化、互动式的教学方式的新探索。工作坊教学包含明确的专题内容，提倡集体参与、互动交流、实践操作、跨领域合作等形式，是一种被广泛认可的适合专题训练的建筑设计教学方式[4-5]。

"设计周"结合浙江大学暑期短学期的教学安排，结合"开放性设计"训练目标，参照"工作坊教学"的组织方式，设立一个发散的设计课题，把握短周期、集体参与、老师学生紧密交流合作的特点，训练学生在模拟实战节奏的条件下，基于理性驱动的设计操作。

二、西藏那曲比如县怒江沿岸观景设施"设计周"教学案例

1. 课题简况

浙江大学建筑学2017级三年级暑期短学期"设计周"，因疫情采取线上教学形式。选题以浙大建筑系及浙大建筑设计研究院教育援藏工程——"西藏那曲比如县怒江沿岸观景设施"项目为基础，改造部分设计条件，作为设计教学课题。

比如县地处怒江上游，那曲市东部、康庆拉山和夏拉山之间，属高原亚寒或温带半湿润季风气候区，冬季寒冷，夏季凉爽。地形以低山丘陵为主，间有高山峡谷，四周冰山雪峰环绕，平均海拔 4000米。从那曲到比如县，沿途自然风光优美，有绵延不断的雪山，怒江在雪山之间穿流而过。基于如此美丽的自然风景，考虑在沿途修建8处观景设施，供游客拍照打卡、休息补给，同时欣赏藏区特色风光。

"设计周"的课程任务要求学生在规定场地选择合适的地点或区域进行观景设施设计。设计需充分考虑场址特点、景观特色、观景方式，提出与场地环境特征相恰、具有落地性的设计策略。观景设施可以是建筑小品、景观建筑或景观平台等功能性设施。观景设施需满足停留、休息、驻车等功能，部分需考虑补给、旱厕的内容。

比如县怒江沿岸的场地既真实又遥远，历史、文脉、地域的差异有利于学生展开充分的想象。课题引导学生在满足"观景"功能的有限约束下展开开放性和自主性的思考，探讨特殊环境下观景设施设计的对应策略，实现基于场地文脉的场所精神。

2. 方案设计阶段

课题将八处观景设施合并为六组观景点。课程设计以二人组为单位，分别选择一组观景点进行设计。（图1）

"设计周"课程集中八天时间（7月2日–7月14日），由8名老师带领，82名2017级三年级学生参与。每位老师指导12名学生（六个二人

课题选址包含下表八处，根据各选址的不同需求所对应的设计内容：

项目选址		观景台	旅行打卡点	标识标牌	机动车泊位
A组	怒江第一湾	√	√	√	10辆
B组	怒江最美村落	×	√	√	3-5辆
	藏马鸡观察点	×	√（喂食区）	√	与怒江最美村落共用
C组	怒江石柱景观	×	√	√	2-3辆
D组	康庆拉山	√	√	√	10辆
E组	夏拉神山半山腰	√	√	√	3-5辆
F组	夏拉神山山顶	×	×	√	6-8辆
	娜拉神山（比如县大门）	×	×	√	3-5辆

图1　课程设计任务清单

组），覆盖全部六组场地。通过课堂讨论，每位同学都能接触到其他场地的设计信息，便于大家形成贯穿 8 个场地的宏观整体认知。

课题要求设计者关注生态环境和特殊气候地理条件，探究场地设施与景观环境之间的对话方式；尊重地域文化特色，回应独特人文环境对设计的在地影响；以行为模式分析为导向，寻找人群行为特征的切入点；针对特定的功能需求，创新性地提出富有个性的解答；运用相恰的形式语言和形式结构，分析与解决场所界定、建构方式、材料选配等问题。

阶段	日期	内容与目标	课后任务	阶段性成果
1 认知解题	7/2	发布任务书与设计资料	背景资料解读与认知，资料收集，确定二人设计组合，设计选址，各组准备开课时需答疑的问题	7/6 汇报文件（6 页 PPT or PDF 演示） • 场地+概念分析 • 表达概念设计内容的设计草图/工作模型，概念意向图；
	7/6	8：30 专题讲座 场地景观设计案例解读 设计背景及任务书答疑 分组讨论	分组设计深化	
2 设计深化	7/7——7/11	分组深化设计环节		
3 成果表现	7/12——7/13	定稿及成果表现	7/13 下午 5：30 云作业提交	最终成果 A1 幅面 1 张 • 展示设计意图的图示分析 • 表现建构方式的爆炸轴侧图 • 总平面图（定位尺寸、区位图、绿化、停车位、建筑或小品布局）1：300-500； • 建筑、小品或装置平立剖（结构布置、家具布置、构造方式，两道标注尺寸等）1:100-250； • 表达选址设计效果对应的透视图+鸟瞰图（建议实景模拟）
	7/14	上午 8：30 分组答辩		

图 2　课程设计进度表

课程线上每日集中讨论一次。以学生主导、教师配合的方式迅速推进方案。每次线上讨论前，教师会要求学生提早上传设计成果，形成较成熟的指导意见，在讨论课上反馈给学生。设计指导强调设计概念的简明清晰、设计思维的理性连贯、设计表达的整体概括，同时强调两人合作的协同效率，提升设计成果的质量。（图 2）

学生借助业主方提供的部分照片，通过查阅资料、地图软件等工具，尽可能完整地还原场地信息。每个小组的两位同学，线下异地协同工作，合理拆分分析、建模、绘图、排版、表现等工作。通过一周高强度的工作，交出了 41 份各具特色的设计方案。（图 3）

A 组：

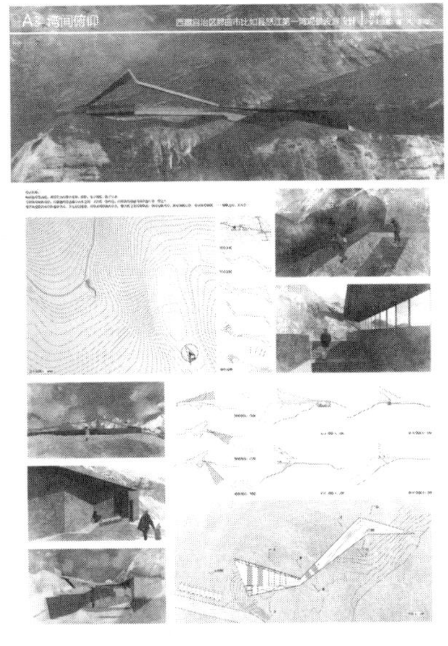

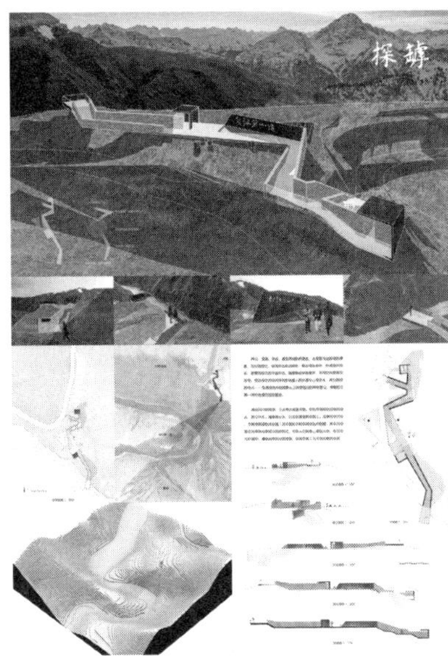

B 组：

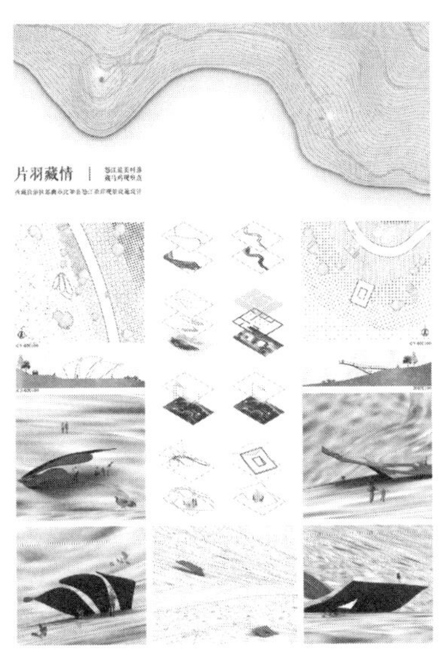

图 3　部分学生作业（1）

C 组：

D 组：

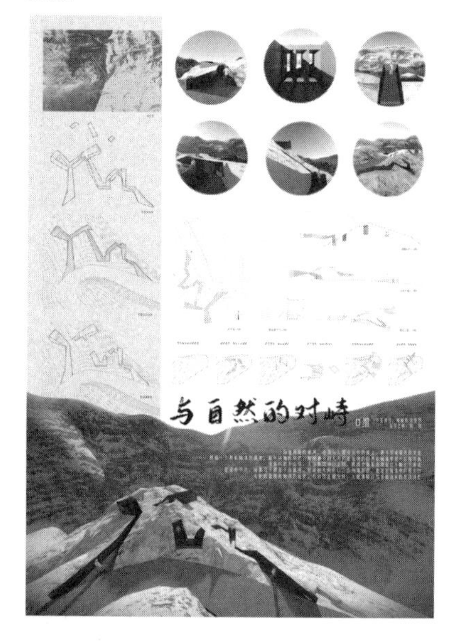

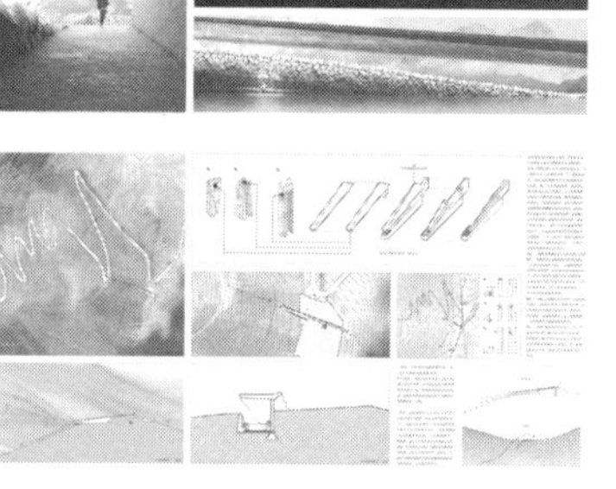

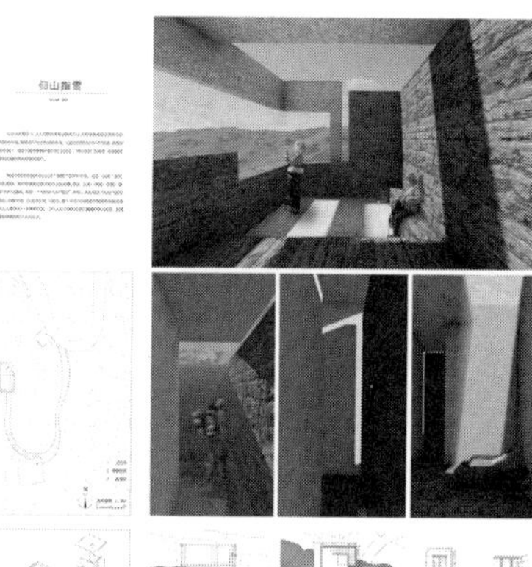

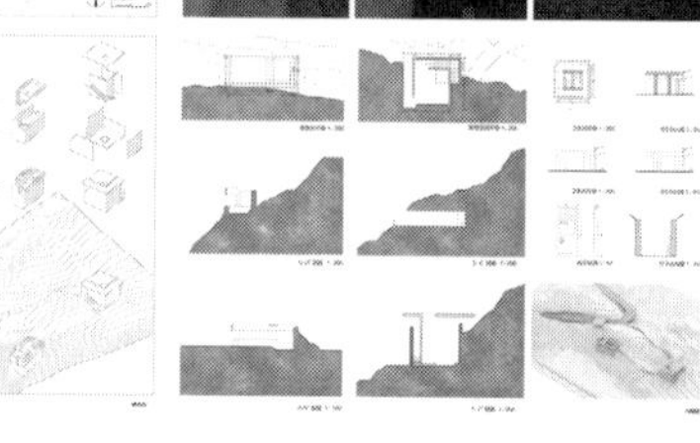

E 组：

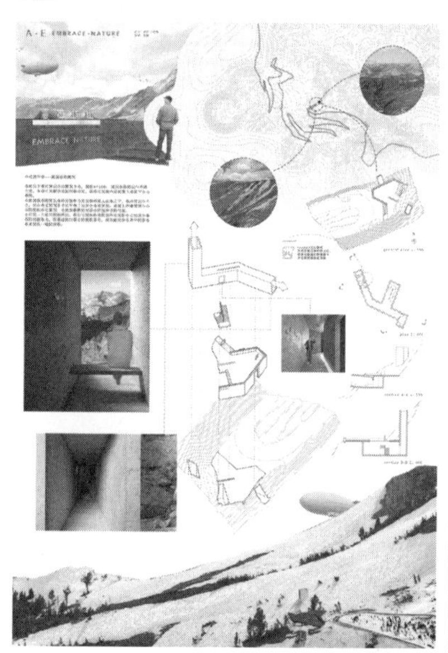

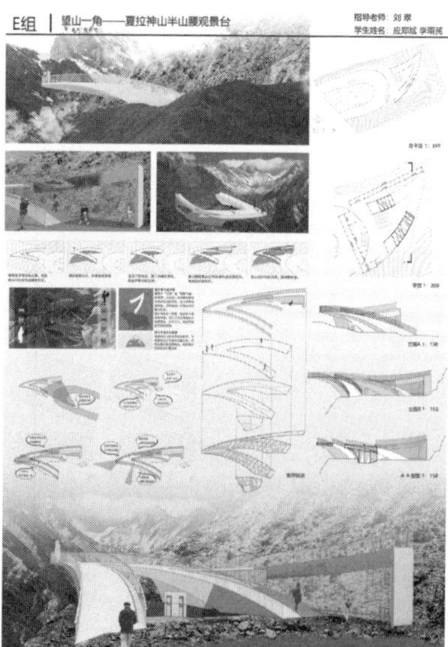

图 3 部分学生作业（2）

3. 深化设计阶段——设计周教学的延续

“设计周”课程教学结束后，为落实观景台项目的落地建设，课题组挑选了12名学生参与项目后续的设计过程。2020年暑期，由5名教师、建筑师和5名学生组成的工作团队奔赴西藏那曲比如县，为怒江观景台项目正式设计进行实地踏勘。在比如县政府组织的项目推介会上，工作团队以展板的形式展示了同学们“设计周”的41个成果，获得与会者的高度认可，并获得浙江援藏网、浙江在线、《浙江日报》、央广网的广泛报道。

设计团队在那曲比如县进行了一周的实地勘察。同学们踏足娜拉神山、怒江第一湾、夏拉山等设计场地，近距离接触雪山圣水、玛尼石、经幡、牦牛群等独特的地域文化场景，充分理解在地性的含义，体会在自然的边缘植入观景台的意义，提出以人文、自然和当代三个维度来深化怒江沿岸旅游走廊观景设施的设计（图4、图5）。

图4　现场实地勘察（1）

图5　现场实地勘察（2）

在后续深化设计阶段，设计团队吸取“设计周”最终成果中的部分概念，设计完成了实施方案，并于当年完成初步设计及施工图设计（图6~图8）。设计通过了相应的审批环节，计划于2021年夏季正式开工建设。参与项目后续设计的同学，在项目建造过程中将陆续分批随项目建筑师一起赴西藏观摩设计落地情况，加深对设计落地性的理解。

三、“设计周”建筑教学思考

西藏那曲比如县怒江沿岸观景设施“设计周”课程是浙江大学建筑系在“开放性设计”教学思路下的一次教学尝试。作为一个教学案例，为今后的建筑设计教学提供了一些有益的思考：

图6　怒江第一湾观景台

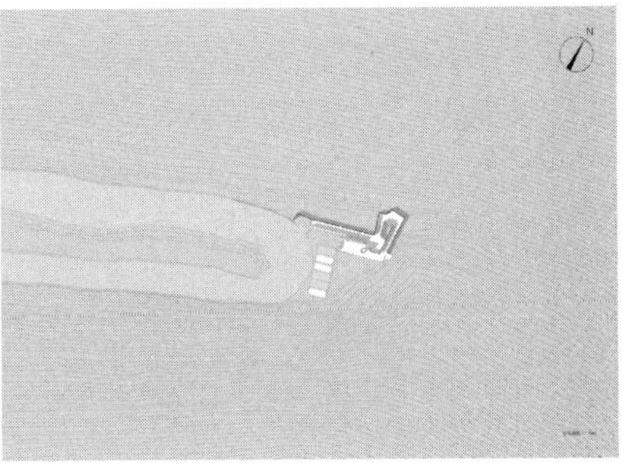

图7　康庆拉山观景台

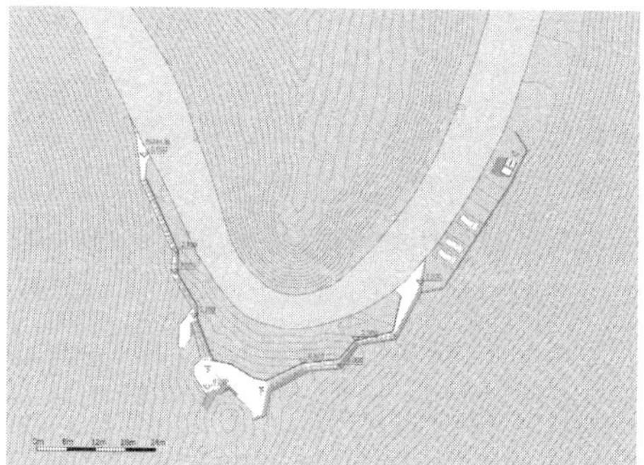

图 8　夏拉山半山腰观景台

短周期：设计周从任务书发布到分组答辩一共两周时间，而学生从概念生成、初步设计到成果表达一共 8 天时间。在这样高频率、高强度的训练下，运用群体压力和有效的指导来完成一系列复杂而具有挑战性的工作。学生的积极性被充分调动，学生连续专注且高效快速地投入设计之中。

开放性：课题特色鲜明，训练学生开放性和自主性思考能力。设计强调建筑师主体意识在设计中的作用，鼓励学生赋予设计以思辨性的鲜明主题，发挥基于理性驱动的设计性思维，并配合专业技能的训练，提高学生对文献的研究性阅读、对信息的关联性链接、对概念的概括性评述、对设计的整体性表达的综合能力。

模拟实战节奏：课题以真题作为训练对象，且在未来具有落地性，有益于培养学生的临场设计感。由于课题时间短，需要学生自己把握设计进度，不断推进方案深度，让学生体验日后实战设计节奏的同时，有效提升其快速发展方案的能力。设计以两人为一组，采用线上合作方式，很好地训练了学生的协同工作能力。

师生互动合作的教学模式：在“设计周”课题中，教师和学生不是传统的教与被教关系，而是学生主导、教师协同的合作关系。在方案推进的每一天里，学生和教师都有充分深入的互动交流，让学生得以快速成长。

基于“设计周”模式的“开放性”建筑设计课程对于学生是一个机会：模拟实战的高频率高强度课程，激发了学生思考问题的敏锐度；聚焦设计问题推导解决路径的设计过程，强化了学生基于理性驱动的设计性思维；设计成果的概括性表达，训练了学生对设计主旨及内涵的提炼和归纳。“设计周”教学对于教师更是一个挑战：如何将短周期的“设计周”教学融入建筑设计必修课程中，在体系化的设计训练中发挥独特的作用，使学生在差异化的教学环节中获得新的、持续的设计体验？如何通过互动式的教学模式、开放式的课堂环境，让学生可以自主地接触到不同的设计角度，转化为不断进步的动力，提升个体的设计技能及设计思维能力？

新的尝试触碰了很多新的现象和思考，引发我们重新审视曾经“熟悉”的设计教学。眼下，新一届同学的暑期短学期即将来临。即将开题的“设计周”，我们期待更多的“熟悉”之外的意外发现。

参考文献

[1] 顾大庆，黄一如，仲德崑等．“建筑教育的特色”主题沙龙 [J]. 城市建筑，2015（16）：6-14.

[2] 吴越，吴璟，陈帆等．浙江大学建筑学系本科设计教育的基本架构 [J]. 城市建筑，2015（16）：90-92.

[3] 陈翔，蒋新乐，李效军．问题导向下的建筑设计课程教学初探——浙江大学建筑学本科核心设计课程体系解析 [Z]：中国建筑教育，2019：69-77.

[4] 王雪华．工作坊模式在高校教学中的应用 [J]. 当代教育论坛（管理研究），2011（8）：29-30.

[5] 黄晓丹，黄华明．高校设计类专业的工作坊教学模式研究——以小型竹展厅 Workshop 为例 [J]. 广东技术师范学院学报，2017，38（6）：70-75.

图片来源

图 1、图 2：作者自绘

图 3：浙江大学建筑系 2017 级“设计周”课程设计成果

图 4、图 5：作者拍摄

图 6~ 图 8：作者改绘

作者：陈翔，浙江大学建筑工程学院建筑系副教授；余之洋，浙江大学2019级建筑设计及理论方向研究生；王雷，浙江大学建筑工程学院建筑系讲师

层进式建筑设计教学方法的探索
——以高层建筑设计课程为例

周茂　赵阳　夏大为　万丰登

Exploration on Teaching Method of Progressive Architectural Design—Taking the Course of High-rise Building Design as an Example

■ **摘要**：通过多年建筑设计专业课程教学实践，进行总结和思考，发现传统建筑设计教学方法中存在的问题，对其进行分析，提出解决的方法。引入层进式教学理念，根据建筑学本科各年级建筑设计专业课设置的实际情况，以四年级高层建筑设计为例，将原先集中讲授的建筑设计理论课程分解，一一对应地融入高层建筑设计教学全过程，进行教学实践的探索，解决了传统建筑设计教学方法中存在的问题，培养了学生的创新思维，取得了良好的教学效果。

■ **关键词**：层进式；传统；建筑设计；教学方法

Abstract：Through many years of teaching practice of architectural design specialty，this paper summarizes and thinks，finds the problems existing in the traditional architectural design teaching methods，analyzes them，and puts forward the solutions. The concept of progressive teaching is introduced. According to the actual situation of architectural design courses in all grades of undergraduate architecture，taking the fourth grade high-rise building design as an example，the architectural design theory courses originally taught are decomposed and integrated into the whole process of high-rise building design teaching one by one，so as to explore the teaching practice，solve the problems existing in the traditional architectural design teaching methods and cultivate the students' innovative thinking，Good teaching results have been achieved.

Keywords：Progressive，Tradition，Architectural Design，Teaching Methods

现在我国大学本科教育中建筑学专业的建筑设计专业课程设置一般从本科一年级直至五年级，该系列的建筑学专业设计课程贯穿本科全阶段：首先从空间构成开始，再到单一空间的小型建筑设计，然后将建筑设计的规模逐渐增加，建筑空间的复杂性逐渐加强，建筑设计难度逐渐增加，通过这样一个由简入繁、由易入难的建筑设计教育过程，使学生掌握不同规模和类型建筑设计的基本方法，并具有一定的建筑设计能力。本科一年级往往是学生进入建筑学专业学习的启蒙阶段，学生对建筑空间形成初步的了解和认识。本科二年级则是学生通过对建筑空间及其组合的初步综合设计训练，进入建筑学专业学习的认知阶段，对建筑设计形成一定的认知和理解，并对设计产生感觉。本科三年级的学生在经过两年的建筑设计的基本培训后，进入建筑学专业承上启下的学习阶段，这也是一个分水岭，有设计感觉的同学对建筑设计的理解进一步加深，并渐入佳境；而缺少设计感觉的同学则继续在学习中上下求索，加深对建筑设计的进一步理解。到本科四年级，学生进入建筑学专业学习的进阶阶段，这个阶段对于建筑学的学生尤为重要，是学生建筑设计水平提升的重要阶段：其中在前三年对建筑设计理解认知较好的学生，在这一时期会随着设计项目的复杂性和难度的加深而提高自己的设计能力；对建筑设计还缺少理解和认知的同学则可以在四年级的教学中重复性地加强对建筑设计的学习，以达到对建筑设计的正确理解和认知，弥补之前学习的不足。本科五年级的课程一般为设计实习和毕业设计，进入建筑学专业学习的实践应用阶段，在初步实践中学习，并通过毕业设计的应用训练验证建筑设计专业五年本科学习的成果。

通过上文，我们可以了解建筑学本科四年级的建筑设计专业课是建筑系学生的一个重要进阶阶段，是学生建筑设计能力提高的关键阶段。在这个阶段，建筑设计课题从建筑规模、建筑高度、建筑空间、建筑交通、建筑立面到建筑材料和建筑技术等，都变得更为复杂，需要学生通过全面的设计思考解决一系列综合问题，因此这一阶段的建筑教育方法显得尤为重要。本文特意以此阶段的建筑教育方法作为建筑设计专业课程教学研究探讨的对象。

一、传统的建筑设计教学方法及其存在的问题

1. 传统的建筑设计教学方法

传统的建筑设计教学方法是在建筑设计专业课每一个大设计作业开始之时的第一周，首先由老师讲授该设计作业项目的设计理论，如果作业项目是高层建筑设计，则先集中讲述高层建筑设计的理论；然后布置项目设计任务书，学生进行现场调研和相关案例分析；在之后的数周时间学生进入正式设计阶段，老师逐个对学生进行辅导，先从环境入手，经过形体推敲，绘制草图，从一草、二草、三草直至方案定型，然后进入方案表达阶段，最终完成项目设计提交作业成果。

2. 传统的建筑设计教学方法中存在的问题

在多年的建筑设计专业课教学实践中发现，传统的建筑设计教学方法对于规模较小的设计作业较为合适。在建筑专科课程设置中，低年级每个学期一般有两个大设计，每个设计作业的周期为 8 周时间，建筑设计的规模不大；在每门课程开始时集中讲授设计理论课，有利于学生节省时间，在消化设计理论课内容后马上开展设计工作，提高效率。但是针对高年级每个学期仅完成一个大设计作业的情况，随着设计项目规模和难度的增加，这种在课程开始集中讲授设计理论的方式就会凸显一些问题；另外这些因集中讲授设计理论而产生问题的影响一直延续到后期做方案的整个过程之中。经过本人长期的建筑设计教学实践，发现存在的问题如下：

（1）集中讲授设计理论阶段存在的问题

集中讲授设计理论内容多，学生难以在短时间内消化。

集中讲授设计理论时间长，学生易产生乏累，注意力不集中。

集中讲授设计理论内容深，学生很难完全理解，容易忘，难以在今后的设计中应用。

（2）开始进行方案设计阶段存在的问题

设计方案时缺乏理论指导，容易茫然不知方向，不知如何下手进行设计。

设计方案时缺乏理论指导，容易犯错，反复修改，浪费时间。

设计方案时缺乏理论指导，不知该如何深化方案设计，难以顺利推进。

根据以上分析发现，在建筑设计专业课程开始时集中讲授设计理论，学生很难全面理解和吸收，效果不佳且产生了相应的问题；这些问题继而影响下一阶段——方案设计阶段的学习效果，致使学生用了同样的时间、同样的精力和同样的努力，却没有达到最佳的学习目的和效果。

二、传统建筑设计教学方法中存在问题的解决方法

通过对传统建筑设计教学方法中存在的问题进行以上分析与思考，我们发现这其中的主要原因是：当设计项目的规模和难度增大到一定程度时，传统的建筑设计教学方法中在设计开始时集中讲授相关设计理论是不尽合理的；而解决该问题的方法就是将集中讲授设计理论的方式进行分解，将建筑理论课的内容分步骤、分层次融入方案设计的各个阶段，并与方案设计阶段的设计内容和设计时段一一对应，有重点地解决相应的问题，以便学生更好地学习、理解和应用相应的设计理论知识，从而达到更好的学习效果和学习效率。综上所述，本人在经过多年的本科四年级教

学实践后，于建筑设计专业课教学中提出了层进式建筑设计教学的理念。

三、层进式建筑设计教学方法的实践与探索

1. 层进式建筑设计教学方法的概念

“层进式教学法”就是根据人的思维从具体到抽象、从特殊到一般、从零散到系统、从实践到理论的认知过程，再从理论到实践的运用过程，来实现对有效信息进行收集、加工、存储和运用，循序渐进地培养学生掌握知识、了解理论和解决问题的能力。这种教学方法在各个学科的教育中已经被广泛应用，本人试图将“层进式教学方法”与高年级“建筑设计课程”相结合，提出“层进式建筑设计教学方法”的概念，即：将集中的建筑设计理论知识按照建筑方案设计的各个阶段和各个周期进行分解，并将分解后的建筑设计理论知识分步骤、分层次融入建筑方案设计的各个阶段和各个周期进行授课，以循序渐进的方式讲授和辅导学生，贯穿方案设计的全过程，以利于学生更好地学习和掌握相关理论知识，更好地将理论与实践相结合，应用在自己的方案设计中，从而提高学习效率，创作更加优秀的设计作品。

2. 层进式建筑设计教学方法在高层建筑设计教学中的实践与探索

广州大学建筑学院建筑学系本科四年级第一学期的大设计作业为《高层建筑设计》，课程时长16周，以此课程为例进行层进式教学方法的实践和探索。本高层建筑设计作业选取广州市琶洲互联网创新区的一块面积约1.5万平方米的矩形建设用地，建筑总面积约7万平方米，其中地上计容建筑面积约5.5万平方米（包括裙房1.6万平方米，塔楼3.9万平方米），地下车库及设备用房约1.5万平方米，建筑限高100米，建筑功能包括：裙房商业和会议、塔楼办公、地下车库及设备房等功能。

传统的建筑设计教学方法主要分为三个阶段：第一阶段，集中讲授高层建筑设计理论及方法，共一周时间；第二阶段，现场调研、任务书解读和相关案例分析，共两周时间；第三阶段，开始设计方案，草模推敲，从一草、二草、三草直至出图，共13周时间。而层进式高层建筑设计方法则是将传统教学方法中第一阶段的高层建筑设计理论及方法课程分步骤、分层次地融入第三阶段建筑方案设计周期中，对应每个时段的方案设计内容进行针对性理论授课，以一一对应和循序渐进的方式讲授理论，并辅导学生全程进行方案设计，这样可以让学生及时高效地学习和掌握相关理论知识，更好地将理论应用在自己的方案设计中，从而提高学习效率，培养创新思维，创作更加优秀的设计作品，达到掌握高层建筑设计的基本能力。具体实施方法步骤如下：

（1）第一阶段

不再集中一周的时间讲授高层建筑设计理论及方法，而是进行开题总述，以研究课题的方式逻辑性地说明本学期设计作业的研究对象、研究目的、研究方法，时长2节课。

研究对象——高层建筑：用地面积约1.5万平方米，建筑规模约7万平方米，其中地上计容建筑面积约5.5万平方米，地下建筑面积约1.5万平方米，建筑限高100米，建筑功能包括：裙房商业和会议、塔楼办公、地下车库及设备房等功能。

研究目的：了解建筑设计与城市精神文化、地域文化的关系；了解建筑设计与城市规划、城市设计的关系；学会如何处理和利用建筑与环境的关系；学会高层建筑设计的相关知识原理和设计方法；增强复杂功能、复杂空间、复杂交通的设计能力；了解并学习新技术与新材料在建筑设计上的应用；

研究方法

第一，发现问题。发现场地环境、地域文化、规划要点、功能设置、交通流线、技术应用等各方面存在的问题。

第二，分析问题。分析场地环境、地域文化、规划要点、功能设置、交通流线、技术应用等各方面存在的问题。

第三，解决问题。最终利用自己的思考，用建筑设计的手段，解决上面的问题，创造心目中的理想设计作品。

通过逻辑性地讲授研究对象、研究目的，使学生明确知道本学期的学习任务和要达到的学习目的和效果；通过讲授研究课题的逻辑性研究方法，使学生明确研究的步骤和内容，更高效地解决问题。

（2）第二阶段

在高层建筑设计任务书解读之前，首先用一节课的时间简述高层建筑，说明高层建筑的定义，并讲述高层建筑的简史。让学生明确高层建筑的定义，并对高层建筑的发展历史有一定了解，欲知其本，先究其源；然后让学生开展现场调研和相关高层案例分析；并对高层建筑案例研读分析的内容进行详细限定。具体如下：

了解建筑用地面积、建筑面积、容积率、建筑占地面积、建筑高度、建筑功能等信息。

从建筑周边环境、建筑设计理念等方面了解建筑形体生成逻辑和方法。

从建筑总平面布局了解不同类型的人行交通系统（办公人流、商业人流等）、各类车行交通系统（出租车停靠、办公车辆停靠、地下车库出入口、货车卸货停靠）、各类建筑出入口布置、总平面绿

化及环境设计、消防车道及消防扑救面等设计内容。

从建筑平面设计中了解建筑各个平面功能用房和交通的设计布局，了解疏散楼梯、扶梯、客用电梯和货用电梯等的设计。

结合建筑平面、建筑形体及立面了解建筑内部空间设计的特色。

结合建筑平面和建筑形体了解建筑结构设计，如结构形式、柱网尺寸、柱网模数等。

从建筑立面中了解建筑幕墙的构造和做法、建筑材料的特点和搭配、立面的开窗和比例等。

了解建筑中采用的新技术措施，如生态节能、创新结构形式等内容。

（3）第三阶段

在本阶段，根据每个时段的方案设计内容进行针对性的理论授课，以一一对应和循序渐进的方式讲授理论，辅导学生进行全程方案设计。具体如下：

在总平面形体草模推敲和总平面布局之前，先用两节课时间讲授建筑总平面设计、形体推敲和环境关系的相关设计理论和方法，然后学生进行总平面设计和草模形体推敲设计。该阶段共四周时长，以便学生有充分的时间发挥自己的想象力、创造力和分析能力，通过多方案比较以确定建筑形体；老师在该设计过程中穿插讲解优秀高层案例的总平面和形体设计方案，以拓展学生的

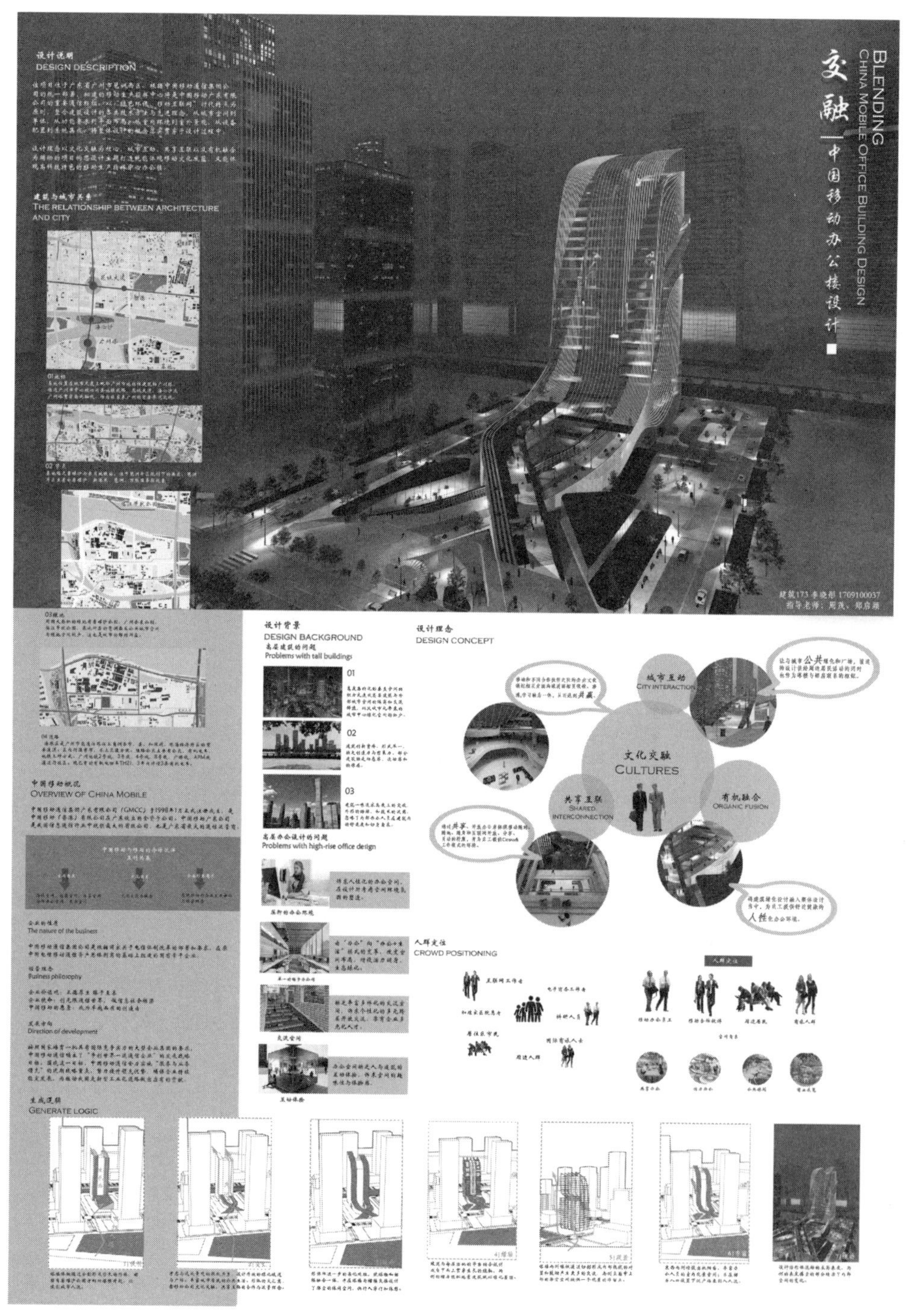

图 1　高层建筑设计优秀作业示例 1（2017 级 李晓彤 指导老师：周茂，郑启颖）

思路；在此形体推敲过程中不只是老师对学生方案进行一对一指导，同时要求学生之间互相讨论、品评彼此的方案，在讨论中让大家认识到自己方案存在的问题，并不断加以完善（图1）。

在总平面设计及建筑形体基本成型后，用两节课时间讲授建筑平面空间组织、交通流线设计、功能分区布局、相关设计规范和消防疏散等设计理论知识，然后学生进入高层建筑平面设计阶段。该阶段共四周时长，在课程进行一周后，中间分别穿插讲解已经实施建成的优秀高层建筑设计作品，根据设计进度计划，循序渐进地讲授实施案例平面设计、空间组织及交通流线等的相关设计内容；另外在设计过程中由结构专业老师讲解高层建筑结构设计的相关知识，让学生在高层建筑塔楼、裙房和地下室的平面设计过程中同时学会进行合理的结构设计。老师在此过程中不仅对每个学生的平面方案进行辅导，还对方案中存在的普遍性问题进行穿插式的集中讲授。学生在深化设计建筑平面的同时，不断地修改和完善建筑的形体，以确保建筑内部空间与外部形态的统一（图2）。

图2　高层建筑设计优秀作业示例2（2017级 李晓彤 指导老师：周茂，郑启颖）

在建筑平面设计基本完成后，先用一节课的时间讲授建筑立面设计、幕墙表皮和建筑材料的相关设计理论知识，然后学生进行立面和剖面设计，同时还要考虑绿色生态等建筑技术的设计应用。该阶段共两周时长，中间分别穿插讲解已实施的优秀高层建筑设计案例的立面及幕墙表皮设计，同时对建筑材料特性进行讲解，以启发和拓宽学生关于立面设计的思路，并对建筑材料有一定认知，根据自己的立面设计方案选用合适的建筑材料。另外在学生进行建筑立面和剖面设计期间，根据设计进度，用一节课时间讲授建筑绿色生态设计相关技术的概念和理论知识，启发和鼓励学生将绿色生态设计理念融入自己的高层建筑方案设计中。

在建筑平面、立面、剖面和建筑技术基本确定后，继续完善并深化高层建筑设计方案，然后进入方案后期制作阶段，按照课程设计任务书要求内容及深度完成所有设计成果。该阶段共两周时间，学生需要完成设计文本、展板、模型等任务（图 3）。

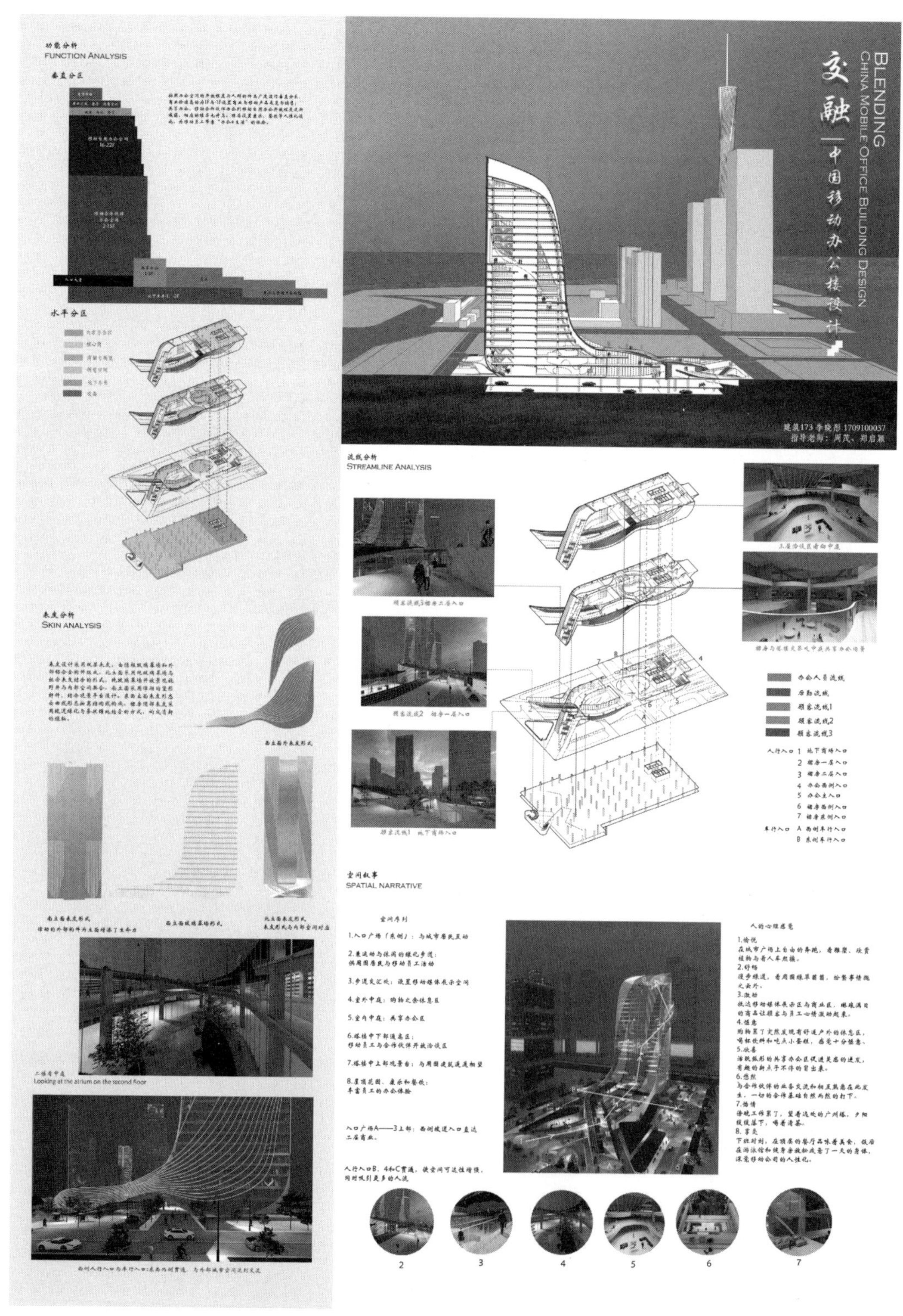

图 3　高层建筑设计优秀作业示例 3（2017 级 李晓彤 指导老师：周茂，郑启颖）

3. 层进式建筑设计教学方法的优点

通过层进式高层建筑设计教学的实践与探索，将原先集中讲授的高层建筑设计理论和方法分解到方案设计的各个对应阶段，发现其相对于传统的建筑设计教学方法有如下优点：

便于学生对高层建筑设计理论更好地理解和记忆，并将设计理论应用到方案实践中。

通过这种循序渐进、层层深入的教学方法，学生能够更好地学会和掌握相关理论知识和设计方法。

避免了集中讲授高层理论课的单调与枯燥，将理论分解融入各阶段方案中，使理论贴近实践，课堂气氛活跃，互动性强，学生参与学习的热情高，学习效率提高。

有利于学生控制和跟进方案设计进度，有问题可以根据设计进度随时解决，并确保按时保质提交方案设计成果。

四、结论与展望

在我国各个建筑院校的建筑设计教学中，老师们都在教学实践中积极探索更好、更适合的建筑设计教学方法，以便学生高效学习和掌握相关设计能力，激发学生的创造力，培养优秀的建筑设计人才。

本文通过对多年从事建筑设计专业课教学实践经验进行总结和思考，发现传统建筑设计教学方法中存在的问题，根据建筑学本科各年级建筑设计专业课程设置的实际情况，同时结合层进式教育理念，以本科四年级高层建筑设计为例，提出了层进式高层建筑设计教学方法，进行教学实践，培养学生的创新思维，取得了良好的教学效果，得到了学生的认可。另外在层进式高层建筑设计教学实践中也遇到了一些问题，如：由于每个学生的理解和领悟能力不同，产生一定的不同步现象；在今后的教育实践中还要不断调整和完善层进式教学方法的内容和步骤，使其更好地适应每一位学生的特点，让学生更好地掌握相关设计知识和方法，创作出更优秀的建筑设计作品。

参考文献

[1] 田学哲，郭逊．建筑初步（第三版）[M]. 北京：中国建筑工业出版社，2010.
[2] 卓刚．高层建筑设计（第二版）[M]. 武汉：华中科技大学出版社，2014.
[3] 张文忠，赵冬娜，贾巍杨．公共建筑设计原理（第五版）[M]. 北京：中国建筑工业出版社，2021.
[4] 黄旭升，朱渊，郭药．从城市到建筑——分解与整合的建筑设计教学探讨 [J]. 建筑学报，2021（03）：95-99.
[5] 佩尔·奥拉夫·费耶尔德，张映乐．变化的建筑内容和语境中的创造性方法探究 [J]. 建筑学报，2021（04）：23-25.
[6] 吉志伟，杨锱．基于“问题导向”的建筑设计方法教学探索 [J]. 华中建筑，2021，39（10）：96-99.

图片来源

本文图片均来自作者指导的学生作业。

作者：周茂，广州大学建筑与城市规划学院，教授级高工；赵阳（通讯作者），广州大学建筑与城市规划学院副院长，副教授；夏大为，广州大学建筑与城市规划学院副院长，讲师；万丰登，广州大学建筑与城市规划学院讲师

《建筑学概论》课程线上线下混合式教学模式探索

许蓁　王苗　许涛

Exploration on the Online and Offline Blended Teaching Mode of Introduction to Architecture

■ **摘要**：随着信息化课程建设的发展，基于 MOOC 平台的翻转课堂教学模式在高校课程中应用范围逐渐扩大。本文结合天津大学建筑学院对本科一年级开设的《建筑学概论》进行翻转课堂教学模式改革，实现线上线下混合式教学的过程、课程设计与组织实施、课程的创新特色和改革成效等进行分析，探讨建筑专业理论课程进行翻转式课堂教学模式改革的创新优势与未来发展趋势。

■ **关键词**：翻转课堂；建筑学概论；混合式教学

Abstract: With the development of informatization curriculum construction, the application scope of flipped classroom teaching mode based on MOOC platform is gradually expanding in college courses. In this paper, combining with the course of *Introduction to Architecture* offered by the School of Architecture of Tianjin University in the freshman year, to achieve the reform of flipped classroom teaching mode. In addition, this paper analyzes the process of online and offline blended teaching, course design, organization and implementation, innovative features of the course and reform results. And in final, the innovative advantages and future development trend of the flipped classroom teaching mode reform in the courses of architecture specialty come into discussion.

Keywords: Flipped Classroom, Introduction to Architecture, Blended Teaching

一、课程建设发展历程

《建筑学概论》是引导学生顺利进入五年制建筑学学习的第一门重要专业理论课程。该课程原名称为《建筑概论》，主要内容是针对新生介绍著名建筑设计案例。随着学科知识的扩张和内容分类的细化，自 2013 年起天津大学建筑学院授课教师尝试对该课程进行教学改

基金项目：第二批新工科研究与实践项目"基于产教研融合的建筑行业国际化设计人才实践平台探索"（编号：E-TMJZSLHY20202106）

革，首先课程名称更改为《建筑学概论》，使其成为面向一年级建筑学（2019 年后改为面向建筑大类，包括建筑学、城乡规划和风景园林三个专业）新生开设的导论性课程，旨在让建筑学专业的初学者快速了解学科框架、特点、基础概念、发展历史和趋势，增强对建筑学专业所包含的知识和能力的整体性把握。随着 2008 年慕课（MOOC）概念的提出，互联网慕课平台的建设和发展逐渐完善，高校授课模式尝试打破传统的师生课堂教学模式，充分利用互联网信息化媒介，推动教学模式的多样化。《建筑学概论》自 2015 年起开始改变传统模式的授课环节，采取全程现场录像，配合网络推送的方式，使更多本校其他专业或本市其他高校相关专业的学生能够接收到相关授课信息。2018 年课程负责人与智慧树平台合作开始视频录制，2019 年在线视频课程建设完成并正式上线。自此，该课程建设成为线上线下混合式课程，以线下教学为基础，结合线上课程资源，有效调动学生的学习积极性和主动性，加强师生线上线下交流，线上学生可以反复观看知识要点，线下课程围绕课程规划的基本模块不断更新内容，突出时效性和互动性。

二、教学目标

《建筑学概论》是建筑学基础概论性课程，是一门旨在激发学生对建筑学科兴趣，培养认真、严谨的学术态度和开放的学术讨论氛围的课程。学生通过课程的学习能够了解建筑学科所包含的专业领域、知识结构及其相互关系，了解建筑历史、建筑美学艺术、建筑技术、建筑师业务和方案设计等建筑相关领域的知识构成、学习重点和思维方法，掌握建筑学科的总体框架。具体目标如下：（1）掌握建筑历史与文化的基础知识，能够初步对建筑设计进行合理的分析。（2）掌握建筑美学与艺术的基础知识，能够对建筑美学进行初步分析和应用。（3）掌握建筑工艺与技术的基础知识，并将其运用到设计分析和实践中。（4）掌握建筑设计的基本知识和建筑师的工作流程，能够应对设计过程中遇到的相关问题。

三、课程内容与组织实施

1. 课程内容

课程与智慧树平台合作，于 2019 年正式完成 16 学时（611 分钟）的线上课程建设，此后《建筑学概论》开始采取线上线下混合教学的新模式。线上课程内容分解成若干单元模块知识点，使内容重点突出，可反复学习，随时查阅。线下课程结合时下行业热点问题与案例，及时更新授课内容，邀请名师讲授，使学生充分了解行业内的关注重点。课程的内容安排与框架设置使之具有鲜明的特色与优势（图 1）：

（1）构架坚实，模块清晰，层次丰富，迭代有序

构架坚实：《建筑学概论》线下课程自 2013 年开始建设，教学名师作为模块的负责人，经教学团队不断充实完善，充分体现了历史传承与前沿学术的有机结合。模块清晰：课程包含建筑历史、建筑美学、建筑技术和建筑设计四个板块，全面涵盖建筑学领域的专业课程，内容既高屋建瓴又通俗易懂。层次丰富：课程从专业和大众的角度深入剖析建筑学科的整体架构和热点问题，激发学生对建筑学的兴趣。迭代有序：利用校内混合式教学机制，构建开放式的线上内容管理机制，不断更新上传线下内容。

（2）思维引导、能力培养与价值塑造相结合，展现专业的综合性、挑战性和自主性

在专业知识方面，设置综合问题导入知识点并引发关联思考，逐步使整体框架清晰化、结构化；在能力培养方面，突出案例的挑战性，引导学生自主拓展知识图谱，关注学科交叉领域；在价值

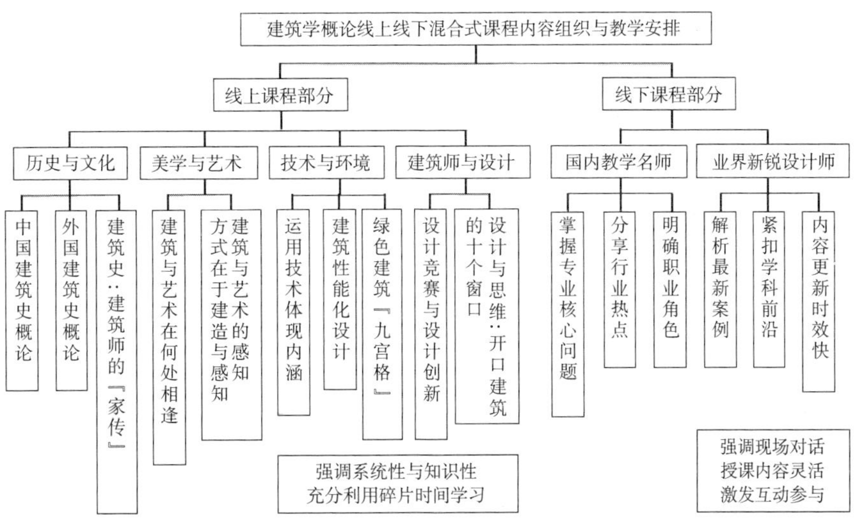

图 1 《建筑学概论》线上线下混合式课程内容安排

塑造方面，通过建筑师讲述自身执业案例，激发学生家国情怀、服务意识和学术追求，树立正确的专业价值观和职业道德。

（3）针对授课对象，实施多层次导入授课内容的教学方法

针对资讯时代一年级新生的特点，每个模块课程内容以问题、思维、结果三个层次进行导入。首先，以问题导入专业语境，使学生以建筑师、管理者、使用者等多种角色审视建筑学的社会属性、文化属性和经济属性。其次，以思维导入设计过程，邀请执业建筑师进行细致的设计思维导读，纠正典型问题，示范思考逻辑与方法。第三，以结果反馈设计价值。增加设计的细节与深度展示，为学生自主建立知识体系、灵活应用于实践打好基础。

2．组织实施

由课程负责人统一制定教学大纲，课程团队其他成员分工明确，各模块负责人制定各模块的教学计划，邀请国内教学名师和业界著名建筑师，教学秘书负责线下及见面课的课程组织，微信平台公众号推送课程简介，协调课程安排等内容。

课程坚持立德树人的基本原则，将家国情怀、全球视野、创新精神、实践能力的教育目标融于建筑历史、美学、技术和设计四个教学模块中。在理论层面通过老中青学者的联合讲授，建构专业知识体系框架，使学生了解建筑学的核心问题和前沿问题，以及在社会、文化与经济方面的作用。在应用层面通过对建筑案例进行合理有效分析，帮助学生确立正确的价值观和基本的专业素质，为今后理论学习和设计实践打好基础。在方法层面通过实践建筑师的经验分享，探讨设计思维的一般规律。在为初入设计门槛的学生答疑解惑的同时，为一年级的其他专业类课程提供专业学习方法的支撑。

3．课程成绩评定方式

课程的考核方式设定为线上考试＋专题论文，线上成绩与论文成绩各占50%，最后构成了本课程的期末综合成绩。

线上考试成绩由智慧树线上课程平台系统将习题与期末成绩打分后按照比例自动核算综合成绩，具体分配比例为：平时成绩30%+章测试10%+见面课20%+期末成绩40%，其中平时成绩＝学习进度分（5.0分）+学习行为分（25.0分），根据学生回答视频过程中的弹题、看视频习惯和提问等行为核算成绩。

专题论文设定的题目紧密结合课程内容的四个板块，每个板块各包含3–4个不同的分析案例，例如“建筑历史与文化”专题论文题目为“任意选择一处东西方历史上的著名园林建筑（如凡尔赛宫、颐和园、留园、桂离宫等），论述建筑与自然的关系”。由专任助教进行论文题目的讲解与科技论文写作规范的说明，论文字数要求3000字以内。撰写结题论文的考核方式将授课内容转化为自身对建筑学框架下相关知识领域的理解和思考，提高了学生对建筑学专业的整体认知，并训练规范的学术论文写作方法，达到了教学目的。

四、课程特色创新

1．集教学名师打造精品课程

《建筑学概论》课程建设伊始，便将其定位为一个面向建筑学专业新生，集合国内最优教学资源的精品课程。课程以彭一刚、章又新、王其亨、董雅等全国知名院士、国家教学名师和教授领衔，并邀请清华大学、天津美术学院、中国建筑设计研究院等单位的院长、勘察设计大师授课，结合年轻学者的最新研究成果，体现出强大的学术梯队和学术传承。

2．线上与线下发挥各自的优势

线上部分强调内容的系统性和知识性，学生可利用碎片时间，反复观看，并在视频中及时弹出问题，提示重点，引导互动，充分结合当前年轻人阅读习惯和网络知识传播的特点；在线下部分强调现场对话和最新案例的解析，通过邀请行业学者、执业建筑师讲授自身经历和设计作品，并现场回答学生提问，达到引导、示范、解惑的作用。

3．以学科框架重塑导论课程内容，强调学科交叉和综合素质培养

《建筑学概论》在国内率先以建筑学科为框架，重新定义了《建筑概论》课程的内涵，得到教育界和建筑业界的广泛支持。课程包含建筑历史、建筑美学、建筑技术和建筑设计四个板块，每个板块由建筑学院该领域的教学团队组织课程内容，由学科带头人负责授课，使学生对未来5年的专业学习有了系统的认知。课程充分体现学科交叉、能力培养和公共传播的需求，课程内容高屋建瓴而又通俗易懂。从专业和大众的角度深入剖析建筑学科的学科热点问题，激发学生对建筑学的兴趣，在建筑学和建筑师行业获得更加广泛的公共关注度和影响力。

五、课程建设应用效果

本课程自2019年上线后，截至2021年8月已正常运行了4个学期，累计使用课程的高校数量39所，包括天津大学、河北工业大学、天津城建大学、河北工程大学、中南大学、新疆大学等，累计选课人数5000余人，发帖交流总数8000余次，累计互动1.5万次。学习者反映效果良好，线上讨论、参与互动频率较高，学生对课程内容的讨

图 2 《建筑学概论》视频教材

图 3 线上课程教学视频截图

论提问热烈。本课程同时也是面向社会学习者的开放课程，截至 2021 年 1 月 31 日，累计社会学习者人数 1400 余人，课程可作为全民美育教育及科普类课程，非常适合对建筑专业感兴趣的社会学习者使用，授课对象范围广泛。

此外，每年的线下课程时间安排与内容简介会在建筑学院官方公众号平台进行同步推送，精彩授课内容吸引众多相关专业高校师生和设计师等人群来听课。自 2020 年疫情以来，由于校园实施严格管控，为方便其他不能亲临现场的学习者观看课程，授课团队将线下课程进行全程录像，课后在公众号平台进行分享，这种知识的传播方式受到了业界广泛好评，同时也进一步扩大了天津大学建筑学院的社会影响力。2020 年《建筑学概论》视频教材在中国建筑工业出版社正式出版（图 2、图 3）。

六、结语

《建筑学概论》课程自改革建设以来，受到国内建筑教育界的广泛关注和师生的一致好评。首先，课程改革使学生对建筑学的学科框架有了更加清晰的认识，使学生对本科各个建筑专业课程的定位和作用具有全面深入的了解。其次，通过与大师和名师接触，对未来的学习生涯起到了激励和促进作用。最后，线上线下混合式教学，使教学方法更加灵活，互动更多，学生课程的参与度更高。

参考文献

[1] 张颀，许蓁，赵建波 . 立足本土 务实创新——天津大学建筑设计教学体系改革的探索与实践 [J]. 城市建筑 ,2011(03):22-23.
[2] 许蓁，张昕楠，贡小雷，张龙 . 天津大学建筑学院建筑设计教学 [J]. 城市建筑 ,2015(16):36-38.
[3] 梅洪元 . 繁而至简——变革中建筑教育之道与路 [J]. 时代建筑 ,2017(03):72.
[4] 张颀，许蓁，邹颖，张昕楠，胡一可 . 变与不变、共识与差异——面向未来的建筑教育 [J]. 时代建筑 ,2017(03):72-73.
[5] 赵武，霍拥军 . 基于慕课的建筑设计类课程教学改革探析 [J]. 吉首大学学报 (社会科学版),2017,38(S2):204-206.

图片来源

图 1：作者自绘
图 2：教学团队提供
图 3：智慧树网 www.zhihuishu.com

作者：许蓁，天津大学建筑学院教授，副院长；王苗，天津大学建筑学院副教授；许涛（通讯作者），天津大学建筑学院讲师

建筑遗产测绘实习课程信息化拓展设计与实践
——以天津大学建筑遗产测绘课程为例

孟晓月　吴葱

The Informatization Expansion of Comprehensive Practical Courses in Universities
—Taking the Architectural Heritage Surveying and Mapping Course of Tianjin University as an Example

■ **摘要**：以天津大学建筑遗产测绘实习课程为例，针对内容复杂、课时有限、要求较高的综合性实践教学环节，提出基于“平行知识点”重组的“知识库”型线上课程，并嵌入虚拟仿真实验手段的拓展策略，旨在融合传统建筑教育模式与当代“翻转课堂”的优势，提升教学质量和水平。为此推出了“建筑遗产测绘”在线课程和“建筑遗产测绘基本技能虚拟仿真实验系统”，为测绘实习前期培训拓展了自主定向学习和互动探索的渠道，而且通过内容的更新适应了建筑教育面向三维建造的基本改革思路。实践证明，基于信息化拓展的新型教学模式可以为综合性实践课程在新形势下遇到的新问题提供解决渠道。

■ **关键词**：信息化；建筑遗产测绘；虚拟仿真实验；SPOC；知识库

■ **Abstract**：This paper takes the Field Trip for Measured Survey of architectural heritage，a practice course in Tianjin University as an example. Aiming at the comprehensive practical teaching links with complex content，limited class time and high requirements，this paper proposes a "knowledge base" online course based on the reorganization of "parallel knowledge points" and embedded virtual simulation experiment. The expansion strategy of experimental methods aims to integrate the advantages of traditional architectural education mode and contemporary "flipped classroom" to improve the quality and level of teaching. To this end，the *Measured Survey of Architectural Heritage* online course and the *A Virtual Experiment System for Architectural Heritage Metric Survey Basic Skills* have been released online to expand the channels of oriented self-learning and interactive exploration for the pre-training of the measured survey，and to adapt to the architectural education orientation through content updates Basic reform ideas for 3D construction. Practice has proved that the new teaching model based on the expansion of information technology can find a way to solve new problems encountered by comprehensive practical courses in the new situation.

Keywords：Informationization，Measured Survey of Architectural Heritage，Virtual Simulation Experiment，SPOC，Knowledge Base

随着国内外教育信息化的快速发展，尤其受新冠疫情影响，线上教学急剧升温。对内容复杂、课时有限、要求较高、需在田野开展的建筑遗产测绘实习课程，通过信息化手段进行线上拓展是否具有适用性和可行性，哪些部分可以进行拓展，如何选择并优化适用的技术手段等，本文下面逐一展开探讨。

一、建筑遗产测绘课程简介

天津大学建筑遗产测绘实习课程（原名“古建筑测绘实习”），目前是建筑学、城乡规划、风景园林专业本科教学中重要的综合性实践环节。测绘实习为期 4 周，通常以 3–5 人的小组为基本单位，每组测绘一处古建筑，每人完成相当于 3–4 张 A1 图纸的工作量。全部教学过程分为三个阶段：前期培训、现场测绘和成果制作（图 1）。其中现场工作是关键环节，对建筑遗产的深入理解认知、建筑数据的采集测量，都需要在现场完成，是决定测绘成果质量和教学质量的关键阶段。这一阶段要求学生在短时间内高质量完成繁重而富有挑战性的工作，因此对学生专业素养、知识技能和意志品质的要求很高，要有扎实的前期培训作为支撑。[1]

二、问题与挑战

近 10 年来，随着建筑教育的深入改革、文化遗产保护持续升温、测绘技术的信息化发展，本课程作为寻古访迹、与先贤大师“对话”的“探索发现之旅”，其价值和意义更加突出，对学生专业知识技能和创新能力的要求也越来越高。一方面，建筑教育改革和测绘技术发展为本课程的提升提供了有利条件；另一方面，课程体系的转向和调整，在取得成效的同时也对本课程产生了影响（图 2）。加上课程本身的复杂性和实践性特点，使传统教学主要面临着如下问题、挑战甚至困境：

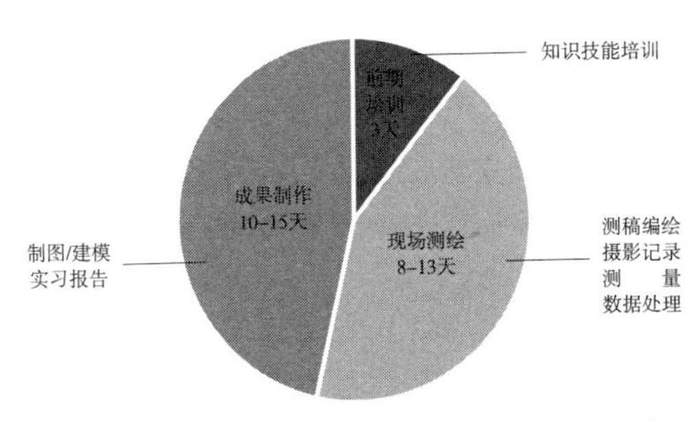

图 1　天津大学建筑遗产测绘实习课程各阶段内容与时间占比

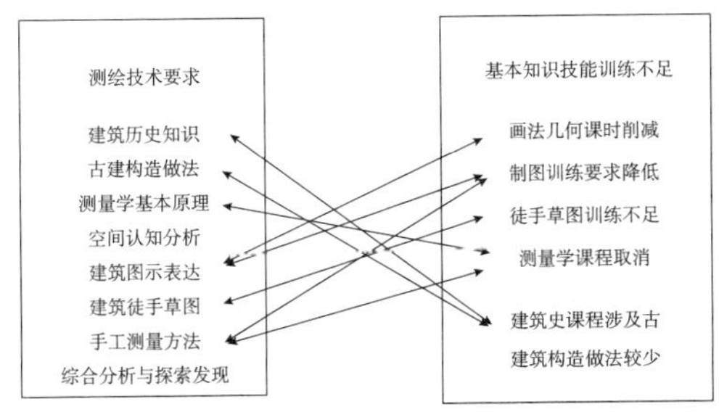

图 2　测绘技术要求与测绘基本技能训练不足矛盾示意图

1. 前期基本知识和技能培训受限

随着信息化测绘手段的进步和建筑学专业教育侧重点的变化，要求学生尽快学习掌握古建筑构造做法、测量学基本原理和方法等新知识技能，并能综合运用前两年学习的建筑历史、空间分析、徒手作图、CAD 制图表达等知识，走上以技入道、解剖麻雀的自主学习路径，进而培养举一反三和探索发现的创新能力。鉴于线下课时限制，把更多时间分配到现场和返校制作成果的两个阶段，前期培训仅 2–3 天（图 1），课程涉及内容复杂，涵盖多个学科，而部分前置课程内容又被调整或削减（图 2），且不同学生测绘任务不同，存在因人而异的“平行知识点”，因此，教师线下授课无法系统完整。加之测绘基本技能培训也受制于课时、场地、经费、安全等因素，与正式测绘要求存在落差，这些问题直接导致学生在实习现场进入状态缓慢，工作效率不高。

2. 现场教学任务繁杂，师生比小，教学难以实时跟进

（1）现场面对复杂多样的建筑，知识点细碎，需要教师随时予以针对性指导。

（2）测绘流程复杂，包括观察理解建筑、徒手和计算机制图、摄影、测量、数据处理等，不仅要充分调动学生个体的积极性和创造性，眼脑手协调工作，同时需要团队协同。

（3）条件艰苦，内容繁复，酷暑中的户外工作，需要培养学生坚强的意志品质和耐心细致、实事求是的敬业精神。

（4）需要强有力的组织管理和后勤保障，如与实习单位联络协调、安全监管、学生管理、装备设施调配和维护等，这些繁琐的工作通常挤占了教师大量一线教学时间。然而，教师人数有限，平均每位教师负责 15~30 名学生，以上工作全部落在一两位教师身上，时间和精力分配难以周全，教师教学时间大量被挤占，难以惠及每个学生。

3. 传统测绘教学偏离整体教改方向

我国建筑教育正发生着深刻变革，强调“三维空间”认知和“实体建造”训练；同时，建筑遗产测绘也处于从数字化向信息化迈进的过程之中。传统教学仍倚重二维图制作，忽视了对学生空间认知和设计建造逻辑梳理能力的培养，需要与整体教改融合。

总体而言，以上三个方面互相关联、互相影响或者互为因果，其中测绘相关知识技能培训不足是关键制约因素。如图 3 所示，对比传统手工测绘年代与进入数字化测绘以来的教学体系和要求，早期三个阶段能够基本匹配并合理衔接；但数字化测绘水平和教学要求整体提升，传统教学模式的理论教学本身就流于粗疏，不能满足测绘技术、技能、成果规范性上的较高要求。而随着课程体系变革，相关的前置课程和培训水平受到课时限制，教学效果不升反降（图2），因而在实习首阶段就形成了明显的塌落或短板。因此，只要解决这一症结问题，就可在很大程度上理顺关系，带动其他问题的解决。在受限于课程体系不能增加线下课时的情况下，只有借助教学模式变革和信息化手段的拓展弥补短板，才能迎接挑战，突破困境。

三、实践类课程信息化拓展的可行性

显而易见，实践类课程的现场作业部分，不应使用虚拟手段进行盲目拓展和取代。在真实遗产场景中，与建筑实物和环境的交互是培养学生对传统建筑文化的感知力、深入理解传统建筑，并进行探索发现的必要条件。如前所述，问题关键在于如何利用新的教学模式和手段，弥补图3所示前期培训的短板。所幸无论从国际还是国内看，教育信息化理念和技术不断推陈出新，各级教育主管部门和各高校也都大力扶持信息化改革。通过“翻转课堂”模式和信息化手段拓展，培养学生自主学习、探索发现的能力已成为当前教学的趋势。[2] 结合建筑教育特点和本课程具体教学来看，其可行性如下：

1. 传统建筑教育模式与“翻转课堂”理念契合互补

传统建筑教育模式中，主干课程设计课类似于“工作坊”模式，具有师徒口传心授色彩。学生通过理论课或讲座、自修等途径获取相关知识，但大部分课时是通过设计作业讲评和示范，师生面对面交流，以此完成一系列课程设计，实现教学目标。传统的测绘教学也脱胎于此，在早期师生比相对较高、测绘技术和成果要求不高、前置课程支持的情况下，教学流程中三阶段是大致匹配的（图3）。但是，如前所述，整体教改的推进打破了平衡，形成短板塌陷。与当前流行的“翻转课堂”理念相比，传统测绘教学模式在实质上类似，有其合理性和先进性，但基础理论和基本技能培训则是其“致命短板”，因此只要适当引入信息化拓展手段，则可望融合传统与当代教学模式的优点，形成基于信息化教学的新型工作坊教学模式。

2. 基础理论和基本技能教学具备信息化拓展和创新的条件

基础理论知识和基本技能的传授通过适于互联网传播的教学视频、直播课等形式展开教学，已为大量网络在线教学实践所证明，包括各类自媒体

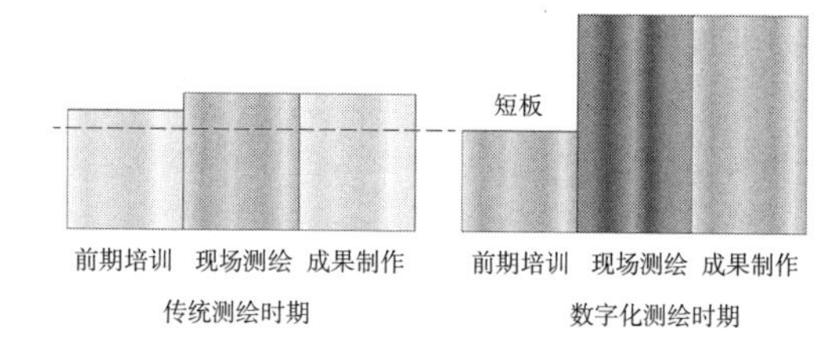

图3 传统测绘与数字化测绘各阶段教学要求对比示意图

平台提供的视频教学、短视频资源，在此无需赘言。既然将课程拓展的内容和方向定位在基础理论和基本技能学习，且教学组薪火相传70余年的教学经验和海量测绘数据资源积累，实现信息化拓展的可行性是基本成立的，关键问题是需要围绕并适应本课程特定需求进行教学设计和创新：

（1）知识点繁多，既需要体系化，又需要面向测绘实践细致拆分。

（2）实践课程强调特定场景下知识技能的应用，存在平行知识点，即学生不必面面俱到，可按特定任务需求重点学习或定向学习直接相关的知识点。

（3）知识点的学习和复习，可根据实习进度灵活安排或“跳转”。

（4）基本技能训练和考核能实现高度自主学习；基本技能演示需在真实场景中使用真实装备真人示范，使学习体验更真切、直观、清晰。

以上4点与现行的线上教学理念和技术特点高度契合，但也需要在现有基础上进行适当调整并创新。

四、信息化拓展策略和创新设计

针对上述拓展方向，遵循“理论教学先于仿真教学，仿真教学先于正式实践”[3] 的原则，教学组提出以SPOC① 和虚拟仿真实验教学② 为线上拓展手段，并与线下实践相结合的信息化拓展模型（图4）。根据上述课程特殊需求，又专门进行了特殊的教学设计。

1. “知识库型”SPOC

高校的线上课程主要有MOOC和SPOC，MOOC主要针对大众普及，而SPOC可与校内教学充分配合，与现有教学对象、课程目标、难度、已有知识积累相匹配[1]。根据前述需求（1）（2）（3），确定本课程建立“知识库型”SPOC，以适应本课程的灵活要求。所谓“知识库”是指将所有相关知识点按建筑遗产测绘体系的逻辑顺序尽量面面俱到地提供给学生，学生则根据自己的任务分工和兴趣自主定向学习。这种灵活的方式不宜采用按部就班推进的MOOC模式。

SPOC内容设计中注重“小片段、模块化”[2] 的特点，要求内容尽可能覆盖相关知识体系，并使结构模块化，模块内知识点细分，将复杂多样的知识点形成相对独立又有逻辑的完整课程

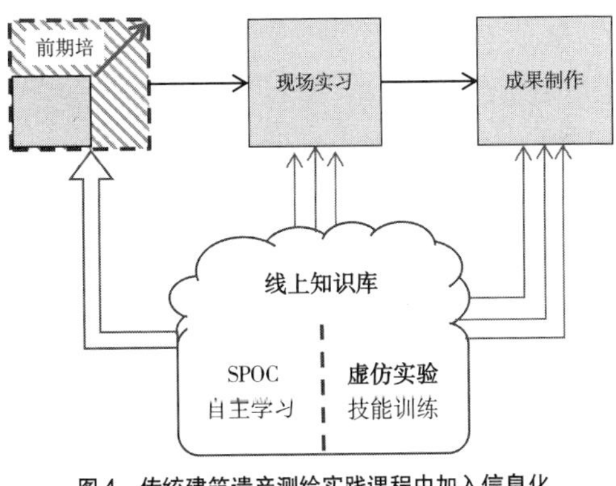

图 4　传统建筑遗产测绘实践课程中加入信息化拓展教学的模型

（图 5），也有助于学生梳理并构建或者重组自己的知识体系。SPOC 的章节标题简约鲜明，并提炼重要知识点做成主题词索引，链接到相关章节视频，方便学生检索、快速定位知识点，适合学生在移动网络端利用碎片化的时间进行学习（图 6），也利于与线下实操配合使用，形成“知识库型 SPOC”。

同时，学生可以利用“知识库型 SPOC”，根据需求自主选择相关学习内容，不必像传统课程需要从头到尾掌握全部内容。

2. 真人演示教学视频与短视频节目

在基本技能培训上，针对需求（4）教学组花费了较大精力，亲临几处文保单位，专门制作在真实场景中使用真实装备的真人演示外景教学视频，结合教师讲解分析，使学习体验更真切、直观、丰富，利于学生进入角色（图 7）。

同时，教学组还创编流行的动画短视频，通过微信平台、慕课平台和虚拟仿真实验平台多渠道发布，学生可随时观看学习，从而弥补因师生比小、学生测绘分组多、任务和进度不同而造成的教师分身乏术、现场无法随时顾及每个学生学习操作技巧需求的缺陷。

3. 在理论与实践教学之间插入虚拟仿真实验

基本技能的前期培训效果需经过考核检验。以往教学往往跳过这一环节而直接进入现场，导致被动。因此，可在理论和实践教学之间插入虚拟仿真实验达到考核目的，并以考代训，以考促训，使之成为理论教学的“复习课程”，实践环节的“预习课程”[2]。教学组选择“建筑观察分析与测稿编绘”“建筑虚拟测量”这两个关键环节作为虚仿实验的训练考核内容，相比于真实环境训练，虚拟仿真环境解除了安全疑虑，并可设定多样的建筑场景（图 8），通过人机交互、虚实结合，在观察分析建筑、虚拟拍摄、测量不同位置节点等基本技能上，高效、方便地获得考核结果（图 9—图 14）。在时空限缩于校园的线下培训中，这些内容很难实现。虚仿实验还加入新的内涵：顺应建筑学面向三维建造的改革，融合建造逻辑思路，改变绘图分工，并将单纯的测稿，变成集草图、构件表、照片索引为一体的建筑遗产观察分析笔记。

虚拟仿真实验利用互联网平台融合多个建筑遗产实物的 BIM 模型作为学生训练的对象（图 8），扩充实训案例、拓展学生眼界，同时也节约了学生时间、经费成本，突破了时间和线下场地的限制。利用虚拟仿真交互技术，学生通过鼠标操纵建筑模型，能更灵活地看清建筑各部位的构件，通过不同功能按钮对建筑进行自主观察、探索、测量等，将所学理论知识与实操结合，且避免了登高的安全风险；同时通过人机互动，激发学生自主学习、探索发现的乐趣。利用 BIM 模型中各构件清晰独立且附带信息的特点，将同类构件赋予名称、尺寸、作用、释义等信息内容，学生在互动操作过程中，轻松学习古建筑构造知识（图 9）。此外，虚拟仿真实验可通过系统记录学生操作过程，并设置人工评判和系统自动评判相结合的记分方式，成为

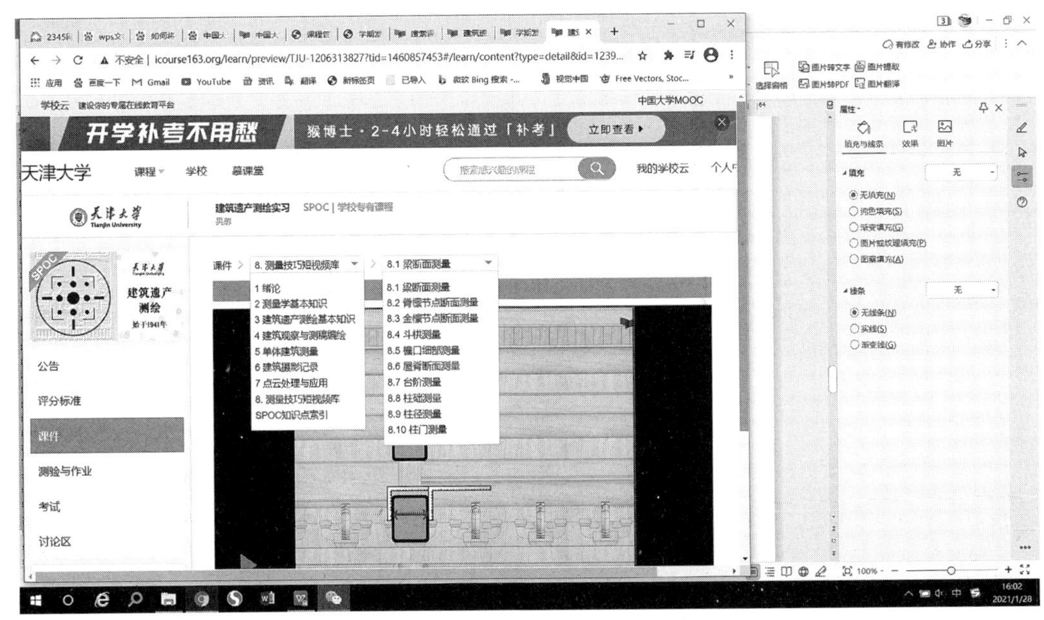

图 5　建筑遗产测绘实习 SPOC 电脑网页端章节细分界面

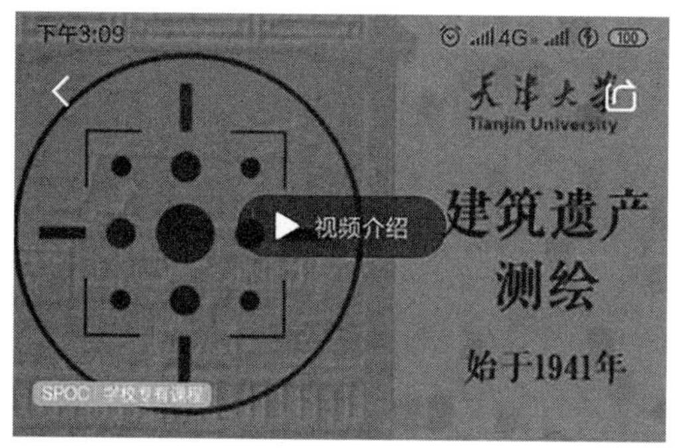

课程介绍　　课程大纲　　评价 5

建筑遗产测绘实习

天津大学 吴葱　　83人参加

第2次开课

2020-07-20至2020-10-01

当前开课已结束

错过本次精彩内容？报名下一次开课

课程介绍

建筑遗产测绘在学术研究、建筑创作、遗产保护、文化传播与传承、人才培养等方面都有重要的社会意义。在建筑教育中，对知识结构优化、专业技能提高、创新能力培养、综合素质养成有举足轻重的作用。

本课程是建筑学、城乡规划、风景园林专业学科基础必修课程。通过

立即参加

下午3:09

建筑遗产测绘实习

课程介绍　　课程大纲　　评价 5

课程大纲

1 绪论

1.2 测绘简史·测绘技术发展
1.5 测绘简史·中国近现代
1.3 测绘简史·文艺复兴以来的建筑测绘
1.6 测绘的意义
1.1 测绘的概念
1.4 测绘简史·中国古代

2 测量学基本知识

2.1.3测量坐标系的建立
2.1.1测量目的与实质
2.5.3测算设备发展历程
2.2.4水准测量数据处理
2.7.1控制测量的意义及作用
2.7.2导线测量
2.7.4三四等水准测量
2.1.2外业测量基准
2.1.4常用测量坐标系
2.4_距离测量的方法及用途
2.5.1_直线定向
2.6.3_表征测量精度的指标
2.2.1基本测量工作
2.3.3角度测量的基本方法
2.5.4_全站仪的使用
2.2.3水准测量
2.5.2坐标方位角推算
2.3.1测量学中的角度
2.3.2角度测量的仪器
2.6.2_测量误差的类型、特点
2.7.3导线测量的内业计算

立即参加

图6　建筑遗产测绘实习 SPOC 手机端课程界面

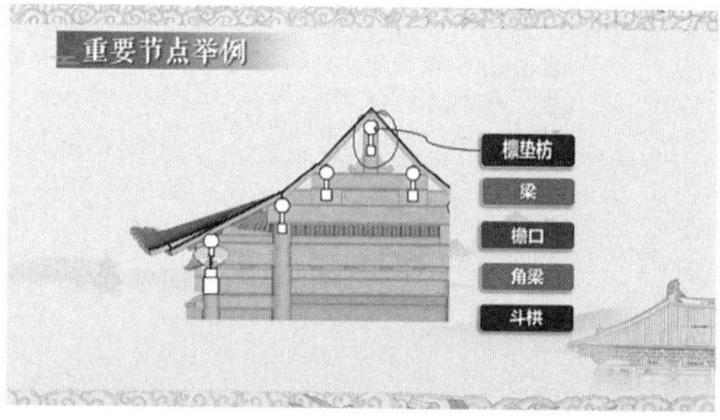

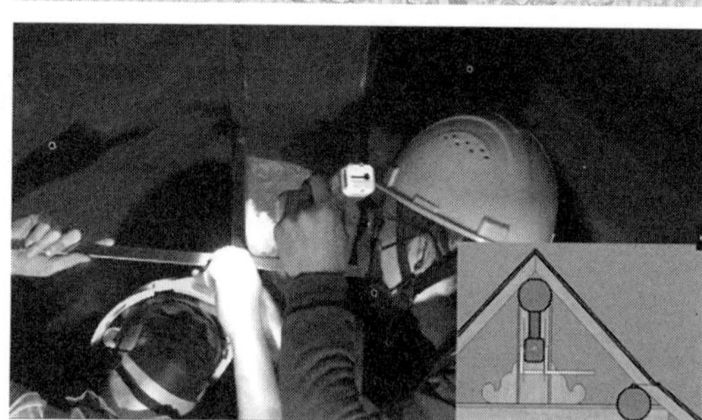

图7　建筑遗产测绘 SPOC 中几个不同画面

图8　左：单层歇山建筑　中：亭子　右：单层硬山建筑

对学生基本技能掌握情况进行考核的平台。

五、信息化拓展教学实践

天津大学建筑遗产测绘在线课程于2019年7月建设完成，并在“中国大学MOOC”的校内SPOC平台登录。建筑遗产测绘基本技能虚拟仿真实验教学也于2019年登录国家虚拟仿真实验教学项目共享平台[③]。目前，信息化拓展的内容已在2019年青海玉树藏娘佛塔及桑周寺测绘和2020年山东聊城山陕会馆测绘中得到实践应用。特别是在2020年，SPOC和虚拟仿真实验的“组合拳”发挥了重要作用。因疫情原因，暑期开课时仍有部分学生未返校，实训场地和正式测绘场地均受到一定限制，课程理论教学和实训都只能借助网上渠道完成，而天津大学建筑遗产测绘得益于前期课程信息化拓展内容的建设，有效进行了课程培训，并通过“线上知识库”助力顺利完成了线下实践。

学生学习体验的反馈：一方面通过线上课程的后台数据可知，经过教师引导使用SPOC和虚拟仿真实验的测绘组学生，课程观看完成度高，实验过程认真，且通过教师对实验中编绘测稿的点评修正，现场正式测绘较为高效；另一方面通过调研访谈，学生对于线上拓展的部分整体较为满意，通过前期较为完善的知识技能的培训，到了测绘现场能够很快进入状态。此外，有三分之二的学生在线下测绘时，利用移动APP再次翻看“线上知识库”中的SPOC内容和虚拟仿真测量技巧短视频来及时解决当下问题，缓解了师生比过小、教师无法面面俱到的压力（图9~图14）。

图9　虚拟仿真实验建筑观察分析：显示构件名称（1）

图10　虚拟仿真实验建筑观察分析：显示构件名称（2）

图 11　虚拟仿真实验填写建筑构件表

图 12　虚拟仿真实验虚拟拍照功能

图 13　虚拟仿真实验测量建筑不同节点

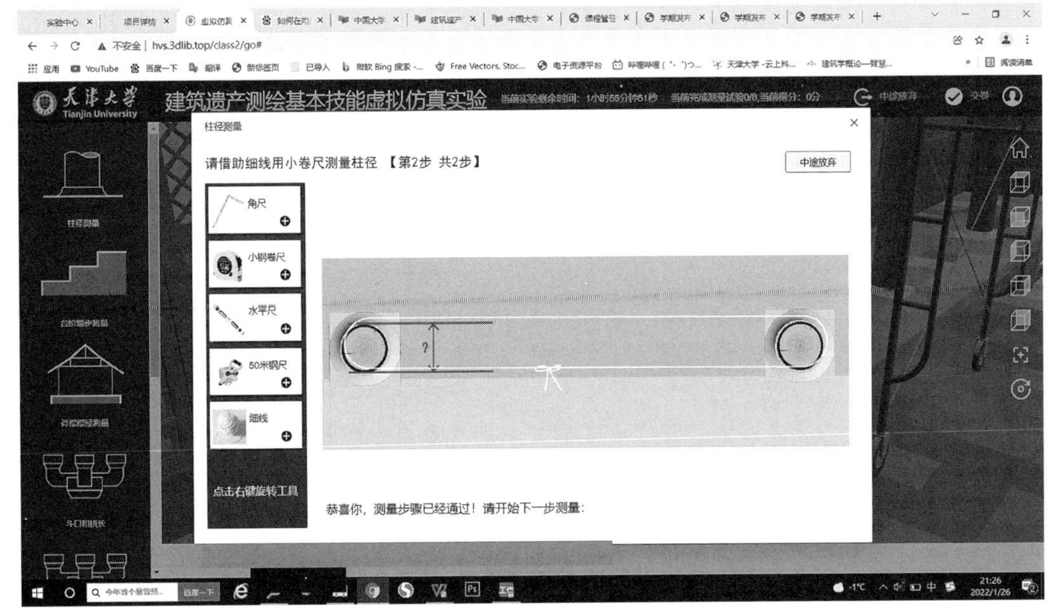

图 14　虚拟仿真实验柱径测量过程

带队教师的反馈：在课程 SPOC 和虚拟仿真实验刚上线时，师生都需要适应并找到信息化拓展与传统教学契合的点。教师通过 SPOC 讨论区提问引导以及实验有奖比赛的方式，对线上课程进行宣传，最大限度地激发学生自主参加 SPOC 和虚拟仿真实验的积极性。经过有效的前期基础知识和技能的培训，学生线下能较为主动和自觉地解决问题，不仅保证了现场教学工作有序、安全、高效的进行，而且减小了教师压力，可以让教师有更多精力讲解其他延伸的知识。此外，在注重过程评价的现代教学理念下，SPOC 和虚拟仿真实验的操作和成绩均可在后台查询，方便教师对该课程给出综合性的、公平的成绩。

六、结语

从本课程的教学设计到教学实践效果来看，线上拓展和创新是解决综合性实践类课程，尤其是内容复杂、成本高、线下要求严格的实践课程线下问题的关键所在和重要途径。依托"知识库型"SPOC 和虚拟仿真实验，拓展并创新了前期培训模式，按翻转课堂理念补强了传统教学模式短板，初步形成了新型工作坊的教学模式。学生在前期可自主定向学习，并能与线下实践及时、紧密、灵活地结合，线上内容成为指导实践的"云手册"，不仅突破性地解决了课程前期培训不足的问题，还缓解了教师现场压力，提高了现场工作的效率和质量。这种基于信息化拓展的新型教学模式可以为综合性实践课程在新形势下遇到的新问题提供解决渠道，并使课程与时俱进，教学水平得到提升。

注释

① _x0001_SPOC 也称作"专属在线课程"或"私播课"，是 Small Private Online Course（小规模限制性在线课程）的缩写，其概念是由加州大学伯克利分校的阿曼德·福克斯教授最早提出和使用。

② 虚拟仿真实验教学是依托虚拟现实、人机交互、多媒体和网络通信等技术，构建高度仿真的虚拟实验环境和实验对象，学生在虚拟环境中开展实验，达到教学目的的教学活动。

③ 网址：http：//www.ilab-x.com/details/v5?id=4931&isView= true

参考文献

[1] 王其亨主编；吴葱，白成军编著 . 古建筑测绘 [M]. 北京：中国建筑工业出版社 . 2006.
[2] 张金磊，王颖，张宝辉 . 翻转课堂教学模式研究 [J]. 远程教育杂志，2012，30（04）：46-51.
[3] 曹洪玉，冯宝民，唐川，史丽颖 . 虚拟仿真平台建设利用策略 [J]. 广州化工，2020，48（18）：117-119.
[4] 陈然 . SPOC 支持的智慧学习模式设计与应用研究 [D]. 江苏师范大学，2016.
[5] 安靖，尤春兰，李学虎，李安琪 .MOOC 教学设计原则与实施方法研究 [J]. 中国信息技术教育，2017（19）：77-80.

图片来源

图 1- 图 4：作者自绘
图 5- 图 14：自制项目网页截图

作者：孟晓月，天津大学建筑学院硕士研究生，研究方向为建筑遗产测绘；吴葱，天津大学建筑学院教授，博士生导师，研究方向为建筑遗产保护理论、建筑遗产测绘

中国园林史的情境代入式教学方法研究

孙瑶　邵亦文

A Research on Situational Teaching Methods of The History of Chinese Landscape Architecture

■ **摘要**：本文结合暨南大学风景园林专业的教学改革，针对中国园林史课程的传统教学方式进行反思，发现存在"三脱离"的问题。为解决该问题，本研究在调研学生基础知识储备和认知偏好的基础上，将情境代入式教学方法引入课堂。首先，在保证知识结构完整的前提下，对课程进行总体设计，并根据中国园林的发展规律进行情境阶段划分；其次，引入园林历史叙事、诗词歌赋鉴赏、影像资料观演、模拟评审鉴定四种情境代入式教学方法，从学生兴趣点出发来优化教学效果。

■ **关键词**：中国园林史；情境代入式教学方法；基础知识储备；学生认知偏好

Abstract: Based on the teaching reform practices in Landscape Architecture in Jinan University, this paper introspects the traditional researching methods in the History of Chinese Landscape Architecture and finds three-aspects problems. In order to solve these problems, this research explores the knowledge reserves and cognitive preferences of students and introduces situational teaching methods into classes. First, we design the overall teaching framework of this course and divide situational stages of Chinese landscape architecture in the premise of ensuring the integrity of knowledge structure. Second, we introduce four kinds of methods, including historical narration, poetry appreciation, film viewing and review meeting simulation, in order to attract students' interest and improve teaching effect.

Keywords: The History of Chinese Landscape Architecture, Situational Teaching Methods, Basic Knowledge Reserves, Cognitive Preferences of Students

基金资助：暨南大学教学改革研究项目（特色"金课"专项）；
国家自然科学基金委员会青年科学基金项目（项目编号：51908243 & 51908362）。

一、引言

中国园林史的教学对于风景园林及其相关专业教育意义重大。掌握中国园林的发展历程，理解中国园林体系的演变规律和文化内涵，可以帮助学生找准中国园林的文化定位和精神实质，进而以史为鉴来完善自身的设计思想，达到继承和发扬我国园林文化的目标[1]。在我国高校建筑教育体系中，中国园林史是风景园林专业的重要必修基础课程，同时也是城乡规划和建筑学专业的基础理论课程之一，一般会在本科阶段的低年级开设。但是，在中国园林史的授课过程中，大多沿用教师单向灌输的传统模式。实践证明，这种模式不仅加重了教师的授课压力，而且造成了学生的识记困难、理解困难和兴趣障碍。因此，针对中国园林史教学，探索教学相长的新型教学方法非常必要。

本研究以暨南大学本科一年级中国园林史的教学改革为例，基于对过去多年传统教学模式的反思，认识到学生基础知识积累和认知偏好对授课效果的重要影响。在此基础上，通过开发情境代入式教学方法，尝试多元化的新型教学路径，在保证知识传输效果的基础上，最大限度地"因材施教、因趣施教"，为其营造身临其境的园林赏欣体验。在调研学生基础知识储备和兴趣偏好过程中，本文采用电子问卷，收集到 35 份到课学生反馈数据。其中：男生 16 名，女生 19 名，生源地多为广东省（25.71%），高中阶段学科背景多为理科生（88.57%）。问卷内容包括三个主要方面：历史背景知识储备、认知兴趣偏好、学习时间投入。

二、传统中国园林史教学的“三脱离”

在教学改革实施前，中国园林史的授课以教师口授的单项式灌输为主，这种传统教学方法造成了"三脱离"的问题，直接影响了学生的学习热情和知识接收效果。

1. 脱离历史环境背景的孤立推介

园林是在特定的历史环境中形成的景观艺术作品，因此深刻理解历史环境背景知识对于认知园林具有重要价值。以魏晋时期为例，陶渊明、谢灵运等大家通过诗画作品引领了山水田园美学文化，催发了山水田园式园林的风靡[2]。但在实际授课过程中，教师往往忽视历史背景的铺垫教学。造成这种缺位的原因是教师对学生历史知识储备的错误预判，认为中学阶段的历史教育能够保证基础知识的积累。问卷调查发现，68.57% 的学生对于中学阶段的历史知识掌握"一般"或"差"。仅 5.71% 的学生认为中学历史知识积累完全可以支撑中国园林史的学习。 此外，中学阶段的历史教育强调通史认知，没有从园林研究的角度进行定向知识传输。

2. 脱离具体园林形象的抽象识记

由于明代之前的许多园林作品都源于文字史料中的片段式记载和抽象推测，缺少园林设计图纸的实物还原及其周边环境的生动展示，造成了教师在授课过程中往往趋向于咬文嚼字，学生对具体园林形象和特征的理解有困难。以秦朝兰池宫为例，由于年代久远，已无遗迹可考，主要通过《三秦记》《元和郡县制》中的文字史料来了解兰池宫的园林建设成就。例如，《三秦记》描述道："始皇引渭水为池，东西二百里，南北二十里，筑十为蓬莱，刻石为鲸，长二百丈。"[3] 仅通过文字无法形成对兰池宫空间尺度、建筑布局、景观的具体意象。上述情况导致学生对很多古典园林作品的认知模糊，对晦涩文言文的识记和转译产生畏难情绪。

3. 脱离思辨思维培养的被动灌输

中国园林史课程的教学目标不仅要求学生认知和理解园林史的相关概念、代表作品及演变规律，更重要的是培养学生的知识转化能力，最终丰富自身的规划设计思想，传承中华园林精髓，这就要求学生形成正确的历史观和思辨思维[4]。但是，传统的授课方式往往局限于死记硬背和盖棺定论，很少引导学生从多元化视角发表独到见解和进行批判性评价，导致中国园林史知识积累对学生后期的设计实践毫无裨益[5]。思辨性思维的培养，既要引导学生认识园林作品的可鉴之处，也要明确设计缺陷，而不是一味接受园林作品的设计都是无懈可击的想法。

三、结合课程总体设计的情境阶段划分

1. 课程总体设计

鉴于学生对中国园林史的认知过程，课程总体设计呈现"总—分—总"的知识结构模式。首先，要引导学生认知中国园林涉及的基本问题，包括园林概念、体系划分、类型构成、历史阶段划分等，这部分知识是中国园林史教学的总纲。其次，要引导学生详细认知中国园林的发展演变历程，按照时间推移厘清不同历史时期的园林发展背景和特征、园林主要类型和代表作品、成就及其影响价值[6]，这部分是课程的核心知识群，占据主要课时量。最后，在前期知识积累的基础上，引导学生归纳出园林历史演进规律和趋势，形成正确的历史思辨思维和鉴别欣赏能力，从而在今后的园林设计中利用科学的历史观传承和发扬中国园林文化[2]。由此可见，课程涉及知识点繁多、历史跨度广、理解难度大。如果继续沿用单向灌输的传统教学方法，学生则需要在课后花费更长的时间进行记忆和消化。但问卷调查结果显示，85.71% 的学生每周课下的时间投入不超过 5 个小时，这说明依靠课后时间增强知识理解的做法不可行，必须采取新型教学方法提高课堂上的知识消化。

2. 情境阶段划分

中国园林的发展伴随着华夏文明的历史进程，

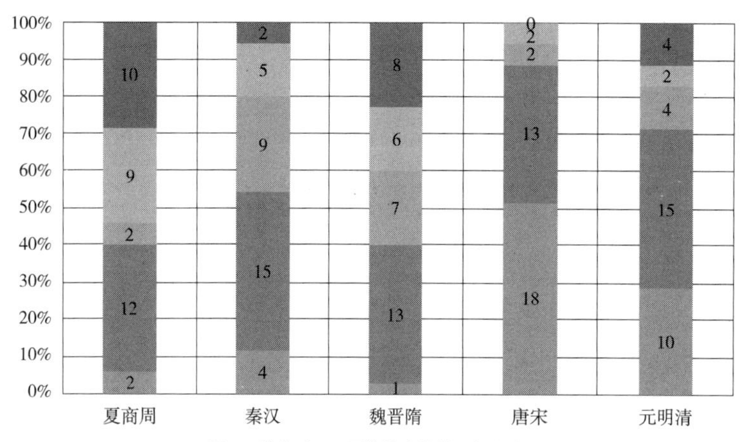

图 1　学生对于不同情境阶段的了解程度

呈现出“萌芽期（夏商周）—形成期（秦汉）—发展期（魏晋隋）—全盛期（唐宋）—成熟期（元明清）”的阶段化演进规律[7]，不同阶段对应不同的历史时期和社会背景。要想引导学生对中国园林发展形成清晰的认知，将学生带入不同阶段的历史情境非常重要。历史情境营造是借助多元化的体验式教学方法，最大限度地将学生带入特定的历史时间和空间场景中，假想以造园事件见证者的角色，深刻体会园林建造的时代背景、技术方法、造园智慧等内容。由问卷分析结果可知：在所有情境阶段中，88.57% 的学生对唐宋历史场景的相对了解程度“非常高”或“较高”，71.43% 和 54.29% 的学生分别对元明清和秦汉阶段的相对了解程度“非常高”或“较高”，对于夏商周和魏晋隋阶段的历史场景了解相对少（图 1）。鉴于此，在授课过程中，教师可根据学生对不同历史情境阶段的熟悉程度，进行区分化教学，扬长避短且有的放矢。

四、情境代入式教学方法探讨

相比于传统教学模式，情境代入式教学方法旨在激发学生的学习兴趣和主观能动性。对于中国园林史而言，情境代入式教学需要完成以下步骤：第一，创设背景情境，即对应我国园林发展的五个历史进程创设五个特定的历史情境，充分烘托特定的历史时空氛围；第二，回顾造园情境，即引导学生回顾特定历史时空的特定造园事件，并组织师生间互动和观点交流；第三，评价情境，即运用科学的历史观，对不同阶段的园林特征和成就进行鉴赏、评价和以古鉴今。教学实践证明，以下四种具体的操作路径最符合学生的兴趣偏好，包括园林历史叙事、诗词歌赋赏析、影像资料观演和模拟评审鉴定。不同的操作路径融入不同的情境营造步骤，共同支撑并实现了中国园林史的课程设计（图 2）。

1. 园林历史叙事

园林历史叙事是通过讲述特定时期的故事或

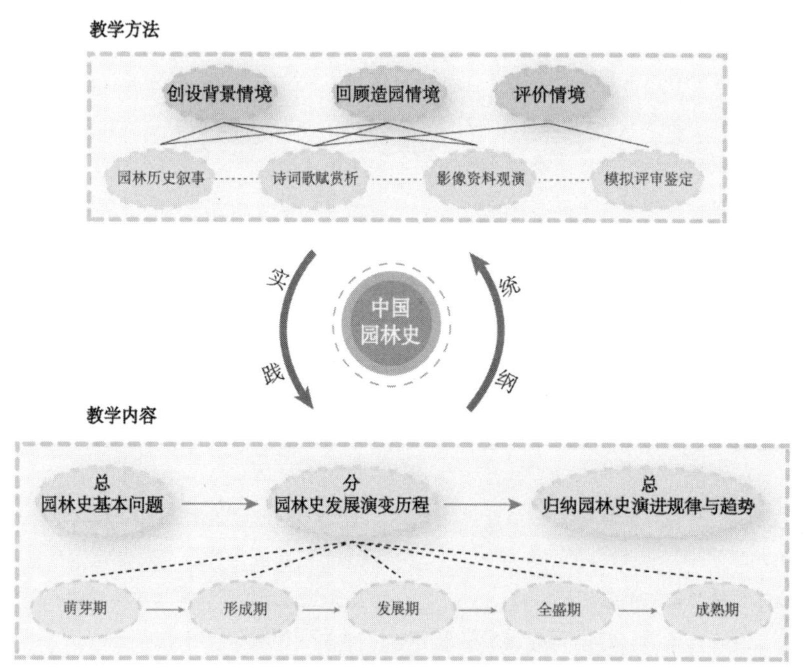

图 2　情境代入式教学方法总体思路

典故的生动形式，创设背景情境和回顾造园情境。具体而言，要挑选学生感兴趣的逸闻趣事，将原本枯燥的理论用历史故事表达出来。例如，在讲解晋朝社会背景时，通过讲解晋武帝时期“八王之乱”的士族斗争故事来映射当时“民生凋敝、社会动乱”的社会背景，从而完成背景情境创设。尤其要重视不同阶段社会文化风尚、生产力水平、科技发展、朝代更迭的情境创设。由问卷分析可知：通过对不同历史背景知识进行积分累加（一级重要计8分，依次递减，八级重要计1分），社会文化风尚、生产力水平、科技发展对于学生理解园林知识的重要性最高（图3）；根据“一级重要”指标的分项分析，分别有54.28%和31.43%的学生认为社会文化风尚和朝代更迭演进对于理解中国园林的背景情境的首位度最高（图4）。此外，在回顾造园情境时，也可以通过筛选特定的趣事来加深学生的理解。例如，在讲授宋朝艮岳寿山的造园过程时，可以通过“宋徽宗信道求嗣”的故事来引导学生进入造园情境。

2. 诗词歌赋赏析

由于诗词歌赋是挖掘中国古典园林知识的重要来源之一，并且其意境优美、经久流传、朗朗上口，对于园林的背景情境创设、造园情境回顾以及评论均效果显著。例如，在创设秦朝皇家园林的造园情境时，可以带领学生重温文学名篇《阿房宫赋》，结合文字描述让学生想象阿房宫盛大的空间尺度和精致的建造工艺。在课堂实践中，让学生用场景手绘的形式，结合以下文学名句“二川溶溶，流入宫墙。五步一楼，十步一阁，廊腰缦回，檐牙高啄。各抱地势，钩心斗角”[8]，勾勒出心中的阿房宫形象，将园林的文学意象转化成空间意象。在评论晋朝山水田园的情境特征时，可以带领学生共同鉴赏陶渊明的《归园田居》的诗歌内容，“方宅十余亩，草屋八九间。榆柳荫后檐，桃李罗堂前。暧暧远人村，依依墟里烟。狗吠深巷中，鸡鸣桑树颠。户庭无尘杂，虚室有余闲。久在樊笼里，复得返自然。”[9]通过对上述诗句的理解，引导学生评论该园林形式的空间要素、功能构成和氛围意境。

3. 影像资料观演

将影像资料观演代入中国园林史课堂是最契合学生学习偏好的教学方式，因为影像资料以其丰富的声、光、影展示效果，能够直观、生动地表现历史背景情境和造园情境，最大限度地给学生带来身临其境的感官体验。问卷分析结果显示，60.00%的学生偏好该种教学方法。但是，影像资料观演的教学方法对教师备课阶段提出了更高的要求，主要表现在影像资料的筛选和影像片段的剪辑。一方面，在筛选影像资料的过程中，要去伪存真，重点挑选科教纪录片等还原度较高的影视作品，避免不严谨的影像资料对学生产生误导；另一方面，由于课堂时间有限，影像资料观演的

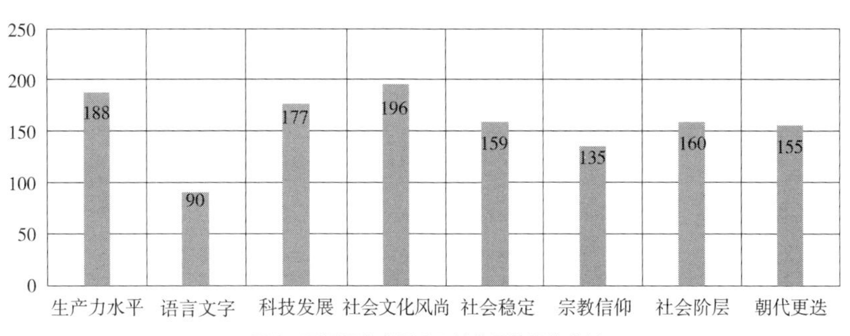

图3　不同历史背景重要性的累计积分分析

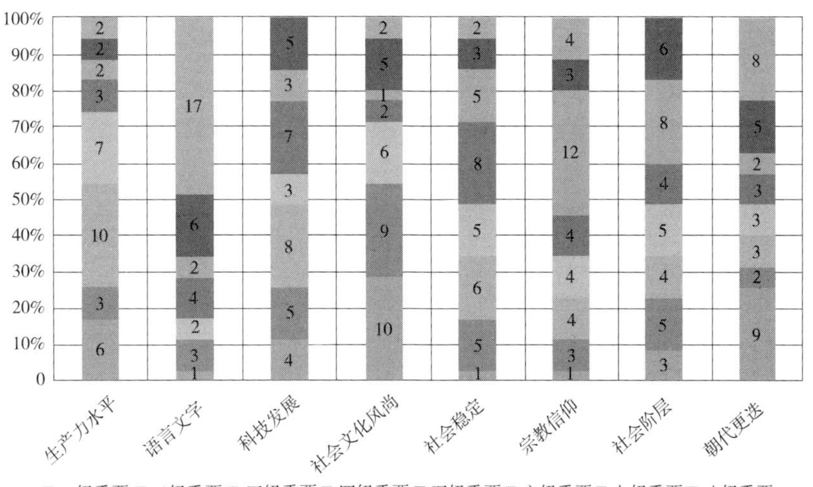

图4　不同历史背景重要性的分项分析

介入时长要有限制，播放完整影像作品是不现实的，需要紧密围绕讲授的情境主题进行片段剪辑，因此教师要掌握一定的剪辑技术。

4. 模拟评审鉴定

中国园林史的授课目标不仅要帮助学生充分认知历史情境背景以及造园成就，而且要让学生具备辨识、评价园林的知识转化能力。在教学实践中，以模拟专家评审会的形式，针对不同类型的园林成果进行案例点评是行之有效的方法。专家评审会由学生自己组织，分小组轮流扮演案例陈述者和评审专家的角色，充分发挥学生的主观能动性。但是，为了把控课堂节奏和内容主题，教师在此过程中需要做好以下引导把控工作：第一，课前督促学生进行充分准备，做好案例资料收集归纳、评论预案制定等工作；第二，分配好双方角色扮演者的发言时间，保证所有学生都有参与的机会；第三，认真领会学生的评价观点，最后预留时间进行总结式点评。此外，为了保证教学质量，可以将学生表现纳入课程考核体系，作为平时成绩的重要组成部分，这也符合学生对于考核形式的偏好。问卷分析结果显示，45.71%的学生偏好以园林案例分析作为课程考核方式。

五、结语

综上所述，本研究的主要发现包括以下三个方面：第一，以教师单向灌输为主的传统中国园林史教学模式，已经不符合时代要求，暴露出"三脱离"弊端，分别是脱离历史环境背景的孤立推介、脱离具体园林形象的抽象识记、脱离思辨思维培养的被动灌输；第二，学生前期的基础知识储备不足以满足中国园林史的教学要求，需要进行进一步引导，并且学生的兴趣偏好呈现出对情境代入式教学方法的期待，为教学改革奠定了受众基础；第三，实践证明，情境代入式教学方法是行之有效的改革举措，通过园林历史叙事、诗词歌赋鉴赏、影像资料观演、模拟评审鉴定等具体实践，能够保证课程总体设计得到贯彻，并最大限度地提升学生的学习体验。

参考文献

[1] 景艳莉.《园林史》课程教学改革探讨 [J]. 科技情报开发与经济，2010，20（07）：187-188.

[2] 周艳梅，陈望衡，齐君 . 环境美学视角下中国风景园林史教学研究 [J]. 园林，2021，38（02）：42-46.

[3] 刘庆柱.《三秦记》辑注.《关中记》辑注 [M]. 三秦出版社，2006.

[4] 王应临，李雄 . 国际比较视野下"中国园林史"课程教学的优化 [J]. 中国林业教育，2017，35（04）：73-78.

[5] 张新果，屈永建，郭风平，等 . 基于有效教学理论的"中国园林史"课程教学的改革与实践 [J]. 中国林业教育，2017，35（02）：67-69.

[6] 陈燕，李大鹏 . 大学本科阶段园林史教学存在的问题及改革对策 [J]. 现代农业科技，2011（07）：21-23.

[7] 郭风平，方建斌 . 中外园林史 [M]. 北京：中国建材工业出版社，2005.

[8] 杜牧 . 樊川文集 [M]. 上海古籍出版社，1978.

[9] 逯钦立 . 陶渊明集 [M]. 中华书局，1979.

图片来源

本文所有图片均为作者自制

作者：孙瑶，暨南大学风景园林副教授、博士；邵亦文（通讯作者），深圳大学建筑与城市规划学院助理教授、博士

乡建视角下地方院校建筑教育转型及创新实践
——以温州大学为例

谢肇宇　刘集成　陈彦　孟勤林

The Transformation and Innovation Practice of Architectural Education in Local Colleges from the Perspective of Rural Construction—Taking Wenzhou University as an Example

■ **摘要**：文章从解读乡村振兴内涵、高校角色定位及优势等出发，以不同视角贯穿式地介绍了当下温大建筑学专业的转型思考，以及乡建视角下“学科顶层构架 + 特色路径及综合机制 + 乡建理论课程”的具体实践。通过回顾“乡土营建”教育路径的发展历程，详解特色“综合机制”及理论课具体内容、架构与反馈，总结并提出后续计划。本次教育转型和特色教改，为地方院校建筑学发展与转型、积极推进乡建主题的综合实践提供了诸多启示。

■ **关键词**：乡建；建筑教育；教改；综合机制

Abstract: Starting from the interpretation of the connotation of rural revitalization, the role and advantage of universities, this article introduced the transformational thinking of Wenzhou University's Architecture Major and the related innovative practice from the perspective of "disciplinary top-level structure + characteristic path and comprehensive mechanism + rural construction theory course" from the perspective of rural construction. By reviewing the development history of the "rural construction" path, this article explained in detail the specific content, structure and teaching feedback of this "comprehensive mechanism" and the theoretical course, and finally summarized and put forward a follow-up plan. This educational transformation and characteristic teaching reform have provided enlightenment for local colleges and universities to actively promote the integrated practice of production, study and research on the theme of rural construction.

Keywords: Rural Construction, Architectural Education, Teaching Reform, Comprehensive Mechanism

一、乡村振兴与建筑教育

1. 乡村振兴内涵及特质

在经历了"新农村建设"（1999年）和"美丽乡村建设"（2013年）两个阶段之后，中央提出了"乡村振兴战略"（2017年）的内容、原则及"二十字方针"，并初步形成制度框架和政策体系，使国家的乡村工作从解决三农问题、住房问题、乡村环境整治及产业发展，上升至"生态环境、景观、人文、产业、社会等"更高更综合层面。2021年温州印发了《温州未来乡村创建导则（试行）》《未来乡村评价办法》《未来乡村项目管理办法》等，从"邻里、教育、健康、文化、低碳建筑、交通、智慧、生产、治理"等角度提出了温州视角下多样化、综合化的乡村振兴议题及未来理想场景。与此同时，诸多学者从"软件"即社会效益、人文历史、管理及制度等层面阐述了乡建内涵，并提出了"体制破壁，推动上下双向联动的组织机制创新"等，认为乡建根本地涉及产业体系、建设主体、利益机制、治理模式、金融体系、服务平台、乡土文化等综合软件建设。同时台湾省的乡建历程亦表明：在综合且多样的乡建语境下，以教育、文化、邻里（社区认同、公众参与、人才培养）为载体的公益性及社会性越发重要。

因此，未来乡建既是"多议题／多力量／软硬条件兼备"的综合性实践，亦是强调"社会价值／效益、公平／公益性"的人文实践，而建筑学及建筑教育在其中扮演什么样的角色，是一个值得深思的问题。

2. 建筑院校与乡建

近些年各类成功实践亦证明，乡建往往涉及"社会力、技术力、资本力"等多股力量，需要全社会广泛参与，而当下建筑学人参与乡建的领域、渠道及方式多种多样：

（1）以建筑学界研究民居、聚落的专业团队为代表，其与人类学、历史学等研究团队合作，通过挖掘古村建筑、规划的内涵、规律及文化价值等，为村落保护、产业发展、社会建设等发声并提供研究成果。

（2）以中国乡建院为代表，越来越多的建筑师及团队积极入村，通过建筑项目、整体规划等，为改善乡村人居环境、产业复兴等提供思考。

（3）建筑学者与艺术家等一道，积极挖掘并整理民艺、民俗等非物质文化，提供策展及整体保护振兴方案，试图从艺术切入乡建，开拓一条新型乡建路径（如"碧山计划"）。

（4）建筑学以培养乡建的建筑师为己任，不断强化乡建专题的建筑教育。

相较2015年之前"乡建活动及其讨论多由政府单位、设计研究院、社科院、企业、杂志社等机构牵头，高校却较为迟滞被动"，近年来诸多建筑院校纷纷扮演起了重要的乡建角色——主动出击推动多种途径、形式的乡土实践，并以内外兼修的模式支持乡建及建筑学事业的发展（表1）：

乡建的两条路径 　　**表1**

模式	代表案例及特色
对外	1. 高校建筑师多以科研项目转化、设计实践等服务社会； 2. 清华、天大、同济等老牌建筑院校，以牵头主办乡村复兴论坛、未来乡村启动会等学术研讨会、建造大赛、设立公社机构吸引建筑师入驻（楼纳、松阳等地）等方式回应社会
对内	1. 厦大、昆明理工等更多地方院校，结合当地民族、人文地理、生态环境的独特性，将"乡土建筑、乡村营建体系、乡土人居环境等"作为基点，不断开展深具地域特色的建筑学实践。其多通过地方特色的科研、教学铆定人才培育特色并自我定位； 2. 多以研究型设计、建造大赛、学生竞赛的方式介入乡土实践，并带动产学研，但缺少相关的理论课程建设

纵观建筑实践脉络，高校作为教育及学术研究性质的机构，其乡土实践个性及特色鲜明，相比其他单位饱含独特优势：

（1）更具"社会性、实验性、公益性、公平性"的行为导向。

（2）更切实际：往往从目标、问题及构想而非指标出发，推动"自下而上"式的营造及组织活动。

（3）更具综合性优势："产学研一体化"的综合性，成果相互支持并转化，并创新地兼顾软硬件，如"设计规划及硬件建设""社会机制成立及问题解决"。

（4）解决人才培养的关键问题：为乡村培养并输送具备专门化知识与技能的乡建人才提供了保障。

3. 乡建的建筑学本科理论课程

近些年各大建筑院校的乡建实践开展得如火如荼，但针对本科生的教学实验却多受局限——以单项设计及实践课程为载体，辅以部分科研，理论课程偏少且未形成较明确稳定的成熟课程体系，部分课程如下（表2）：

乡建理论课及其特色 表 2

代表性乡建理论课	特色内容
清华《风景、聚落与建筑——传统民居与乡土建筑》，王路，2003 年	从建筑、聚落风景及背后规划思想、审美感知及评价体系出发理解乡土，并导向聚落保护更新实践
上海大学《传统民居与乡土建筑》，魏秦，2008 年	采用双向互动式的理论教学，与《中建史》前后关联，纵向历时性地发掘乡土建筑的演变规律及各类特征，横向共时性地对乡土建筑与当代建筑创作在空间形态、环境、技术等层面进行比对总结，以此深入理解乡土建筑的经验与智慧，思考当代建筑创作方法如何借鉴传统
清华《乡土建筑学》，罗德胤，2008 年	以建筑类型作为线索，大量乡土实例调研及田野调查为支撑，多维度解读乡土住宅（民居）、宗祠、庙宇、文教建筑、防御建筑等，目的是让同学们对中国乡土建筑有一个概览式的了解
同济《城乡发展与规划概论》，彭震伟、张立等，2014 年前后	慕课形式的通识课程，用宏观视角，从资源、技术、交通、管理及法规等城市议题出发，解读城乡发展问题及发展战略，部分地涉及乡土问题
湖大《当代乡建》，卢健松，2018 年	从“背景及概论、乡村建设发展历程、村庄规划、乡村建筑设计方法理论”等层面开展教学，旨在培养学生与乡建相匹配的认知观念、方法技能、态度情感

纵观上述课程，侧重不同，却具有“融合教师实践经历”共性，并初现“注重认知、综合培养审美／情意／技能、课程联动、结合科研、逻辑缜密、自成体系”等特点。

二、“综合机制”及理论课改革的基础

1. 温大建筑学的困境及转型

温州大学地处沿海城市温州，温大及建筑学专业与温州发展息息相关，同样面临着时代发展带来的困境：

（1）在地的乡土与城市历史街区综合性保护、再生及更新的实践滞后，多零散、低质、商业化。

（2）地区级高等建筑教育，已初具规模并结构成型，但教学软体系化水平与质量亟待提高，缺少“引进来走出去”的对外交流，教育理念及产学研协同等观念较为滞后，仍未突破“实践应用型”的限制。

（3）建筑行业人才紧缺，尤其是乡建人才。

但同时温州“敢于拼搏的人文精神”“优厚的地理位置”“独特而厚重的地域文化”等，亦为温州及温大建筑学抓住时代契机，实现转型并为地区转型发展带来可能。

据此，温大建筑学从 2018 年至今，经历了一个专业调整转型的历史过渡期——希望通过培养目标和专业定位调整、课程体系改革、机制与课程创新，使专业特色能具化与落实，在特殊历史时期切实发挥地域及平台优势，开展服务浙南地域的、新模式的“产学研”实践。（图 1）

2. 顶层革新与地方服务路径成型

顶层设计主要针对本科教学体系的调整：如“培养目标、专业定位及特色”层面，在原来“培养工程应用型职业建筑师为核心目标，突出工程技术特色的应用型人才”的目标基础上增加了“强化人文内涵、国际化、在地性、个性及创新性教育”，并将“项目策划、运营管理、社会服务”纳入就业范畴；同时将专业定位从重点关注城市调整为“服务城乡”，最终专业特色呈现为“人文关怀＋地域性＋侨文化及国际化＋绿色可持续”。

顶层设计推动了课程体系改革，并结合“产研”促成地方服务两条主脉成型（城市社区营造、乡土营建）：一者构建出了“设计课为核心纵向延续、其他课程围绕之横向铺展”的整体“纵横格

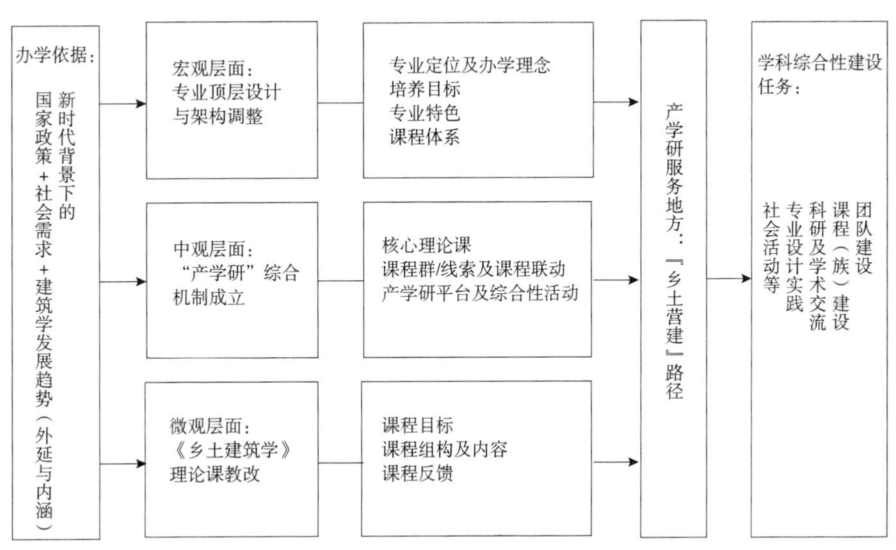

图 1 “乡建”路径贯穿的本科教学发展及转型逻辑架构

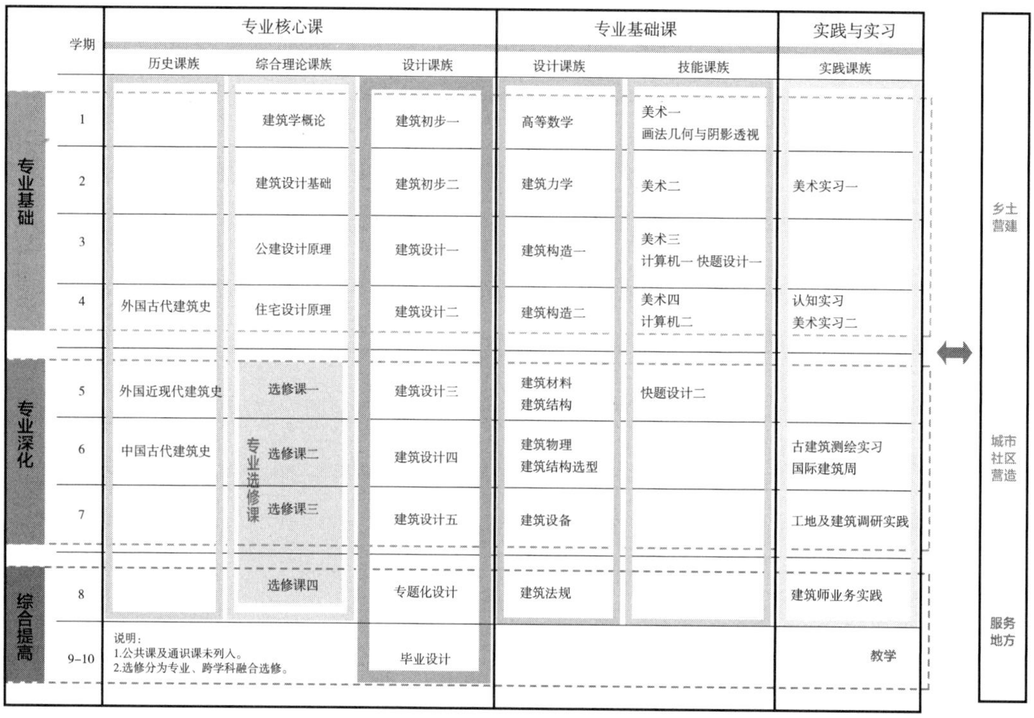

阶段	学期	专业核心课：历史课族	专业核心课：综合理论课族	专业核心课：设计课族	专业基础课：设计课族	专业基础课：技能课族	实践与实习：实践课族
专业基础	1		建筑学概论	建筑初步一	高等数学	美术一 画法几何与阴影透视	
	2		建筑设计基础	建筑初步二	建筑力学	美术二	美术实习一
	3		公建设计原理	建筑设计一	建筑构造一	美术三 计算机一 快题设计一	
	4	外国古代建筑史	住宅设计原理	建筑设计二	建筑构造二	美术四 计算机二	认知实习 美术实习二
专业深化	5	外国近现代建筑史	选修课一	建筑设计三	建筑材料 建筑结构	快题设计二	
	6	中国古代建筑史	专业选修课 选修课二	建筑设计四	建筑物理 建筑结构选型		古建筑测绘实习 国际建筑周
	7		选修课三	建筑设计五	建筑设备		工地及建筑调研实践
综合提高	8		选修课四	专题化设计	建筑法规		建筑师业务实践
	9~10	说明：1.公共课及通识课未列入。2.选修分为专业、跨学科融合选修。		毕业设计			教学

乡土营建 ⟷ 城市社区营造 ⟷ 服务地方

图 2　新课程体系架构及服务地方特色路径

局"；二者在必修课程基础上强化了特色选修课和实践课。

课程及结构的调整，亦为多条乡建教学线索的成型、交叉汇聚、延续拓展提供了可能，并为"乡土营建"路径的落地提供了方向，亦直接影响了乡建课程（群）、机制、课程培养目标的成型与组构。（图 2）

三、乡建的产学研"综合机制"

1. 发展历程

温大建筑学"乡土营建"特色路径的形成，是多项科研、教改、设计实践、平台建设等交织共进的结果，并以 2018~2021 年的转型期为契机，适时地搭建了各类"乡建"主题产学研平台，其后通过"综合机制"尤其是核心理论课建设，促成了团队及路径成型。截至目前有明显的两个阶段：

（1）探索阶段

2015~2019 年，以单个教师指导大学生创新创业为起点，依托学院创客空间成立学生主导的"永嘉营造学社"工作室，其平行对接学院城乡规划研究所，其后吸引各级学生共同参与，在教学与地方合作的设计实践层面产生许多尝试：一方面依托毕设开展特色乡土教学，利用乡村真实场地、环境、任务，使教学真实化；另一方面通过概念方案为乡建提供设计思考。

此阶段的乡土在地服务可凝练为几大主题：乡土景观规划与建筑设计、建筑遗存及景观的保护及活化再生、乡土项目策划及整体规划等。

（2）设立阶段

2019~2021 年为机制成型阶段，以"永嘉营造学社"转型为系直属工作室为开端，团队成型为标志，不断拓展产、学、研三者面宽及深度：一为编织教学网络，针对性地设置核心理论课程《乡土建筑学》，与《古建测绘》《建筑设计》等交叉互动，形成课群脉络。二为架构并拓宽平台渠道，依托"温大国际建筑周""中意合作论坛"等，开放式地探讨"科研—建筑设计—乡村振兴策划实践"等真实课题及相关命题。三为锚定并深挖已有产学研通径，借助研究课题深化与国企、政府部门的产学合作，带领学生积极参与传统村落保护及复兴、空间规划、旅游景区、空间提升等真实提案与策划，并通过大学生乡村振兴竞赛等渠道，拓宽了产学结合口径，厚植"产学研"精神，使融合上升至另一高度。（图 3、图 4）

2. 内容及特色

近年来教研组锚定"以乡建为主题的系统性理论讲授、实操与经验整合、情意强化、通识 / 专业素养培育、地域性教育"等教育目标，进行了如下创新实践并形成产学研"综合机制"：

（1）设立《乡土建筑学》理论课：旨在紧扣"乡建"路径，上承整体培养方案，课程目标侧重"认知、情意"的拓展，以"独立话题、案例、开放式讨论"等形式支撑"乡建理论讲授、科研传递与梳理、实践经验总结"的线索，内容深浅搭配，结构张弛有度。同时，教研组吸收名校经验，以多个特色章节展开具体操作，并以"选读—调研—汇报—小论文"的方式做考核。

探索阶段

- 大学生竞赛、建筑类竞赛及创新创业项目为主（2015前后）
- 永嘉大若岩 陶公洞景区整体提升计划及分项建筑单体概念设计（2018）
- 永嘉大若岩 胡公大殿更新改造概念设计（2018）
- 永嘉大若岩大元下村（五星级示范村） 整体振兴提升计划（2018）
- 永嘉岩头 整体景观提升工程（2019）
- 永嘉岩头 南入口设计评审及策划建议（2019）
- 永嘉岩头 整体更新导则（2019）
- 永嘉岩头 历史文化古村振兴计划（多轮整体研究型设计，2019年至今）
- 永嘉“岩头&芙蓉”历史建筑及重点文保单位测绘（测绘课）（2019）

机制设立阶段

- 课程设计村落专题（2020至今）
- 永嘉碧莲镇山坑等村 乡村休闲示范带规划设计（2020）
- 永嘉高谢村 党群服务中心设计（2020）
- 永嘉岩头 古村聚落形态研究（论文，2020）
- 永嘉苍坡 毓德堂修缮工程（2020）
- 永嘉苍坡 李成合民居修缮工程（2020）
- 永嘉枫林镇 富裕大屋修缮工程（2020）
- 永嘉枫林镇 八房祠修缮工程（2020）
- 永嘉枫林镇 枫二七份下屋修缮工程（2020）
- 永嘉芙蓉 测绘（测绘课）（2021）
- 楠溪江乡土园林调研及谱系建立（2021）
- 永嘉大若岩龙坪等村调研及整体提升策划（2021）
- 温州泽瓯海区泽雅北林垟田园综合体方案设计（2021）
- 永嘉港头村 李得钊故居修缮工程（2021）
- 永嘉大若岩镇 萧王殿修缮工程（2021）
- 永嘉岩头镇 文岩祠修缮工程（2021）
- 文成县西坑镇 周定故居修缮工程（2021）
- 文成县珊溪镇 坦岐村联络站修缮工程（2021）

机制升级拓展阶段

■ 综合类 ■ 设计生产类 ■ 科研类 ■ 教学类

图 3 不同阶段项目列表

图 4 部分产学研项目

（2）以《乡土建筑学》为纽带形成联动的课程群／线索拓展教学脉络：与《初步课》《设计课》《古建测绘》《景观设计》等设计实践课程联动，在其中设置乡建任务，并依此强化技能训练；另一方面，与《建筑概论》《中国建筑史》等理论课联动，承续过渡并深入补充乡土理论内容。

（3）提供多类平台与渠道：在课程平台外，借助学院、工作室、城乡规划研究所等，支持国际建筑周活动、产学联合／科研项目等，为学生参与综合实践提供渠道和机会，并鼓励不同年级的学生参与，通过高低搭配形成阶梯式师生队伍。（图 5）

乡建的产学研“综合机制”，以形成训练闭环的教学网络为内核，平台及产学项目为载体，而教学网络又以乡建理论课为纽带，以团队及师生个体为基本的活力因子，其内涵与外延指向如下（表 3）：

3. 乡建理论课

基于以上思考与设定，乡建理论课从“优秀教学范例—重要学术成果—地域特色自身实践”出发，最终以“六大主题—多个章节—串联性内容”的结构落地，内容涵盖“产、学、研”，直指“认知、技能、情意”的培养目标，以 2021 年课程为例具体呈现如下（表 4）：

四、反馈、展望及总结

1. 效果反馈

以《乡土建筑学》为例，通过学生作业、行为、课程反馈以及问卷调查，可窥探乡建路径及整体机制所产生的“化学反应”，即学生认知、情意、能力等层面的变化。

（1）学生对乡建的认知与关注的拓展、态度的转变。即在设计中更能接纳乡村课题，更多地从人文角度、后续运营管理、经济与乡土技术角度进行观察与思考，自发地以研究型设计代替传统单一的强调“造型—功能”的设计模式。这亦从侧面反映出乡建教育推动塑造了“产学研模式下的综合型思维与思辨能力”。

（2）学生比过去更愿意参加乡土实践，增加了乡建兴趣、责任意识及信心。正如某位同学所言“了解了许多优秀建筑师的实践及他们不同的思考，也加强了自己投入乡建的信心”。

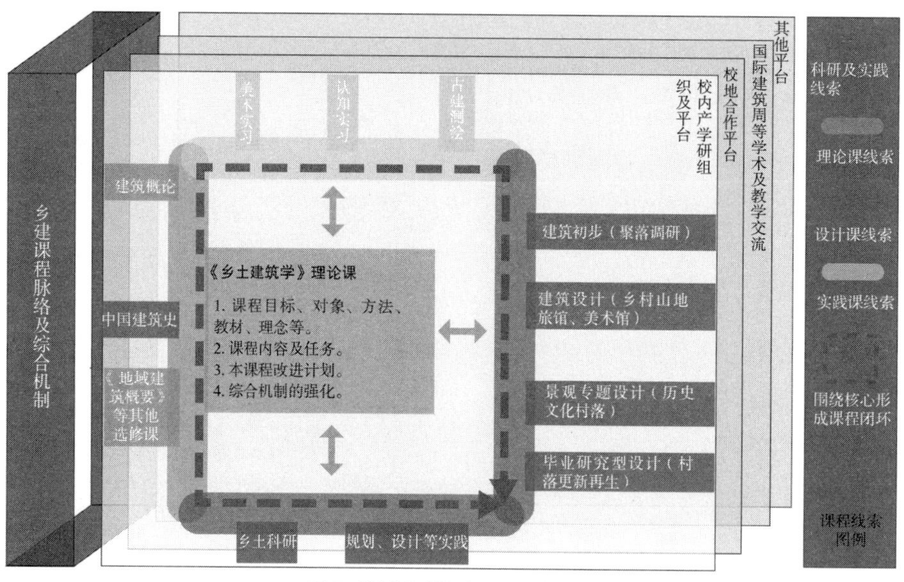

图 5 “综合机制”内容及整体架构

“综合机制”内涵与外延指向 表 3

课程等载体和涉及层面	核心议题	训练侧重
研究及理论课：社会、人文、心理、美学等	1. 乡土社会发展史与结构 2. 乡土社会的变迁史 3. 传统文化及民俗 4. 乡村振兴的内涵与需求 5. 乡土社会当下发展困境及症结 6. 社会及政府的力量与角色	培养认知： 认知乡土的社会、文化、心理、美学等的概念、理论、历史、变化规律 / 程序等 培养情意： 品德、价值观、思考力、兴趣、美学涵养等
设计课：设计、规划、建造技术等	1. 乡土的建造技术 2. 乡土建筑保护、改造再生 3. 乡村公共空间复兴 4. 聚落整体规划、环境提升策略	培养建筑学核心的设计能力与技能：包括调研、理解分析、想象转化及表达等
产学研实践综合项目：协调、管理、组织、策划等	1. 文案策划 2. 实施计划的组织与牵头 3. 参与者 / 相关者的协调及咨询 4. 机构运营 5. 文化孵化、培育	培养管理协调的综合素质：计划 / 策划、沟通交流、团队合作、领导的能力等

2021 年度《乡土建筑学》课程组构 表 4

主题	各章 / 小节	目的及内容
科研成果分享（含理论、技术等）	乡土建筑研究——以浙闽为例	以浙闽代表性民居为例，探寻地域的民居建筑的系谱：民居的文化内核、价值及保护历程
	地域的乡土建筑系谱探究	分享建筑院校科研成果，探索地区建筑系谱，与人类学研究相结合，探索人文历史信息及关联（原因、特征、机制等），以综合视角看待民居的地域性及人文价值
教学课题示范案例及学术话题	名校乡土教学实践的解读	以名校教学为范本，帮助建立乡土工作的认知体系（目的、价值观、范畴、主题、流程等），并提供了技术与操作范本（工作模式、操作步骤、技术体系、成果等）
	乡土文保单位的保护修复及再生	基于案例对学术前沿及争议的“文保的活化利用”进行讨论，引导学生接触符合时代的新价值体系、技术方法、辩证的思维等
乡建实践（行业前沿）	建筑师的乡土实践	解读不同建筑师的乡村作品，探究背后的思考及各类策略（包括文保单位的改造活化），从建筑设计的视角理解其项目定位、功能、美学、建造技术
	多视角多形式的乡村产业及组织	从产业及资源等出发，挖掘乡村的新产业及运行的机制、结构、价值、组织形态等，认知乡村运营的概念及经验等
温大本土实践	大元下村乡村振兴计划	回顾整体策划方案（规划、建筑单体设计的全过程），分享沟通、团队合作等具体经验，通过故事分享本土实践的具体问题及特殊性
	乡土寺庙设计分享	从乡土民间信仰出发，分享特殊经历与调研、思考过程
解读“产学研”机制及政策框架	乡土文旅策划及艺术策展	以温大与地方政府间的一次文旅策划与艺术策展活动，解读合作框架、多类模式、多方需求
	政策与乡村振兴	从政府的视角解读乡村需求、发展方向、着力点
认知乡村及乡建	书籍分享 + 实地考察活动	以宽阔的视角结合亲身体验切入认知乡村，基于自发性主题进行自由讨论与思考，分享解读
	解读乡村复兴与社区营造	从概念、理论、实践、经验等角度解读其他地区的乡村复兴、社区营造等特色运动，帮助理解乡村振兴内涵

1.巩固的同时相应地拓展原有“综合机制”——将大学生创新创业、素拓等课外实践平台作为课程群的“外圈”纳入，以形成一个更加紧密、多元的网络。同时建立机制的评价体系与质量检验标准。

机制改进

2.促进本课程体量与质量的提升，使理论课知识容量、案例数量进一步积累增长，理论与实践结合更紧密。反思现有《乡土建筑学》结构，未来尝试跳出“案例教学为主”模式，通过内容及课程主线的塑造，指向更加互动的教学模式；同时探索乡土建筑理论教学其他“入门门径”，建立课程评价体系与检验标准。

课程改进

3.建筑学的乡建教学应该拓展施教对象，通过联合其他教育工作者举办各类社会活动，为中小学生、村民、基层行政管理者等提供学习机会。

乡建教育的社会拓展

4.建筑学者及师生跳出工作边界，多路出击主动参与各类社会活动——跳出建筑学框架进行社会实践与活动，尝试通过自身成果为政府决策提供建议，作为“自上而下”及“自下而上”机制的“中间人、协调者”，为综合实践及振兴创造条件（寻求政策支持、帮助建立社区组织、提供导则等）并创造特色机制，为与其他专业、地方政府、民众合作互动提供可能。

建筑学人角色的拓展

5.在国家城乡发展战略的引领下，促进温大“乡土营建”与“城市社区营造”两条服务地方特色路径在“城乡结合部”的地理上、“城乡建筑学”的课程上、在产学研的综合实践上可以相当程度地对话与携手，探讨城乡建设发展的共同话题。

其他目标：城乡结合

图 6　第三阶段提升计划

2．乡建路径及特色教育的拓展阶段计划

探索与转型阶段的核心分别是“开始扎根乡土”与“理论与实践、教学与产研紧密融合”，而下一阶段工作重心将是“走出去”：开展文化与遗产保护、社区营造、产业创新、乡土策展及社区教育等活动，关注社会效益并深挖乡土的社会价值，使温大建筑学成为联系乡建各方的桥梁。结合针对转型期核心理论课、“综合机制”不足的反思，本教研组制定了下阶段提升计划（图 6）：

3．反思总结

本文从宏观层面记录并阐述了社会转型期“温大建筑学专业本科教育调整转型”“产学研结合服务地方”的乡建路径产生历程，以及中观层面的核心“综合机制”创新，直至微观视角的具体课程实践。

审视温大建筑学等地方院校建筑学专业，多面临“师资力量不足、平台及资源零散且有限”的困境，但其亦可转化为“教师队伍组构灵活且充满活力、地方资源丰富且有待整合、地域性乡土实践机会充足”等优势。一方面我们应该顺应时代需求，探索未来的乡建之路与建筑教育之道，为乡建与建筑教育事业添砖加瓦；另一方面通过机制与实践创新，发挥特色优势，提升服务地方的“产学研”综合水平，以整体贯穿式思维推进专业整体建设。

参考文献

[1] 周凌，王竹，丁沃沃，等．“乡村营建”主题沙龙 [J]．城市建筑，2018（13）：6-20．

[2] 周榕．乡建“三”题 [J]．世界建筑．2015（02）：22-23+132．

[3] 段冯夷，杨定海，王鑫．中国台湾地区乡村活化历程与体系探析 [J]．华中建筑．2019，37（05）：128-133．

[4] 杨昌新，黄瑞茂．台湾乡村“社区营造”内涵变迁与高校课程建设的关联性——以淡江大学为例 [J]．国际城市规划．2020，35（06）：62-70．

[5] 叶强，谭怡恬，张森．寄托乡愁的中国乡建模式解析与路径探索 [J]．地理研究，2015，34（07）：1213-1221．

[6] 王冬．事件、记忆与话语——当代乡村建设中的建筑学介入及其互动 [J]．南方建筑．2021（01）：108-113．

[7] 卢健松．乡村营建的理论与方法：湖南大学建筑学本科教学中的当代乡建专门课 [C]．全国高等学校建筑学学科专业指导委员会．2018 全国建筑教育学术研讨会（论文集）．北京：中国建筑工业出版社，2018.11：517-520．

[8] 搜狐网．“一村一大师”楼纳乡村振兴计划工作营顺利开营！[EB/OL]. 2018-02-03. https：//www.sohu.com/a/220775893_167180.

[9] 翟辉．昆明理工大学地域性建筑教育的反思 [J]．中国建筑教育，2015（03）：91-95．

[10] 黄瑞茂．社区营造在台湾 [J]．建筑学报，2013（04）：13-17．

[11] 魏秦．发现 · 思考 · 启示——谈互动式教学在乡土建筑理论课教学中的探索 [J]．华中建筑，2015（08）：204-206．

[12] 罗德胤．乡土聚落研究与探索 [M]．北京：中国建材工业出版社，2019．

[13] 温州大学建筑学培养方案（2019 年版）．

[14] 卢健松，张月霜，苏妍，姜敏．当代建筑教育的乡村应答 [J]．新建筑，2020（43）：103-107．

[15] 王冬．作为“方法”的乡土建筑营造研究 [J]．城市建筑，2011（10）：22-24．

[16] 周俭．遗产现场：中法同济·夏约城乡与建筑遗产保护联合教学新实践 [M]．上海：同济大学出版社，2013

[17] 杨贵庆．黄岩实践——美丽乡村规划建设探索 [M]．上海：同济大学出版社，2015．

[18] 谢肇宇，邵钶钧，刘集成．建筑初步中“抽象练习”与“具身感知”两类门径结合方式的初探与具体化尝试 [J]．华中建筑，2021，39（10）：105-109．

[19] 周易知．浙闽风土建筑意匠 [M]．上海：同济大学出版社，2019

[20] SMART 组委会．一起去乡创 [M]．北京：北京出版社，2016

[21] 牧骑，艾博理，陈莉．“合力”模式下的意大利乡村建成遗产保护及更新——以皮埃蒙特大区为例 [J]．建筑师，2021（01）：34-41．

图表来源

所有图表均为作者自绘

作者：谢肇宇，硕士，温州大学建筑工程学院建筑系助教；刘集成，硕士，温州大学建筑工程学院建筑系讲师，副系主任；陈彦，博士，温州大学建筑工程学院建筑系讲师；孟勤林，硕士，台州学院建筑工程学院建筑系助教

浙江大学建筑学合作学习教学模式构建与进化
——以“亦城亦乡：杨家牌楼的有机更新”教案为例

张焕　陈翔

The Construction and Evolution of the Co-operative Learning Teaching Model of Architecture in Zhejiang University—Take the Teaching Case of "City and Village: The Organic Renewal of Yangjia Archway" as an Example

■ **摘要**：面对建筑学教育中对学生个人水平与团队协作能力培养的矛盾，浙江大学尝试将团队合作学习内容纳入学生大三起的学习中。本文应用合作学习的相关理论，以2016-2017学年“亦城亦乡：杨家牌楼的有机更新”教案为例，先梳理合作学习的理论基础，再记述教学过程，重点挖掘过程中的难点与堵点，最后再结合具体合作学习理论定点突破，详细构建了完整的合作学习教案并探索了其持续进化的可能性。
■ **关键词**：合作学习；建筑学；教案模式
Abstract：Facing the contradiction between students' personal level and team cooperation ability in architecture education，Zhejiang University tries to incorporate the content of team cooperation learning into students' study since their junior year. This paper applies the relevant theories of cooperative learning，taking the teaching plan of "City and Village：The organic renewal of Yangjia Archway" in the academic year 2016-2017 as an example. Firstly we comb the theoretical basis of cooperative learning，and then we describe the teaching process. We focus on the difficulties and blocking points in the teaching process，and finally make a fixed-point breakthrough in combination with the specific cooperative learning theory. As a result，a complete cooperative learning teaching plan is constructed in detail，and the possibility of its continuous evolution is explored.
Keywords：Cooperative Learning，Architecture，Teaching Plan Mode

一、概述

1. 建筑专业大三教学背景

高校教学中的建筑学教学，以其“传帮带”的师承教学传统和多样化的知识结构，一直是高校教学的“特区”。2014 年 11 月，浙江大学建筑学专业获批成为国家级“本科教学工程”专业综合改革试点项目。在对原有教学体系进行梳理的基础上明确了三个变革和优化的方向，即强调知识传授与素质培养并重、突出技能训练与思维能力培育并重、从传统类型学的教学转向问题导向型的教学，与此同时大力推进设计教育的国际化、学科交叉以及教学与实践对接。

尤其对大三阶段承上启下的教学环节，引入了团队合作设计案例。这种团队合作设计环节，模拟建筑学科毕业后主流工作模式，针对同一设计题目，组建一定规模的设计小组，共同完成一个设计。这种模式加强了学生从自我创意向团队创新的设计习惯转变，养成了学生对同一设计主题的协作能力，对学生“与实战对接”能力培养具有重要意义。

2. 合作学习教学综述

合作学习是指“在教学过程中，以学习小组为教学基本组织形式，系统利用教学动态因素之间的互动来促进学习，以团体成绩为评价标准，共同达成教学目标的活动”。

（1）动机激发理论

该理论倡导者（如约翰逊兄弟等人）认为，学习动机是借助于人际交往过程产生的，从本质上体现了一种人际相互作用建立起的积极的彼此依赖关系。激发动机最有效的手段是在课堂教学中建立起一种“利益共同体”关系，这种共同体可通过共同的学习目标、学习任务分工、学习资源共享、角色分配与扮演、团体奖励和认可来建立。

（2）认知发展理论

认知发展理论倡导者（如皮亚杰）认为，增加课堂合作学习的时间，让学生在学习任务上彼此合作，以便产生有益的认知冲突、高质量的理解和恰当的推理活动，从而提高学习成绩。

（3）知识建构论

知识建构论认为：“人的知识构成的形成，一方面离不开个人的主体活动，另一方面也离不开主体交往。从根本上讲，人的知识是社会生活中不同主体之间建构的产物。”

（4）教学交往论

教学是一种特殊的认识过程和交往过程。教学交往不仅有直接的交往，也有间接的交往。直接交往体现在师生之间、学生之间面对面的接触……要使教学交往尽可能充分和完善，应该尽量多地采用直接交往，尤其是学生小组内的直接交往。同理，教学交往不仅要重视师生交往，更要着眼于学生之间的交往。

二、基于合作学习理念的教案模式构建

在 2016—2017 学年教学实践中，针对建筑学传统的授受式的教学模式进行反思，借鉴合作学习的理论，分为“事前计划、事中控制、事后反馈”组织教案逻辑（图 1），形成了“亦城亦乡：杨家牌楼的有机更新”教案实践过程（图 2）：

如图 2 所示，“亦城亦乡：杨家牌楼的有机更新”习作分为 6 个小组主题与 6 个步骤，分别由 6 位老师带领每组 13 人分阶段完成。当学生完成阶段 4 概念方案后，指导老师会在 13 人中选出 3—4 份优秀方案。

1. 阶段一：事前计划——合作学习方案制定阶段

在教师讲授完相关理论知识、实践方法、合作学习方法后，结合学生已有的专业基础，以及社会经济发展需求，选取“城中村”改建命题。适当征询和吸纳学生意见后，选择杭州市西溪路上的杨家牌楼城中村，以期激发学生对课题探究兴趣，使课题研究收到更好效果（图 3）。

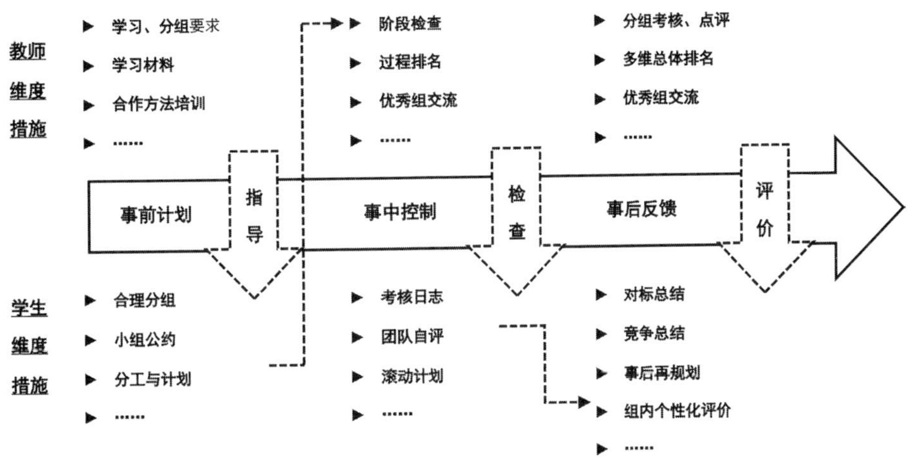

图 1　教案组织逻辑图

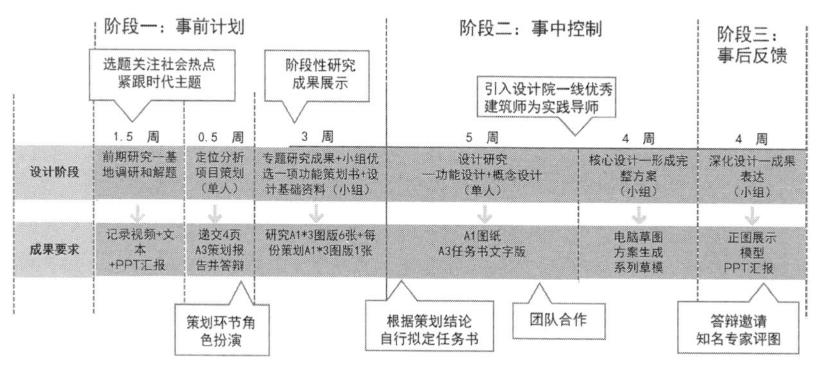

图 2 “亦城亦乡：杨家牌楼的有机更新”习作教案

自生长城市肌理

关注以“城中村”为中心的自生长城市肌理。特别关注“非规划式规划”“非建筑式建筑”以及“建筑自生长”的建构和形态特性。

特有社会性

关注“城中村”特有社会性，如文化氛围、人文特性、产业形态。

通过对于两方面关注点的观察、调研和认识，对需植入的公共建筑进行功能定位和建筑计划，进行建筑再生方案设计。

1 区位—“指状渗透”的城市肌理

杨家牌楼社区位于留下中心区域，北临西溪路及西溪国家湿地公园，南倚西湖风景名胜区和老和山景区。地理位置优越，历史文脉深厚，生态环境资源丰富。

2 交通—城市边缘型交通模式

基地北临西溪路，靠近天目山路、绕城高速、紫之隧道入口，地铁规划三号线花坞路站就在地块内部，交通四通八达。

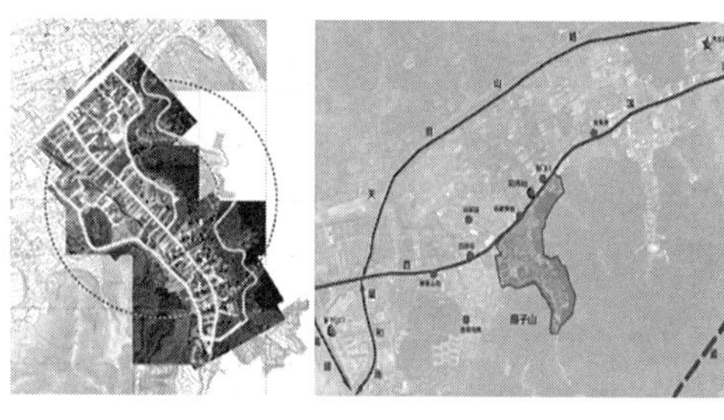

3 结构—非规划的规划

城中村肌理的指状渗透生长：非规划的规划—处于大规划红线范围内的“无规划”；需要公共功能的添加。

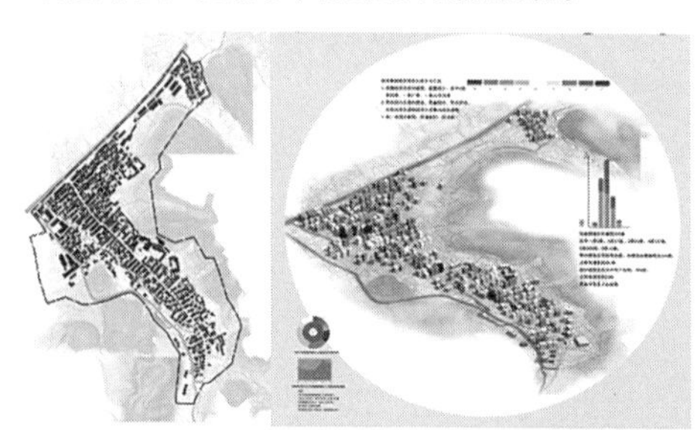

4 建筑—建筑自生长

建筑自生长：杨家牌楼房屋密集，户籍人口有2432人，主要收入来源为租金；现居人口约2.5万人；社区内部大多为居住建筑，446幢农居，地块周边分布8处厂房，少量公共服务建筑和2座寺庙；违章搭建41848平方米；农居主体建筑质量较好，多为2000年—2010年的砖混结构住宅，主要为4–5层；厂房为1–3层低层建筑，且建筑质量较差。

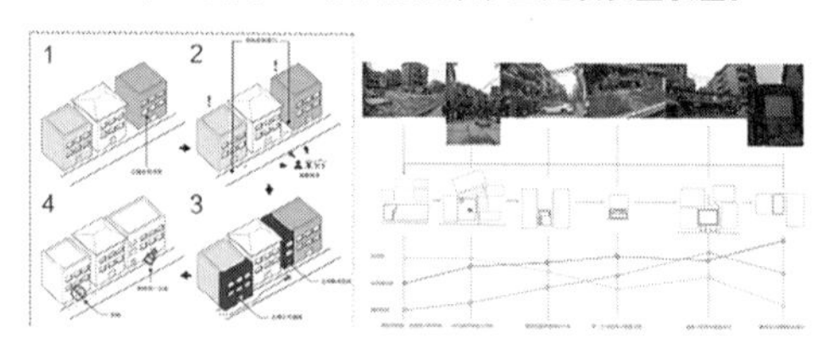

图 3 阶段一选题内容图

教师根据教学要求和学生特点，提出明确的学习目标和小组目标；确定适度合理的小组规模，把班级学生划分成若干异质小组，所谓“异质”即小组成员在学业水平、人格特征、性别、能力诸方面有差异性，而组与组之间尽量保证同质性。由于在合作学习过程中会遇到种种问题和困难，包括学习内容、方法、小组合作、社会实践、进度等，因此，在小组形成初期，必须制定并签订小组公约，对接下来学习过程中可能遇到的问题及解决预案进行初步约定。根据计划任务，进行小组成员分工（图4）。

教师为学生精心选择学习材料，学习材料应具有描述性、探索性等特征，可提供相关案例，在所给材料中没有答案，需要学生去探索，问题没有标准答案，为小组内及小组间相互辩驳留有空间。

2. 阶段二：事中控制——合作学习的实施与控制阶段

合作学习实施过程应将培养学生的参与合作、主动探索、批判质疑、善于倾听等能力和品质，将锻炼本次设计课程从城中村特有的社会性出发，选择了六个主题作为研究的专题方向进行探究，引导学生去观察，思考，从不同的角度看待设计。

1 被城市

城市与村落，不断地博弈。城镇化进程中，乡村正以不可逆转的速度“被动”地被纳入城市中。那么，植入一个什么样的建筑功能，完美地完成由村向市的转型？

2 新市民

民俗、历史、聚落空间等在村落发展过程中得到有趣的“自生长”，在城镇化的进程中，如何提升现有居住环境，同时保留原有的精神与文化传承，如何对民居进行有机更新和衍化，形成村民、市民、租客、旅游者等构成的“新市民”活动和生活的有活力的场所？

3 活社区

社区成为居民生活的载体，社区服务设施则是载体中最为重要的节点。那么，这里需要什么样的社区服务设施介入，以创造更为有机且充满活力的社区？

4 再产业

原有的工厂不断衰败与调整。产业在转型，如何再设计昔日的生产空间，形成多义的、弹性的再产业空间？

5 商无界

商业空间在原生态村落城镇化进程中如何生存发展？如何应对目前错综纷繁、“没有界定”的商业行为？

6 半山水

这里有水体，有山脉，有绿地，有农田。这里有市，有乡。自然环境与城市如何融合共生，以达到新的平衡？

由同学自主划取5000平方米区域，给出所选区域的选取理由，妥善处理所选区域与周边保留区的边界。在所选区域内进行方案设计。

图4 阶段一调研内容图

学生的社交技能和合作技能作为重要目标。这一阶段让学生掌握主动权，让他们充分发挥探究学习活动中的主体作用。合作学习以学生的自主性为基础，为完成探究进度和教学目标，各小组必须制定探究活动进度表，将整个过程细化为若干个小阶段，并对每个小阶段提出明确的工作要求和工作标准，这样既有利于教师对团队（小组）的检查、督促，又有利于团队的自我评价和反思，从而保证探究活动有效进展。与此同时，教师必须加强检查、督促，教师在各个小组之间进行及时巡视，监控各个小组合作学习的进展状态，根据学生个体情况尽量肯定学生为合作而做出的努力，同时为学生提出启发性的建议。当探究小组遇到严重问题时，教师应适时介入，进行点拨、启发，帮助小组探究解决问题的方法和途径。合作小组可以设立微信群、聊天室等网络信息交流工具和学习空间，进行合作学习；教师也应加入这些讨论区，既为学生释疑解惑，又及时掌握学生的学习情况（图5）。

每个小组成员根据分工积极工作，努力完成工作任务，必要时成员角色可以互相转换；同时，小组成员必须加强协作，加强信息和材料交流。适时组织小组讨论、质疑活动，及时交流学习、探究成果，在小组成员共同学习、探究、交流基础上，在规定时间内，完成合作学习书面报告或以其他形式呈现阶段性成果。整个合作学习过程必须由小组成员对本组每位合作伙伴在学习探究活动中的表现进行记载，如对分工任务实施与完成、对学习探究活动提出的解决问题办法和方案、对相关问题的质疑与建议、小组讨论的表现等。总之，将他们在学习探究活动中的表现和贡献均予以记载，为评价提供依据。实施控制阶段应引入学生自我评价，完善团队反思机制。探究性是合作学习的重要特征，因而难以避免出现错误。为此，每一个阶段中都必须引入团队（小组）自我评价、学生个人评价，在团队中建立起反思机制，以保证合作学习不会因为可以避免的错误而导致最终的失败（图6）。

3. 阶段三：事后反馈——总结评价阶段

（1）展示合作成果

形成成果。完成探究活动后，学习小组必须将本小组成员探究后的观点抽象、概括、综合，形成解决问题的初步方案，在全班师生或全年级展示。这是该模式的最高表现形式。为使这次展

图5 阶段二合作学习实施图

图 6　阶段二合作学习控制图

示收到预期效果，教师可以先召开各小组组长（或小组内主要业务骨干）会议，在会议上，教师听取各个小组的活动汇报，提出指导性意见；或教师分别参加各小组讨论，对小组方案提出指导性意见。各小组对教师指导性意见进行讨论后，对方案作进一步完善，整理出最终成果。

成果展示。在讨论过程中，学生是主体，教师应鼓励他们采用形式多样的方式展示成果，如用多媒体、模型、文件等向大家展示本组合作学习的成果，系统阐述各自的观点，以及解决问题的完整方案，并与其他小组开展讨论、辩论。相关专家教授可以加入学生的讨论、辩论，解疑并进行专业指点、评论。成果展示过程应充分体现“学生是学习与发展的主体”理念，教师在此过程中主要担负组织、指导、调控与解疑的任务，同时积极参与学生的讨论（图 7）。

（2）多维评价

如何评价直接关系到合作教学的成效，因此，在开始探究活动之前，应将评价方式告知学生，使评价方案直接引领探究活动，起到导向作用。

首先，在评价中要把团队评价和个体评价结合起来，教师的终结性评价针对的是整个团队，学生的终结性评价是对小组内部的每个成员。教师侧重于整体成果，学生侧重于个人贡献和表现。小组内部各个成员之间进行评价，并以平均值作为每一个学生的个人评价成绩。每个学生的综合终结性评价来自两个方面，

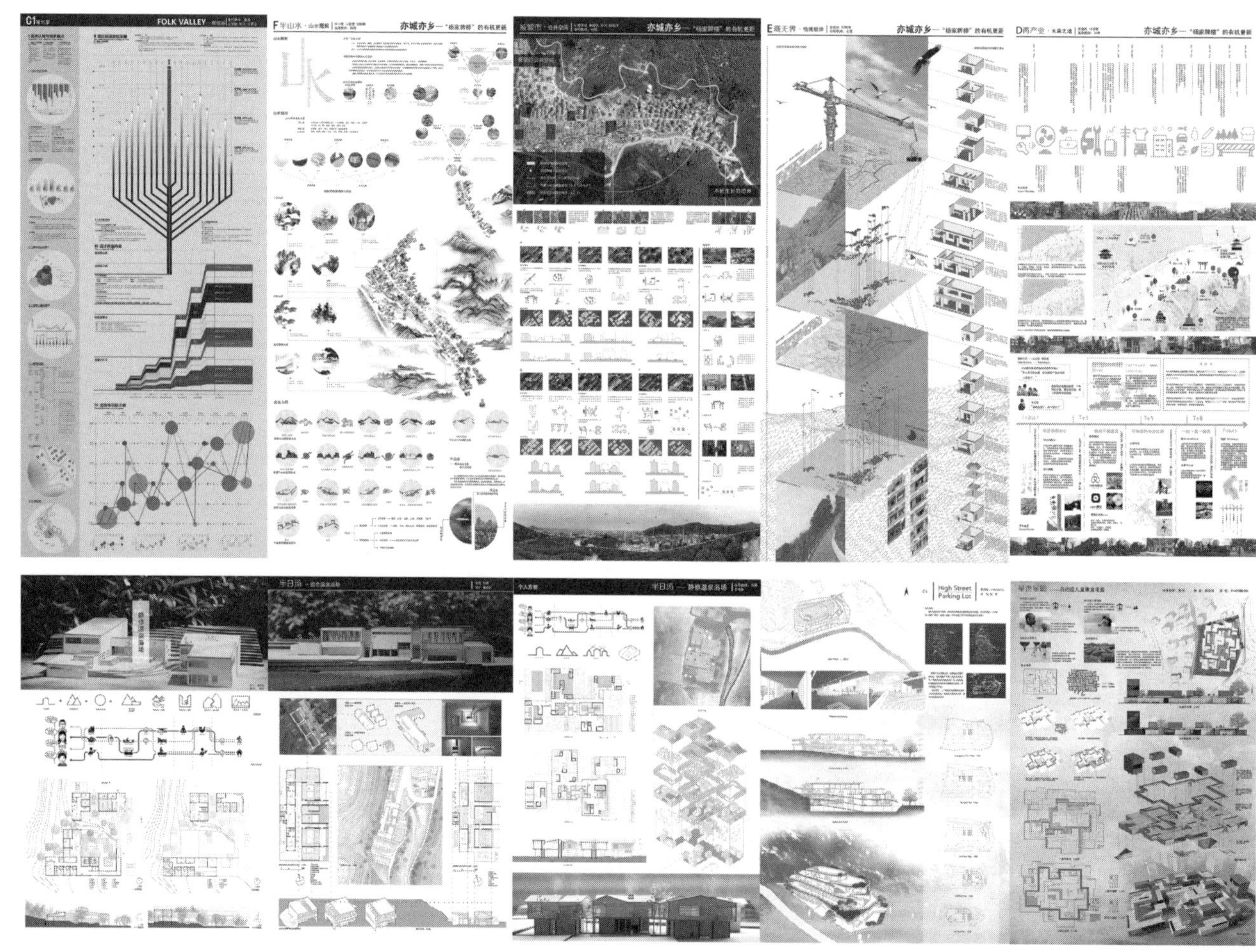

图 7　阶段三合作学习成果汇总与展示图

一是教师评价的团队分，二是学生之间互评分，两者可按 6 ：4 比例合成每个人的考核分。这样首先考虑了团队的绩效，只有团队成员在探究活动中齐心协力，努力探究和解决问题，制定出品质高的方案，才会有高的团队分，从而使每个团队成员分享到团队高分；同时，小组成员的互评重在个人在整个探究活动中的表现及个人贡献，因此有利于实现“按劳取酬，多劳多得”。

其次，有机结合形成性与终结性评价。各小组应该如实记录小组成员参与探究活动的情况、小组活动日志。在整个探究活动中应以预先设定的目标为依据，动态地检查小组活动是否一致。在面对新问题时，探讨如何采取已学过的知识进行解决，结合具体情况分析是否采取合理的方法解决任务，探讨小组成员合作的有效性，提倡小组成员敢于质疑。要求团队成员以书面的形式阐释团队工作，落实反馈工作，并做好形成性评价，及时纠正活动中的缺点，提高活动质量。倡导学生自我评价，科学设立自我评价分。要求所有学生在小组互评前就具体探究汇报工作，阐释自身在小组中的贡献，之后再开展互评工作（图 8）。

三、经验总结与堵点优化

总的来说，在 2016—2017 学年这次合作学习过程中教学相长，但同时也会碰到多种问题与堵点。例如，堵点 1——初期小组合作调研过程混乱；堵点 2——中期小组获选方案不能服众；堵点 3——后期落选学生对获选方案进一步细化、修改完善热情不高、参与度偏低等。这三大堵点使同学间相互协作割裂，不能产生更高级认知发展，影响方案设计中的集体设计能力和集体创新能力的培养发挥，进而影响创新精神培养。究其原因，一是方案评判标准、方法和程序科学性有待提高；二是当代大学生缺乏合作精神，合作学习方法和社会交往技能不足。需要根据上述教学任务、训练目标及课题相关情况，针对对应的堵点分别采用合适的合作学习教学方法优化“杨家牌楼”的有机更新项目设计。比如，在堵点 1 运用合作学习的小组探究法，在堵点 2 运用切块拼接法，在堵点 3 运用共同学习法（图 9）。

堵点 1：初期小组合作调研过程混乱——小组探究法（Group Investigation）

小组探究法是由沙伦夫妇对杜威“学生应该积极主动地在做中学；教育应该教人们学会一起工作和学习”等思想加以提炼和发展而来，它直接促进了小组探究法的诞生。教师具体结合各个小组实际学习课题的情况，以单个学生为单位分解课题。小组探究旨在引导学生探究并制定探究

图 8　阶段三合作学习成果多维评价图

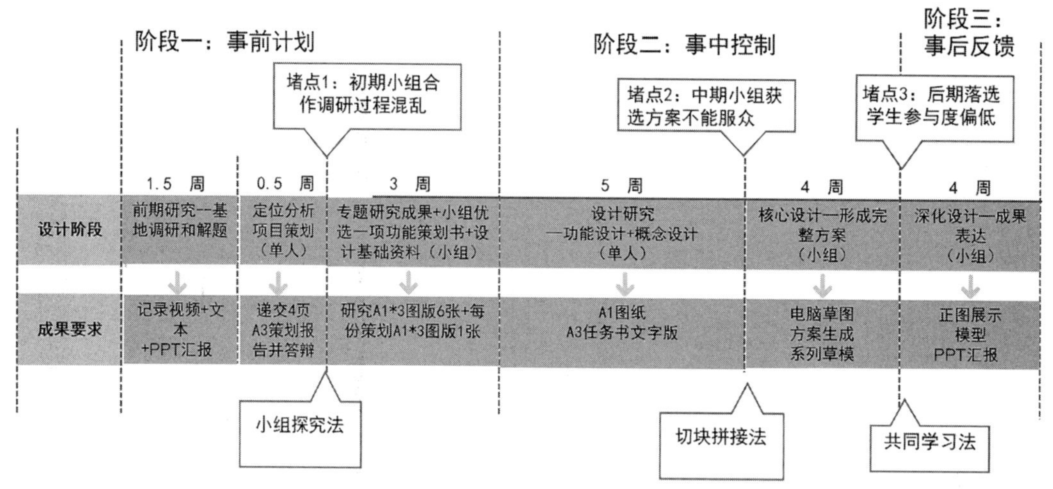

图 9　现有教案堵点优化图

活动的计划，具体确定在小组完成活动中每个人所要承担的责任。小组成员共同收集资料，具体分析所获取的信息，并评价最终得出的结论，共同准备、形成学习效果，做好汇报工作。最后结合整个调研活动中各个学生的表现，综合学生评估以及教师评估的方法评价学生个体。评价应该面向全班，分析各小组所做出的贡献。通过此种策略能够促进学生自主学习，增强任务关联性，由此高效地完成目标任务。

针对堵点 1，应用小组探究步骤：第一步，教师说明本次设计重点、选题主题以及其中所涉及的注意事项，让学生充分了解小组探究法的操作要领。第二步，按照每组 4–5 人的要求让学生自由结组。第三步，教师做好调研分工工作具体分配子课题。第四步，各小组在拿到子课题后，具体明确各环节、小组成员所要承担的责任。各小组在实际开展调研工作中应该深入调研、了解主题，要明确各环节所要承担的工作。本环节应该明确具体负责设计问卷、实施以及记录的学生。简而言之应该明确学生所要承担的责任。第五步，也就是最后一步要，收集资料，深入调研现场，访谈住户，提炼现场信息，并形成小组成果。最后汇总小组成果，以 PPT 的形式呈现出大组成果。每大组 PPT 演示的时间以 10 分钟为宜。

堵点 2：切块拼接法提高学生对中期小组获选方案的认可度

1978 年，Aronson 及其同事提出切块拼接法，并由 Slavin 教授在此基础上具体完善。切块拼接法首先按照每 5–6 人为一组建立小组，并分解学习任务，明确各环节学生所要承担的责任。在此基础上，集中各个小组中承担相同责任的学生，成立专家组。专家组的职责主要体现在讨论并掌握所负责的内容。在所有成员都掌握所负责部分的内容后即可解散专家组。这些人员在回到原先的小组后，向小组其他成员传授所掌握的内容。小组成员共同拼接完成切块的学习子任务，最终完成总任务。通过此种方法有利于高质量地完成方案，有效实现目标任务。

针对堵点 2，实际应用切块拼接法的步骤：第一步，教师告诉学生基础资料等任务，包括制作功能策划书、对象认知、设计等，让学生了解切块拼接法，并具体提出操作要求。第二步，每 4 个学生建立一个小组，不同的学生分别负责不同的任务。第三步，集中各组中负责同一任务的学生，形成“专家组”。专家组的成员聚集在一起共同探索心得体会，交流创新方法，提出如何解决重难点，消化研究成果。第四步，专家组在获得上述信息后需要向其他同学传授学习成果，小组成员间相互学习，直至所有小组成员都完成学习内容。最后一步，由教师抽选学生，上台与其他同学分享所学知识，最后组织所有学生一起讨论、总结，提出研究成果。

堵点 3：通过共同学习法提高学生的参与度

共同学习法（Cooperative Learning）是由明尼苏达大学的约翰逊兄弟创设的一种合作学习模式。此种合作学习模式强调按照每组 4–5 名学生设立学生组。小组成员所学习的教材是由教师统一分配的，所要提交的作业也是共同完成的。教师以小组为单位，按照小组的平均分对个人成绩进行计算。通过此种方法，能够引导学生共同确定小组活动的内容，定期检查小组内部活动情况。经常性地组织学生共同学习、思考。“共同学习法更强调小组建设、小组自我评定及小组成绩计算。该方法根据小组中每个成员的个人成绩对小组做出奖励，这比个人自学更有效，也有利于差生在班级和小组中得到认可”。

针对堵点 3，共同学习法的教学步骤：第一步，教师向各小组布置设计切入点，如何整合布置，并具体划分功能。第二步，同上述其他方法一样，以 4 个学生为一组，成立小组，小组成员共同讨论，并最终完成作业。这里需要明确的是每个小组所要完成的任务是一样的。第三步，教师提醒小组成员需要具体完成哪些任务，如何才能高效地完成任务，奖励小组，引导小组成员反思小组活动情况，并结合教师所传授的内容，具体检查最终是否完成程序。第四步，小组向教师反馈所完成的成果。第五步，综合汇报，多维度地展开终结性评价。

四、总结

2016—2017 学年"亦城亦乡：杨家牌楼的有机更新"合作设计教案经过整体构建与反思优化两个步骤后，完善了建筑专业教学合作学习的评判标准，方法的科学性，改变了传统的教学方法，提高了合作学习的教学模式水平，也为浙江大学建筑学系进一步教学改革打下了坚实基础。

参考文献

[1] 吴越，吴璟，陈帆，陈翔 . 浙江大学建筑学系本科设计教育的基本架构 [J]. 城市建筑 .2015（16）：90-95.

[2] 王坦 . 合作学习——原理与策略 [M]. 北京：学苑出版社，2001：75-90.

[3] 盛群力 . 郑淑贞 . 合作学习设计 [M]. 浙江：浙江教育出版社，2006：6.

[4] 廖强 . 论小组合作学习理论在中学教育教学中的运用 [D]. 湖南：湖南师范大学，2006：7.

[5] 宋丽军 . 中学化学教学中合作学习教育策略的研究 [D]. 辽宁：辽宁师范大学，2007：3.

[6] Slavin，R.E. 教育心理学：理论与实践（第 7 版）[M]. 姚梅林，译 . 北京：人民邮电出版社，2004.

[7] Johnson，D.W.，Johnson，R.T.，and Holubec，E.J.Circles of learning：Cooperation in the classroom（4th ed.）[M]. Edina，Minnesota：Interaction Book Company，1993.

[8] 王牟莉 . 小学英语小组合作学习的问题与对策探讨 [J]. 新教育时代电子杂志（学生版），2018，45：76.

图片来源

本文图片均来自学生作业

作者：张焕，浙江大学建筑系副教授，硕士生导师，浙江大学城乡创意发展研究中心海岛海岸带研究中心主任；陈翔（通讯作者），浙江大学建筑系副教授，硕士生导师，浙江大学建筑系执行系主任

对理论导向型建筑学的一次实践型解读——如何向国内低年级本科生介绍理论型建筑学

范文兵　赵冬梅　张子琪　孙昊德

An Interpretation of Theory-oriented Architecture Based on Practice-oriented Architecture —How to Introduce Theory-oriented Architecture to Domestic Junior Undergraduates

■ **摘要**：本文以参观《约翰·海杜克：海上假面舞》等展览的实践教学为例，探索了如何在实践导向型与理论导向型两种建筑教育模式之间进行积极互动。

■ **关键词**：实践导向型；理论导向型；约翰·海杜克；建筑设计基础教学

Abstract: Taking the practical teaching of visiting the exhibition *John Hejduk: Shanghai Masque* as an example, this paper explores how to actively interact between the two architectural education modes of practice-oriented and theory-oriented.

Keywords: Practice-oriented, Theory-oriented, John Hejduk, Basic Teaching of Architecture Design

从教学目标看，建筑教育可划分为实践导向型（Practice—oriented，后简称 P 类型）与理论导向型（Theory—oriented，后简称 T 类型）两大类，它们除共享一部分基础知识（knowledge）、基本概念（fundamentals）外，各自还对应着差异鲜明的专业观念（idea）——即实践型建筑学与理论型建筑学——以及迥然不同的教学法（pedagogy）①。国内对标培养注册建筑师的本科与硕士教育体系属于实践导向型，强调“使毕业生获得注册建筑师必需的专业知识和基本训练，达到注册建筑师的专业教育标准要求”②，旨在培养适应就业市场的实践型人才。以英美国家为主、硕士为出口的一些建筑学校，对应的是非职业化训练，理论导向鲜明，强调将“教学法作为建筑学实验与批判性探究的媒介”③，侧重师生借助教学过程，探索未知，生产新知。

虽然学理上可以清晰划分两种类型，但在实际操作过程中，二者交叉不断，进而产生消极或积极的关系。由于体制、教师认识所限产生的消极关系主要包括：(1) 无意识混淆两种类型，导致学习与评价标准混乱；(2) 硬性区隔两种类型，即限制了 P 类型与时俱进，也

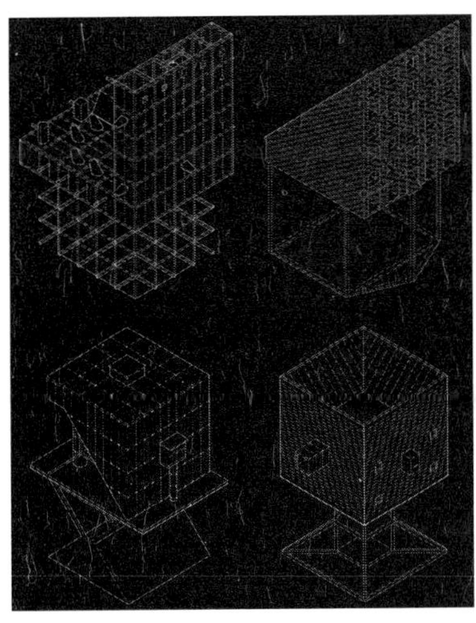

图 1 《兰开斯特／汉诺威假面舞：教堂、墓地、法院、监狱》，1980–1982 年，作者：海杜克

图 2 《约翰·海杜克：海上假面舞》展览入口

妨碍了 T 类型带着学科特征精准落地。清晰认知基础上具有学术与教育双重价值的积极关系主要包括：(1)P 类型从 T 类型中获取多学科交叉思路，不断拓展对职业可能性的认知；(2) T 类型从 P 类型中获取业界动向，实际限制本身就是思辨性知识生产的重要来源。

2021 年 11 月 20 日，我们以带领上海交大二年级本科生到上海当代艺术博物馆（PSA）参观《约翰·海杜克：海上假面舞》(*John Hejduk: Shanghai Masque*) 展览为契机，进行了一次从 P 类型视角对 T 类型的解读，力图在两种类型间探索一种积极关系。

看展前几日，我们一直在谈论，面对这样一个融合了多学科（偏人文）知识、个人化思辨色彩较为浓厚的 T 类型建筑学，该用怎样的方法才能向低年级工科本科生有效传递（图 1）。最后决定，对展览中涉及哲学、文学、语言学、隐喻、个人直觉等有些抽象深奥、可以多解的部分，不做过多展开，而要紧紧围绕“物理实体形态（physical form）操作”“可传授（teachable）的学习与设计方法”两条主线进行介绍。

进入展馆之前，我们向学生介绍了海杜克担任 25 年校长的私立纽约库帕联盟建筑学院（Coop Union）与上海交大这样的公立工科大学在体制、生源、师资、教学上的诸多不同④。希望学生通过看展，能在整体上感知到一种与我们正在学习的以培养职业建筑师为目标的实践导向型建筑学非常不一样的理论导向型建筑学中的一种——纸上建筑学（Paper Architecture），认识到建筑学其实存在着丰富的类型，从而在今后能以较为开放的视野学习。等他们在专业上进一步成熟后，就可在多样化了解、理解建筑学的基础上，自主做出或专项精研，或多项穿梭的专业方向选择。我们反复向学生强调，该展对中国建筑初学者最大的价值就在于拓展国内单一（唯一）职业化实践型建筑学视野。

在展览入口装置“书市（Book Market）”下面，我们让学生用随身携带的激光测距仪和卷尺测量尺寸，以展览入口的角度，用手触摸材质，用眼观察现状和色彩，用身体感知空间，并不断进行交流、评价，对装置原本的隐喻不多做讨论。这是我们此次看展的另一个重要学习内容——观察、体验展陈本身的空间设计（图 2）。

一个多小时自由参观之后，我们将学生汇合到其中一个展厅做集中讲解。

讲解的第一部分，是展陈设计。结合学生正在做的空间设计作业，进行“类比（analogical）分析”。建筑界人士策展的这个展陈，有着强烈的“空间设计”意识，采用了很多基本的空间设计方法（space design method），加上分隔墙由没有材质和建造表现属性的石膏板构成，让空间设计手段愈加清晰可辨。这和学生们正在做的，功能要求不复杂、借助抽象材料模型、主要考虑“虚／实”关系的有些“纯粹”的空间设计，有着颇多相似之处，较易借鉴共鸣（图 3）。针对该展陈在空间

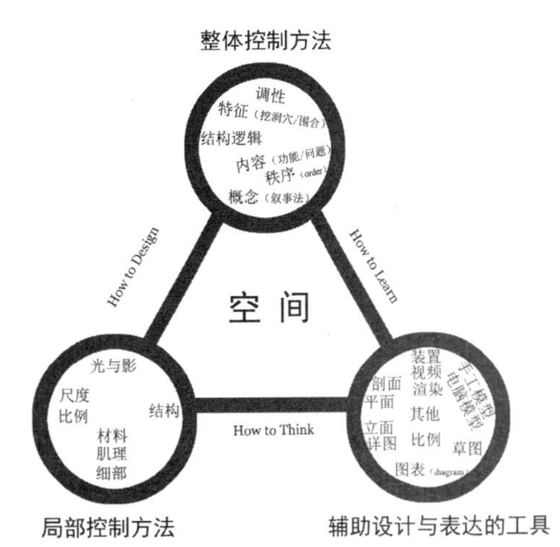

图 3 空间设计的方法

图 4　空间划分

靠颜色与地面材质，以及展品类型（模型与图纸），对相邻两个黑白空间做清晰划分。空间穿插：靠地面色彩做穿插提示。尺度——门洞 3m 高，隔断 800mm 厚，在两个相邻黑白空间之间，产生出一个过渡空间。

图 5　空间层叠

自图前向后，由“横向”的紫色、黑色、白色三层空间叠加。两个 800mm 厚白色门洞，由于相对尺度突出，也以“纵向”方式，参与到空间层叠，最终形成五层空间叠加的横、纵交错效果。

图 6　空间穿插与框景

通高缝隙实现纵向框景；两个渐次远去的展品，形成框景中的对景；地面纵向绿带与远处横向展开的绿墙及绿色展台，将远处空间拉向画面近处横向黑色空间实现穿插；缝隙厚度（800mm）与宽度（1000mm）的比例，增添出一个被穿插纵向空间，最终绿色地面串联起绿白（横向）、白（纵向）、黑（横向）三个空间。

图 7　参观《巴黎建筑——城市进程的见证（1948–2020）》

布展也颇具空间设计意识。我们仍从布展与内容两方面引导学生。与前展 800mm 厚隔板相比，这里只有 200mm 厚，因而框景时没有形成额外空间。不同框景洞口大小差异、对位错位、角度变换，构成了丰富的看与被看体验。

上的设计特点，我们特别强调了空间序列、空间穿插、视野控制（框景、对景），以及尺度控制与体验的关系等几个方面（图 4~ 图 7）。我们领着同学们走到几个典型位置，用工具多角度测量，反复追问个体、群体的不同使用与体验感受。

讲解的第二部分，是展览内容。我们选取了与学生所做空间设计作业，从“物理实体形态操作”“设计与学习方法可传授”两方面最易切入的《德克萨斯住宅系列》与《墙宅（Wall House）系列》进行重点解析。

首先带领学生精读海杜克基于“九宫格（Nine Square Problem）”——这也是学生当下空间设计作业的基础框架（图 8）——的《德克萨斯住宅系列》手绘图纸。该系列设计背后需要很多知识储备才能理解的设计理念（concept）我们只稍作历史背景介绍，不多做解释，着重解读图纸上呈现的设计与绘图表达之间的关系。由于有着相似的三维框架，学生得以迅速进入与海杜克相同的“物理实体形态操作视角”去理解图纸。解读过程中我们不断强调以下教学与学术观点——设计得深，才能表达得深，这里我们说海杜克画得好，其实主要是指他设计得好。他仅靠一支笔，就把一个复杂的小住宅，既实体设计、又抽象思辨地塑造出来！

实体设计方面，围绕三个小专题展开。(1) 平面与空间：“十字形”空间主干与四角次要空间构成的“看似均衡对称，其实侧重上、下方向”空间秩序（order），上、下室外阳台相似外轮廓却控制出迥异的流线、视线、氛围，平面功能布局及与空间构成秩序的一一对应（图 9）。(2) 结构与构造：结构体系蕴含的潜在空间构成秩序（图 10），柱子与实虚墙体、门窗的构造连接，粗、细柱子与主、次空间的一一对应，地面铺地尺度与平面功能布局、主次空间的一一对应（图 11）。(3) 设计与表达：60° 大比例轴测图，以真实建造逻辑为依据，借助不同线型、画法，清晰且深入地表达结构体系、构造细部、材料肌理（图 12、图 13）；45° 小比例轴测图，将家具、铺地、墙体、柱体等真实物件（object），提炼成抽象的杆件（stick）、

图 8 《上海交大二年级空间设计作业》，2015，基于九宫格的四个循序渐进的分阶段模型。
作者：郑思宇

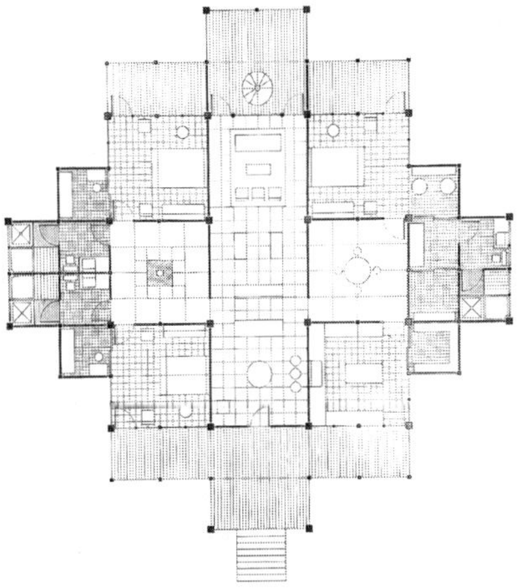

图 9 《德克萨斯住宅 1 号：平面图》，1954~1963，石墨、彩色铅笔，绘制于半透明纸上，80cm × 84cm。
作者：海杜克

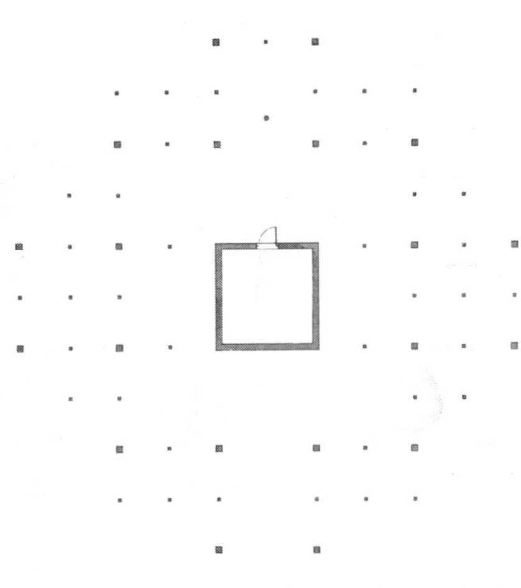

图 10 《德克萨斯住宅 1 号：底层平面图》，1954~1963，石墨、彩色铅笔，绘制于半透明纸上，80cm × 84cm。
作者：海杜克

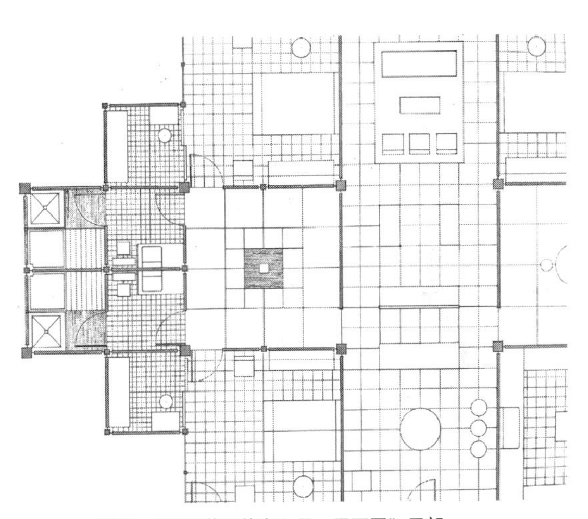

图 11 《德克萨斯住宅 1 号：平面图》局部

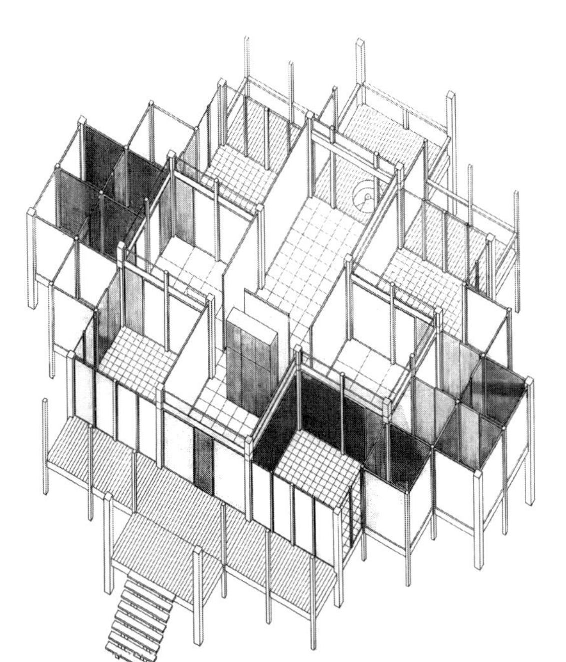

图 12 《德克萨斯住宅 1 号：轴测图》，1954~1963，石墨绘制于半透明纸上，73.6cm × 78.8cm。
作者：海杜克

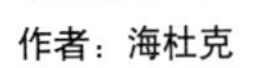

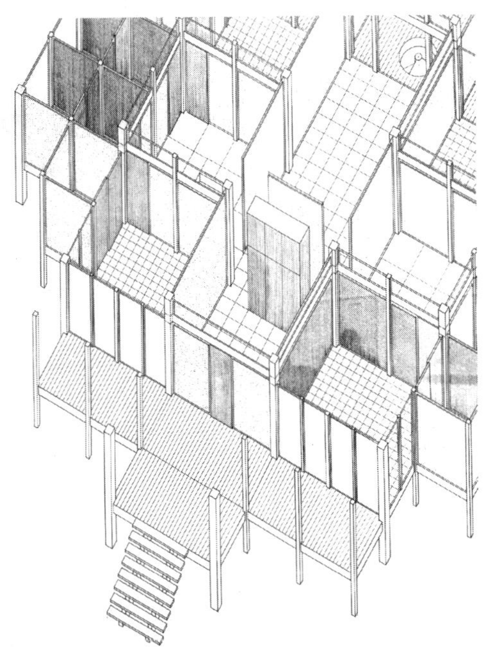

图 13 《德克萨斯住宅 1 号：轴测图》局部

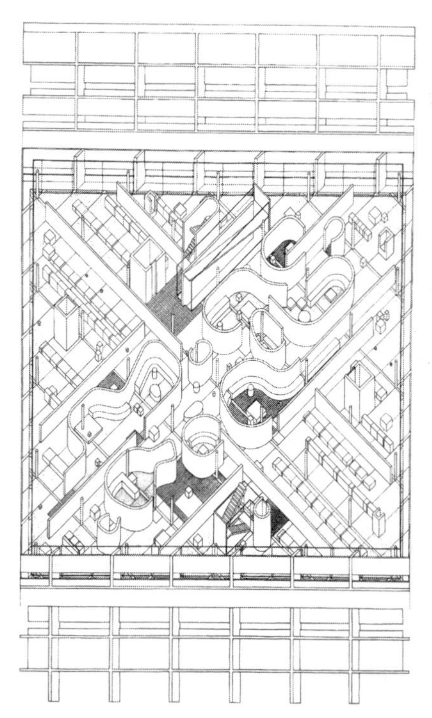

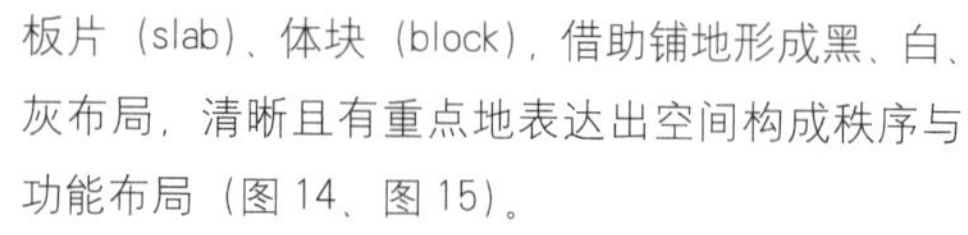

图 14 《菱形美术馆 C：轴测图》，1963~1967，墨水绘制于半透明纸上，92cm × 120cm。
作者：海杜克

图 15 《菱形美术馆 C：轴测图》局部

板片（slab）、体块（block），借助铺地形成黑、白、灰布局，清晰且有重点地表达出空间构成秩序与功能布局（图 14、图 15）。

抽象思辨方面。要求同学对课堂上曾讲过的海杜克于 1985 年出版的《美杜莎的面具》一书中关于九宫格的说法，结合今天参观和自己的空间设计作业，做一个回顾与反思。"九宫格作为一种教学工具，用来向新生介绍建筑学。通过九宫格练习，学生开始发现和理解建筑的一些基本要素：网格，框架，柱，梁，板，中心，外围，区域，边界，线，面，体，延伸，收缩，张力，断裂，等等。学生开始探寻平面、立面、剖面和细部的含义，学习如何画图，并开始理解二维制图、轴测投影，以及三维（模型）形态之间的关系。学生借助平面图、轴测图研究和绘制他们的方案，借助模型探讨三维的含意。最终，学生对建筑的基本要素建立起自己的理解，有关建造的观念，也顺理成章出现。"⑤

集中讲解的最后部分是《墙宅系列》。除了与学生正在进行的设计作业在尺度、功能上比较接近，因而较易理解外（图 16），还有就是《2 号墙宅》已建成（图 17），能够帮助学生在实践型与理论型（纸上建筑）之间，进行直观式对照理解。而其中最重要的，是在"控制设计过程与设计思维的方法"⑥ 角度进行借鉴解析。

《3 号墙宅》的解说词指出，海杜克意图在其中表达"过去、现在和未来"。我们很"实践型操作"地进行了解读，告诉学生，不必特别纠结设计者说的"词语具体含义"，比如，"什么样的空

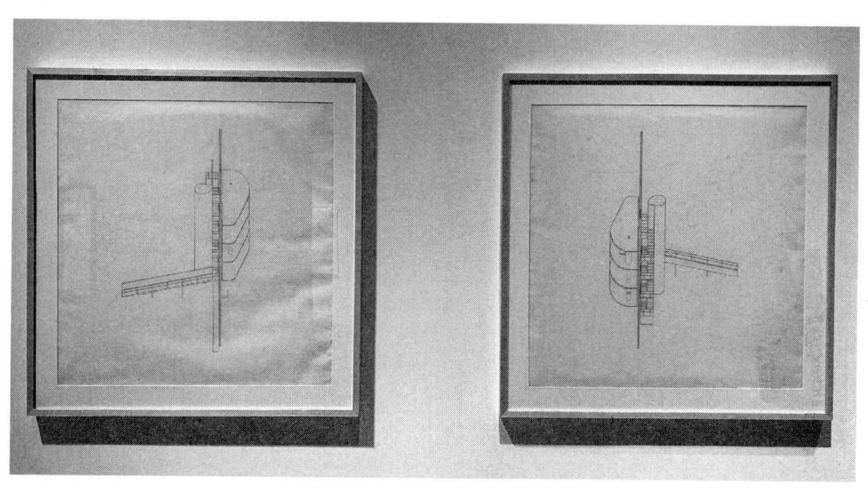

图 16 《1 号墙宅》，1968 年，墨水绘制于半透明纸上，93cm × 93cm。
作者：海杜克

图 17 《2 号墙宅》，1973 年，海杜克去世一年后的 2001 年，在荷兰 Groningen 建成。
作者：海杜克

图 18 《3 号墙宅》，1974，
作者：海杜克

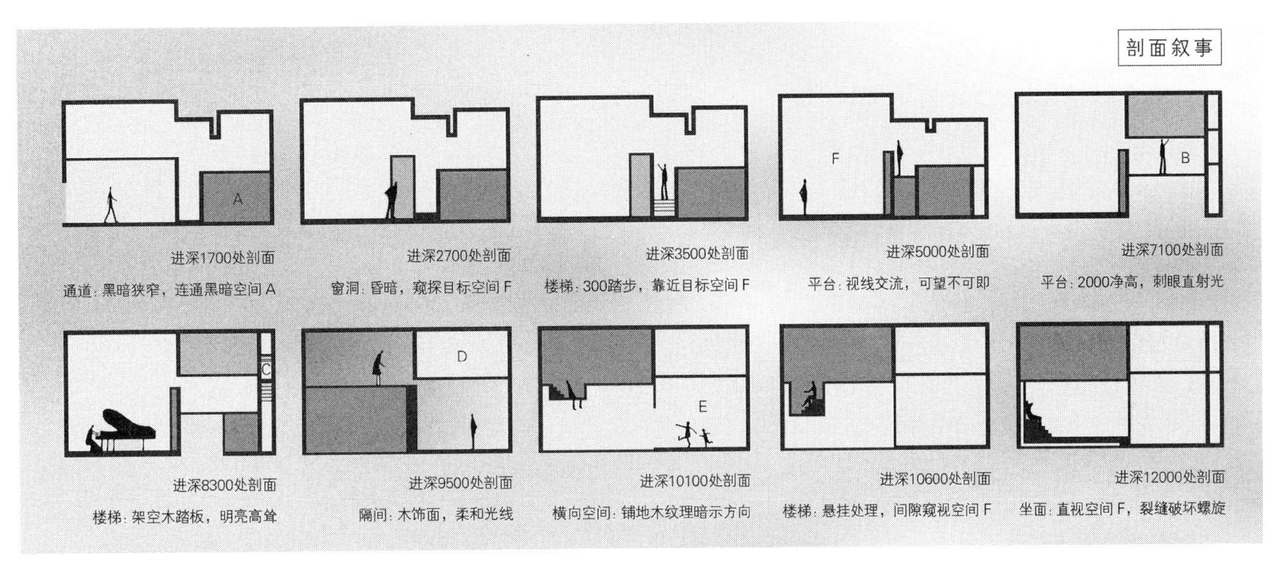

图 19 《上海交大二年级空间设计作业》，2015，独特空间效果。
作者：2013 级本科生周铭迪

间才算是未来空间”，而要跳脱出来，从方法论层面进行理解——他就是用讲故事（telling a story）的方法，在墙两侧，设计出三组不同（氛围、色彩、现状……）的空间（图 18）。这一方法，和学生空间设计作业也非常类似。在作业设置中，我们除了用九宫格做基础框架外，还传授用叙事法（Narrative）做工具控制设计，并提醒学生，从使用者角度讲，重要的不是去准确理解设计者的叙事内容，而是要能感受到叙事催生出的空间氛围、流线引导、事件发生，包括产生出属于使用者自己的对叙事的重新诠释(图 19)。因此，对于《3 号墙宅》，使用者也完全可以用诸如“天堂、人间、地狱”等不同的三组词汇去描述自己在其中感受到的三种不同空间。“对大部分人来说，他们知道建筑中所包含的意义就够了，这样他们能够在自己感兴趣的任何层面上与建筑师进行交流。”⑦

最后我们特别指出，《墙宅系列》非常清晰地体现了 T 类型建筑的思考、操作逻辑。海杜克在此系列中探索如何将二维图形（shape）转化为三维建筑空间，其灵感来源于诸多 20 世纪 20~30 年代立体主义作品及柯布西耶建筑的形态（form）提炼，“墙体”在其中起到了关键性承上启下的转换作用。鲜明凸显的墙体，以一种 XY 轴二维画布（画框）状态，帮助二维图形以自身为基面在正负 Z 轴方向上生长出三维体量，或者将正负 Z 轴三维体量投影成“XY 二维”形状进行调整。从建造逻辑看，墙体必然会以剪力墙方式，悬挑、支撑起两侧的空间体量。

看完此展，我们转场西岸美术馆参观《巴黎建筑——城市进程的见证（1948—2020)》。该展属于实践导向型建筑学，与海杜克展相比，学生能够以更容易理解的角度，在众多实际案例中找到自己喜欢的设计。但在广泛追问之下我们发现，即使是与生活经验更为接近的实践导向型建筑学，学生也只有在充分的历史、知识与案例分析基础上，才能达到更精准、深刻、专业、非标签、非形式主义的理解与学习。

这之后，我们走进了试图呈现 20 世纪现当代艺术发展的蓬皮杜中心大展《万物的声音》，迎面看到了影响海杜克，尤其是他的《墙宅系列》的诸多灵感来源，包括立体主义的乔治·布拉克（Georges Braque，1882~1963）、纯粹主义

图 20 《静物》，布面油画，1922

“这副静物画中的元素参考了大批量标准化产品的精确性：瓶颈采用了工业烟囱的形状，圆形让人联想到远洋轮船的通风口，而凹槽玻璃让人想起了古代的柱子。”（摘自展览说明）

作者：勒·柯布西耶

的勒·柯布西耶（Le Corbusier，1887~1965）等（图 20）。就在那一刻，约翰·海杜克（John Hejduk，1929~2000）这些看上去没有太多建成物的纸上建筑思考，其背后厚重而深刻的艺术、社会、历史语境，活生生扑面而来。

注释

① 关于“建筑教育分类”，笔者这里有三点补充说明。

a 一个是国别之间基于“学术价值观特色”产生的差异。粗略看大致有两类：美式、英式、部分荷兰、某些日式（如东京大学）——比较讲求概念（Concept）及其推导，概念可以是基于建筑学本体范畴，也可以是基于巨大外延领域，倾向于求创意；欧式（德语区、西语区）、某些日式——比较讲求建造、建构（Tectonics），包括技术层面的探讨，偏重建筑本体领域，倾向于求诗意。

b 一个是学校之间基于“人才培养类型特色”产生的差异。

以美国建筑院校为例，大致有研究型（Research and Theory School）、实践导向型（Practice-oriented School）、艺术取向（Art Emphasis School）、大师理论型（Niche Theory School）。

c 一个是综合性大学（University）与私立建筑学校（School）基于“管理特色”产生的差异。

综合性大学比较强调建筑学中的科学研究（如生态技术、城市问题、计算机辅助建造等），私立建筑学校更偏重设计行为本身的探索。

上述谈及的美国建筑院校的四种类型，借鉴自美国劳伦斯理工大学（LTU）建筑与设计学院院长 Glen S. Leroy 对美国建筑院校的分类。转引自：田莉、王莉莉．美国建筑学教育的观察和启示 [A]// 全国高等学校建筑学学科专业委员会，湖南大学建筑学院主编．2013 全国建筑教育学术研讨会论文集[C]．北京：中国建筑工业出版社，2013.9：87.

② 全国高等学校建筑学专业教育评估文件（2018 年版·总第六版）[R]．北京：全国高等学校建筑学专业教育评估委员会，2018：3.

③ “...seize pedagogy as a amedium for architecture experiment and critical inquiry.” 译自：Sunwoo，Irene. From the “Well-Laid Table” to the “Market Place：” The Architectural Association Unit System[J]．Journal of Architectural Education，March 2012，65（2）：24.

④ Hejduk，John 主编．库帕联盟——建筑师的教育 [M]．林尹星等译．台北：圣文书局股份有限公司，1998.

⑤ “The Nine Square Problem is used as a pedagogical tool in the introduction of architecture to new students. Working within the problem the student begins to discover and understand the elements of architecture. Grid，frame，post，beam，panel，center，periphery，field，edge，line，plane，volume，extension，compression，tension，shear，etc. The student begins to probe the meaning of plan，elevation，section and details. He learns to draw. He begins to comprehend the relationships between two dimensional drawings，axonometric projections，and three dimensional（model）form. The student studies and draws his scheme in plan and in axonometric，and searches out the three-dimensional implications in the model. An understanding of the elements is revealed，an idea of fabrication emerges.”

译自：John Hejduck. Mask of Meduso [M]．New York：Rizzoli International Publications，Inc. 1985：129.

⑥ 范文兵．建筑教育笔记 1：学设计·教设计 [M]．上海：同济大学出版社，2021：47-55.

⑦ [英] 布莱恩·劳森著，范文兵、范文莉译．设计思维——建筑设计过程解析 [M]．北京：知识产权出版社、中国水利水电出版社，2007：170.

图片来源

图 1、图 17、图 18：东南大学嘉木研学社，2021

图 2：作者自摄于《约翰·海杜克：海上假面舞》展览，上海当代艺术博物馆，2021

图 3：作者总结绘制，2018

图 4- 图 16、图 20：作者摄于《约翰·海杜克：海上假面舞》展览，上海当代艺术博物馆，2021

图 19：方案设计者周铭迪，2018

作者：范文兵，上海交通大学设计学院建筑学系教授、博导，思作设计工作室主持建筑师；赵冬梅（通讯作者），上海交通大学设计学院建筑学系副教授；张子琪，上海交通大学设计学院建筑学系副教授；孙昊德，上海交通大学设计学院建筑学系助理教授

八十年代天津大学的建筑学专业的研究生教育

梁雪

Topic: Graduate education of architecture in Tianjin University in the 1980s

■ **摘要**：本文通过回忆 20 世纪八十年代的研究生教育中的课程设置和任课教师等，记述了沈玉麟先生、胡德君先生的教学印象，回忆了导师彭一刚先生对作者论文的指导，以及与彭先生在大理地区进行村镇调查的故事。
■ **关键词**：天津大学研究生课程和任课教师 彭一刚先生 大理地区
Summary：By recalling the curriculum and teachers in graduate education in the 1980s, this paper describes the teaching impression of some old professors in the college. In particular，I recalled the tutor professor Peng Yi-gang's guidance to the author's paper and the investigation of villages and towns in Dali，Yunnan province.
Keywords：Tianjin University. the curriculum and teachers in graduate education Professor Peng Yi-gang. In Dali，Yunnan province.

1980 年秋季我来天津大学读书，一晃在这个大院里生活了三十多年。

八〇级学生是“文革”结束后通过高考录取的第四届大学生。1984 年本科毕业后我又考取了天津大学研究生。那时每年录取的研究生较少，我们这个研究生班三个专业（建筑、规划和建筑物理）加起来也仅有 14 人，其中我们本科班考上来的有 12 人。

一、给研究生开设的课程和印象

20 世纪八十年代的研究生教育开始实行学分制，但当时建筑系开设理论课的老师不多，研究生能够选择的余地也不大，建筑专业和规划专业学生选的课也差不多。

在可选择的 16 门课中，除了政治课（自然科学方法论）、外语、两个大的设计类题目、教学实践与后来的研究生课程相似外，还有 10 门理论课 + 专题研究，一共 44 个学分，其中 33 个学分为必修，11 个学分为选修，共计 816 个学时。

在10门理论课中，有彭一刚先生开设的《建筑空间组合论》、胡德君先生开设的《园林建筑设计》、沈玉麟先生开设的《建筑群与外部空间》和《中外城市史》、荆其敏先生开设的《当代建筑》、聂兰生先生开设的《日本建筑》、（日）石东知子开设的《住宅设计分析》、王学仲先生开设《中国画学谱》、章又新先生开设的《建筑色彩学》、邹德侬先生开设的《现代艺术史》等。

现在回顾这些给我们开课的老师还是很有感触的，这些老师应该说集中了当年天津大学里最具理论素养的一批老师。他们后来多有著述，并均在建筑界产生过一定程度的影响，所谓"阵容强大"。

至今我还保留着当年听课时的课堂"笔记"和老师们自制的讲义，如沈玉麟先生的"建筑群与外部空间"、胡德君先生的"园林建筑设计"、王学仲先生的"中国画学谱"等。有时翻阅这些物件能让我回忆起当时老师们讲课的场景和他们所讲内容对我日后学术研究的影响（图1、图2）。

图1　胡德君老师自编授课讲义封面

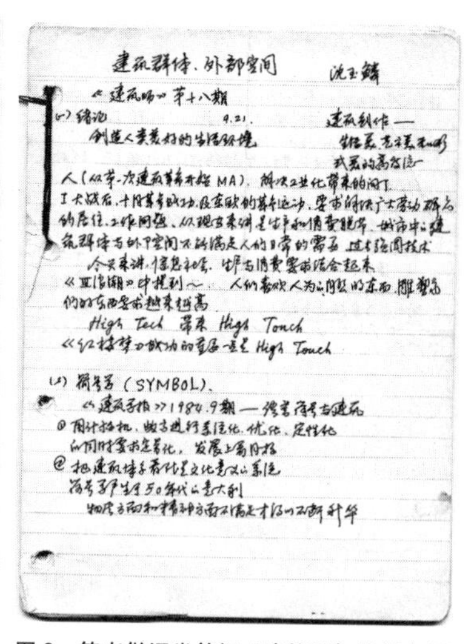

图2　笔者做课堂笔记《建筑群与外部空间》（沈玉麟先生开设）

沈先生当时给我们开有两门课，其中的"建筑群与外部空间"可以扩展建筑师的视野，将学生从过去过于关注单体建筑引向建筑群和城市空间。为了方便我们理解，他讲课时也同时介绍一些流行于欧美的建筑思潮，如"场所理论"和"图底反转"理论等。沈先生早年曾留学美国，英文很好，从我保留下来的讲义中可以看到许多英文标注。这门课是当年天大研究生公认的具有很强理论性的一门课。

他开设的另一门课"西方城市史"（则选修的同学较少，好像只有两三个人）记得有几次都是同学去他家里上课。那时他正在编写同名教材[①]，很多时候是拿着刚刚写出的书稿给我们讲。沈先生讲中文有时会带着轻微的"口吃"，但讲英文就没有这个问题。他很多次就直接用英文讲，可惜的是当时没有把这个"讲义"复印下来。

胡老师在本科二年级时曾指导过我的课程设计和毕业设计，算是比较了解的老师。胡老师在讲"园林建筑设计"之前曾发放他在1983年编写的"试用讲义"。

胡老师这门课主要讲述园林设计中建筑设计的方法和技巧，内容中既涉及中西古典园林中构成分析，也涉及当时出现的一些"新园林"设计和结合园林的新建筑，如上世纪七十年代以后建成的"桂林的园林建筑"，广州新建宾馆中的一些案例等。胡老师画的园林分析图示即使拿今天的学术眼光看也十分精彩，其中的部分内容收录到他后来出版的《学造园——设计教学120例》[②]中。

二、导师彭一刚先生

学生在研究生时期的大部分时间是与导师相联系的。有的学生在天大读了几年研究生，除了选过理论课的老师，对其他老师依然一无所知。

在本科二年级时，彭先生曾指导过我进行图书馆的建筑设计，他是一个对学生要求非常严格的老师，引导我从一个懵懂的建筑初学者逐步理解建筑设计的奥妙，至今我还保留着那时先生为启发我而画的草图。

后来几年，彭先生对我的学业和生活也很关心，我也逐步了解彭先生治学的严谨和广博的思想。

1984年以后我有幸在彭先生门下做了三年研究生，论文选题是《传统农村聚落的形成》，开始在彭先生指导下在传统村镇方面进行系统研究。

这时国内学术界对村镇或外部空间的研究还处于起步阶段，刘敦桢先生主编的《中国建筑史》是以编年史的方式加以组织的，内容中尽管涉及单体、群体、城镇等内容，但对村镇问题谈得很少；其他学者对中国建筑的论述也多集中在单体建筑和古代城市方面，出版物中对村镇实例的介绍极少。当时，比较典型的村镇在哪个省、哪个市、哪个县都不知道。

在研究生阶段，通过阅读系里以往研究生写的论文和了解研究生教育得知，为了某项论文写作研究生需要围绕论文选题开展文献资料的调研，需要大量阅读当时已经发表的期刊论文和学术专著，由此找出这一选题需要解决的问题。

当时国内的学术期刊较少，主要是阅读和整理已经发表在《建筑学报》和《建筑师》上的一些文章。为了查找更多的文献，我们几个同届研究生曾结伴去建设部下属的"情报资料所"查资料，当时这些查找和复印下来的一些外国人写的有关中国民居的调查报告也被我保留下来。

为了了解其他学校的相关研究我曾在考察途中去南京工学院（现东南大学）调研，得到原来天大的同学曹国忠和南工建筑系一些同学的帮助。

后来发现，如果想把这种刚刚开展的村镇调查搞好，必须要深入到地方上去搞现场调研和测绘。因研究生的经费有限，我当时选取的研究对象一个是皖南的徽州地区，曾在 1984 年秋天和 1986 夏季两次到这片地区考察，记录下许多当时的村镇和民居现状。另一个地区是贵阳周边地区和云南大理地区。

1985 年 6 月至 7 月的这趟旅行和调研是与彭先生一起去的，也算是在导师指导下"行万里路"的一种教学方式，路上得到彭先生的诸多指导和帮助，听到他对许多问题的点评。

这里重点写写在大理地区的考察故事。

（一）与彭老师在大理地区的调查和村镇测绘

在昆明，当时接待我们的有云南省设计院的顾奇伟先生，昆明工学院的谢琼先生和朱良文先生，从他们那里得知大理地区还保留着一些相对完好的古村落，这样我们搭乘长途汽车便来到了大理古城。

记得从昆明汽车站到大理古城要在汽车上坐一天的时间。一路上多是盘山公路，很是惊险。乘这种长途车我们也没有经验，选了两个靠近司机附近的座位，结果一路上很是紧张。那时的公路路面也就三车道左右宽，当对面有汽车驶过需要"错车"时更是惊险，公路的一侧望下去就是"万丈悬崖"，掉下去的后果不能设想。

听彭先生讲，这条公路就是抗日战争时修的著名公路——"滇缅公路"。

到了大理古城后，我们拿着天津大学的介绍信找到大理市城建局，当时的局长丁再生先生很热情地接待了我们，后来得知云南省院的顾奇伟院长曾打来电话相托。

丁局长在随后的几天调了一辆吉普车陪着我们去洱海周围的村镇进行调查。后来在交谈中得知，他曾经看过彭先生写的《建筑空间组合论》一书，获益很大，彭先生也很高兴，私下与我说："看来写书的影响还是蛮大的"。那时的云南大理应该算是边城了，一本专业书传播得如此之远也可以看出这本书在同行中的影响力。

由于我们要调查村镇的整体面貌，到下面跑之前我们需要确定具体要调查什么，看些什么，这里，我们吸收了美国学者凯文·林奇的学术成果，提出具体调查村镇中有特点的节点空间和标志性建筑。就这样既可以看到村镇中的共性也可以发现大理白族地区村镇的特性；在时间和人员都不充裕的条件下，也可以在短时间内调查更多的村镇。

那些日子里，我随彭先生相继调查了大理古城、古城附近的三文笔村、喜州、周城、才村、小邑庄、瓦村、古生村、五里桥村、下关古街等十余个村镇的外部空间。每到一个村镇，一般情况是先了解村镇结构，然后对节点空间和标志性建筑进行测绘和拍照，回到招待所后再补充一些文字说明。印象深刻的是这些白族村落，多在村落的中心部位保留着很高大的古树，当地称之为大青树；一些水井、戏台和寺庙多围绕古树分布，很自然地形成一个或多个村镇中心。加之这些村镇都分布于苍山和洱海之间，蓝天白云与民居中的白墙青瓦相呼应，使人有种神清气爽的感觉。

所谓的"三文笔"是当地居民对建于南诏国后期（唐代）的千寻塔与建于宋朝大理国两座小塔的统称，也称大理崇圣寺塔。在 20 世纪八十年代，塔群周围有个小村叫"二文笔"村，我们曾经对这个小村做过调查和拍照。前几年，我带家人又到大理、丽江一带旅游，发现这个小村落已经不存在了。地方政府已经在原来村落的基址上修建了很有规模的纪念性台阶、园林和博物馆等。

记得在崇圣寺塔附近还有一个"一文笔"村，我去调查时发现附近有一个部队遗留的废弃营房，从室内散落的物品看，驻军当时应该刚刚撤离。当时这里有一座白塔和塔前的寺庙，我曾画过寺庙的平面简图。

巧的是在大理喜州调查白族民居时，在区政府院里碰到同样来这里考察的南京工学院（现东南大学）的几位先生，其中有搞中建史的潘谷西先生和搞建筑摄影的杜顺宝先生。听彭先生后来介绍，这位杜先生为刘敦桢先生主编的《中国古代建筑史》拍过一些精彩的照片。

在我保留至今的《调查笔记》和《考察日记》中还可以看到当时我画的有关大理地区的村镇测绘草图和彭先生写的文字说明。我们的这些现场调查结果后来被彭先生汇集在专著《传统村镇聚落景观分析》和我写的《传统村镇实体环境设计》[3]两本书中。

当时有件事很郁闷，就是画了一天的测绘笔记本丢了，而且记不清丢在哪个村镇了。当上车发现后曾随着汽车又"复返各处"，在周城曾找到镇长请他动员力量帮忙，后来还是没有找到。

考察时，我负责拍照和画测稿，也许是拍照时顺手把笔记本放在地上，而走的时候匆忙就忘了捡起来。看我神情很郁闷，彭先生就说：刚刚去过、画过的村子还能想起来，赶快画！我就依照记忆把走过、画过的节点又画了一遍；站在一旁的彭老师也帮我回忆细节，帮忙写说明，所以在我画的笔记上才留下彭先生的字迹（图 3）。

有时翻检过去的照片，与彭先生的合影并不多，即便一同出去长时间的考察，也难得有合影，主要原因是当时经济条件不好，买一卷胶卷总希望多拍些更有学术研究价值的建筑图片。哪里知道人会慢慢变老，若干年后，也许那些古树、戏台、民居还在，而我们师生都不可能再退回到 30 年前的样子了（图 4）。

（二）在论文写作中的指导

八十年代的研究生学制为三年，在第三学期

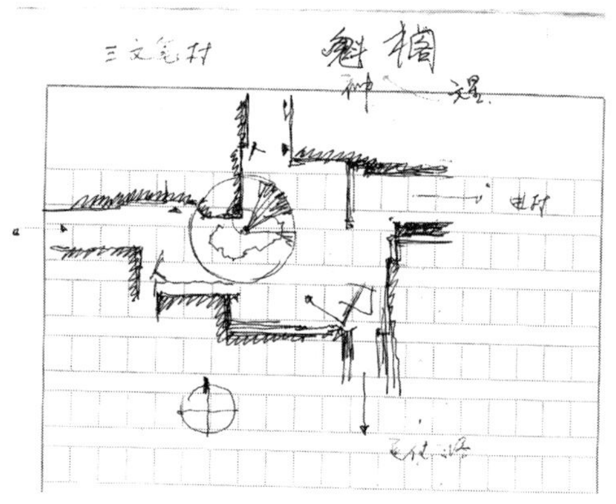

图 3　笔者绘制“三文笔村”村中节点测绘，周边文字为彭一刚老师标注

图 4　村镇调查中的彭一刚老师（笔者摄于 1986 年）

末需要填写《学位论文工作计划表》，为论文写作列一份详细计划。

受八十年代“文化热”的影响，开始的论文选题定为《中国乡土建筑与文化、习俗》，试图通过“研究中国的哲学、心理学、民俗学对传统乡土建筑的影响，重点探寻中国乡土建筑的独特模式”。在写作过程中发现，如果依照这个思路写，论文内容可能会偏向社会文化方面。

当时，彭先生正在写作《中国古典园林分析》一书。有一次我和同门徐苏斌两人去彭先生家里汇报读书、收集资料的进展情况。彭先生特意把他的写作情况向我俩详细介绍。

与彭先生早年所写的几本书一样，《中国古典园林分析》一书中的文字部分和图纸插图部分也是分开的。当时，彭先生的书桌上常年放着一块 2 号图版，亦是为了绘制这种大幅的园林分析图。现在还依稀记得彭先生讲的一句话：天大同学的长项是画图（包括设计）和形象思维，与其他院校相比思辨不占优势。

后来，我的论文题目还是聚拢到“传统聚落的形成”上，其中社会学和传统文化方面仅占一部分篇幅，大量内容还是侧重到聚落调查和村镇的结构分析上，也更接近“建筑学”的基础理论。

现在看，彭先生在 80 年代中期对我的具体指导和他的一些学术思想④已经升华了当时传统民居研究的范围和层次，也使我将对传统民居和村镇的研究坚持下来，并逐步扩展到对城市空间和人居环境的研究。

三、结语

时间过去了三十多年，老先生们在慢慢老去，有些教过我们的老师已经“仙逝”，当年的办公人员也已退休。当我再想核实某门课的任课老师时，他们告诉我：八十年代还没有计算机联网系统，那时的情况只能询问当事人或当年的管理者。

在天大开设研究生课程的专业课老师中，大多数为 1949 年以后国内培养的第二代建筑学者和建筑师，专业上多继承了杨廷宝、徐中等第一代建筑学家，薪火相传，培养了后来国内的许多建筑院校的师资力量，对今天国内良好的建筑教育局面贡献良多。

回头来看，本科教育和研究生教育在人生中很是短暂，但是，对于受教者来说却是能够影响他们一生的事情。庆幸的是，我当年的研究生选题被我坚持了下来，并在后来扩展到城市设计和环境设计领域。留校后作为天大的一名教师又把当年先生们的一些思想和一些新的专业知识再传播给我的学生们。

注释

① 沈玉麟编．外国城市建设史 [M]. 北京：中国建筑工业出版社，1989.
② 胡德君编著．学造园——设计教学 120 例 [M]. 天津：天津大学出版社，2000.
③ 梁雪著．传统村镇实体环境设计 [M]. 天津：天津科技出版社，2001.
④ 彭一刚著．传统村镇聚落景观分析 [M]. 北京：中国建筑工业出版社，1992.

作者：梁雪，天津大学建筑学院教授，博士生导师

《装配式建筑丛书》简介

本丛书主要以“访谈”为基本形式，同时运用经典案例、专家点评、大讲堂等手段，努力丰富内容表达。

本丛书共计访谈 100 余位来自设计、施工、制造等不同领域的装配式行业翘楚，他们从各自的专业视角出发，阐述装配式建筑。

本套丛书注重学术性与现实性，编者辗转中国、美国和日本，历时 3 年，共计采集 150 多小时的录音与视频，整理出 500 多万字的资料，最后精简为近 300 万字的书稿。

通过阅读本套丛书，希望读者领略装配式建筑的无限可能，在与行业精英思想的碰撞激荡中得到有益启迪。

作者简介

主编　顾勇新

中国建筑学会监事（原副秘书长），中国建筑学会建筑产业现代化发展委员会副主任、中国建筑学会数字建造学术委员会副主任、中国建筑学会工业化建筑学术委员会常务理事；教授级高级工程师，西南交通大学兼职教授。

具有三十年工程建设行业管理、工程实践及科研经历，主创项目曾荣获北京市科技进步奖。担任全国建筑业新技术应用示范工程、国家级工法评审及行业重大课题的评审工作。

近十年主要从事绿色建筑、数字建造、建筑工业化的理论研究和实践探索，著有《匠意创作——当代中国建筑师访谈录》《思辨轨迹——当代中国建筑师访谈录》《建筑业可持续发展思考》《清水混凝土工程施工技术与工艺》《住宅精品工程实施指南》《建筑精品工程策划与实施》《建筑设备安装工程创优策划与实施》等著作。

主编

吴越：浙江大学求是特聘教授，建筑学系主任

陈翔：浙江大学副教授，建筑学系执行系主任

内容简介

本系列教程是在整理浙江大学建筑学系近年推行的核心建筑设计课程教学思路基础上编写成书的。系列教程以较为严格控制的、理性的课程体系进行“设计思维”和“基本技能”的训练，通过“设计初步”“基本建筑”“综合进阶”三个阶段的系统学习，掌握建筑设计的基本方法和技能，为后续的专业学习及专业拓展打下良好的基础。

教程 1 的核心关键词是“基础理性”，通过基于构成和细胞空间的初步训练，培养学生初步的设计概念和设计理性；教程 2 的核心关键词是“基本建筑”，通过对包括基本要素、基本关系、基本原理在内的建筑设计基本问题的切片式学习，形成对建筑设计基本方法的理解和掌握；教程 3 的核心关键词是“综合进阶”，是在前两年建筑本体系统训练的基础上，叠加复杂建筑外部系统的综合性训练，是核心设计课程的阶段性总结。

本系列教程突出建筑设计教学的“问题导向”特点，避免按功能类型组织的程式化操作。教程围绕人居、建构、场所等空间核心要素，强调知识、技能与思维意识三个层面多对矛盾（包括直观现象与抽象属性；直觉偏好与理性逻辑；约束限制与激发创新）的一致性。强调基于社会性、思想性、策略性、可持续性的设计价值观的凝练，以及基于约束性、开放性、系统性、探究性的设计方法论的提升，以激发学生持续、自主的学习和探索。